(a)

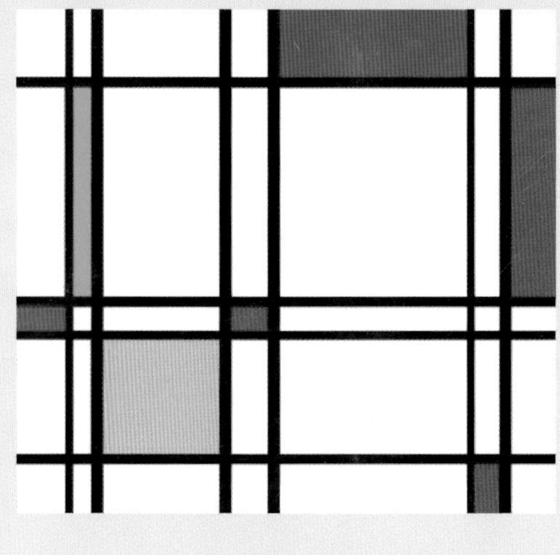

(b)

图1.18　蒙德里安的色彩构成

图1.19　波普图(玛丽莲·梦露)

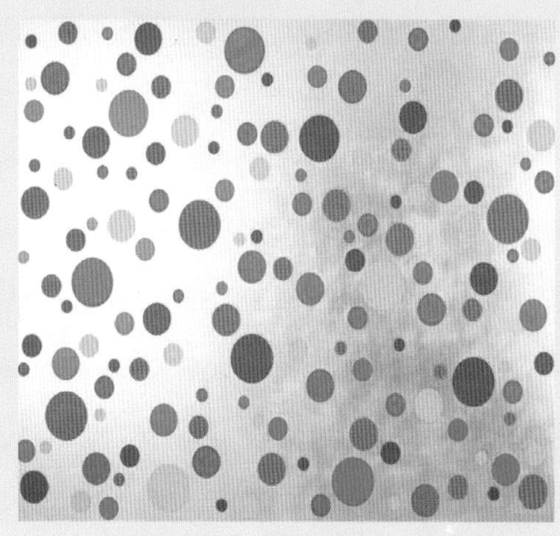

图1.20　草间弥生作品

第3章

图3.66　画面中的点

图3.67　高背椅

图3. 68　斜线

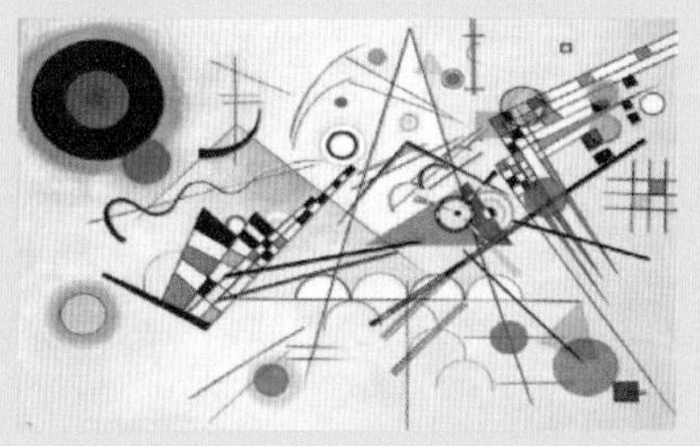

图3. 69　折线

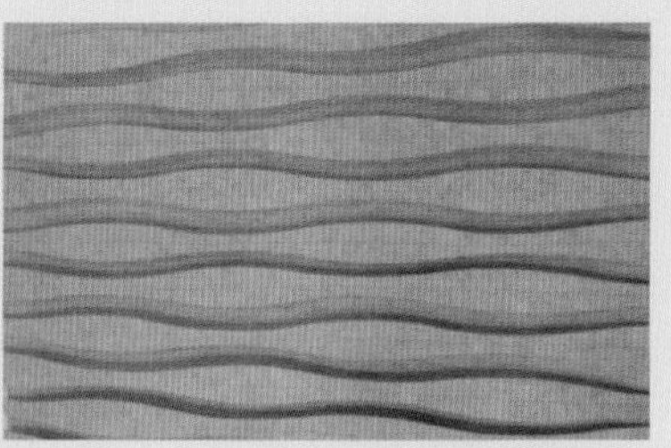

图3. 70　曲线

图3. 71　曲线形面

图3. 72　混乱 “chaos”

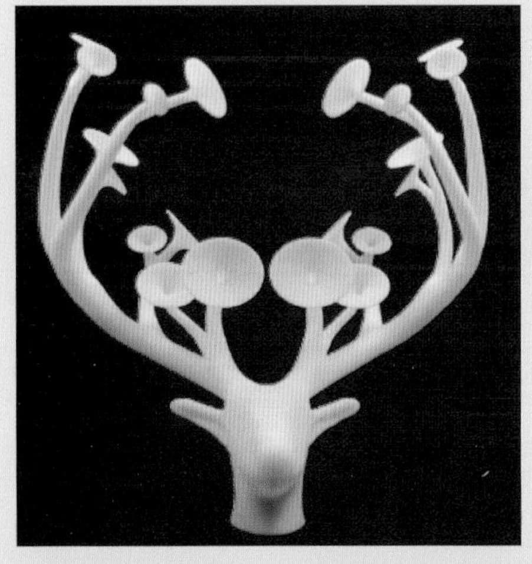

图3. 73　对称

图3. 74　平衡

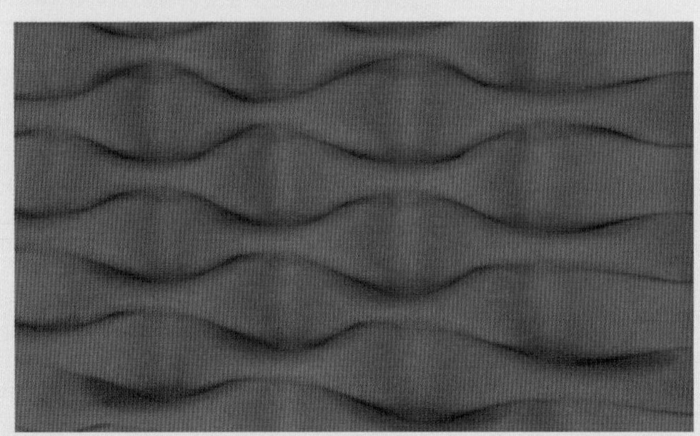

(a)

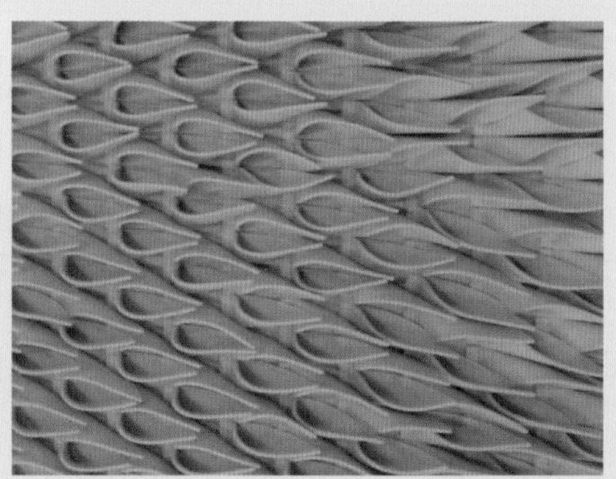

(b)

图3. 75　节奏与韵律

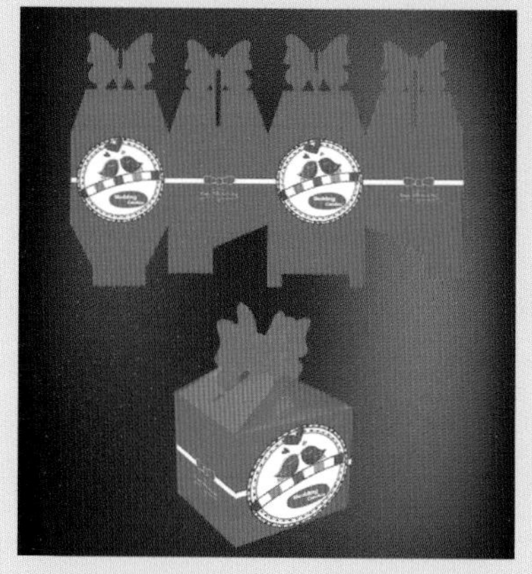

图6.01　喜糖的包装盒及展开图

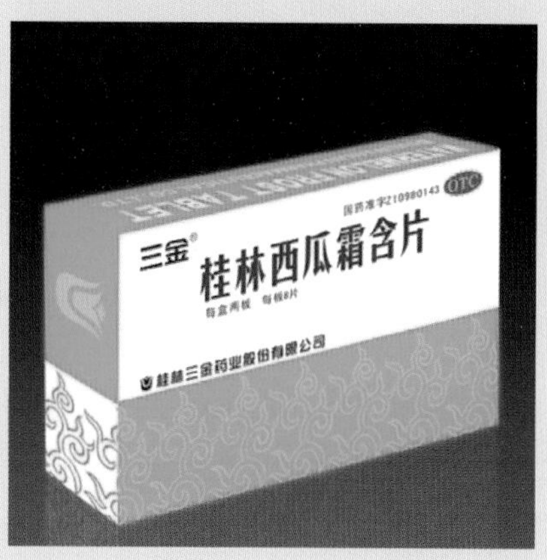

图6.2　药品包装盒

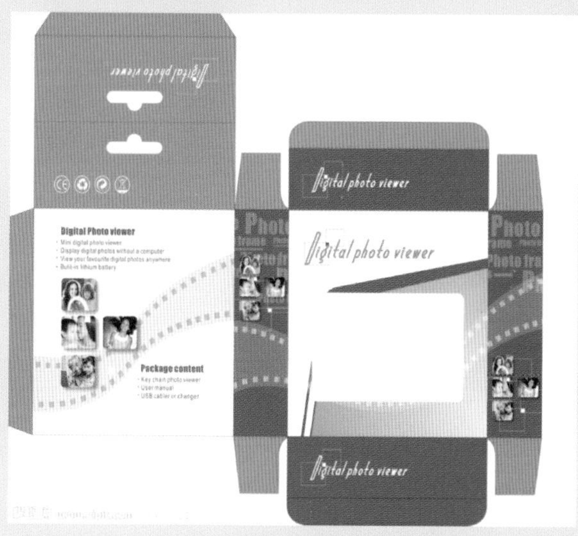

图6.7　图片浏览器包装盒

图6.8　有壁面折线形态变化的包装体(摘自buzzzfeed.com)

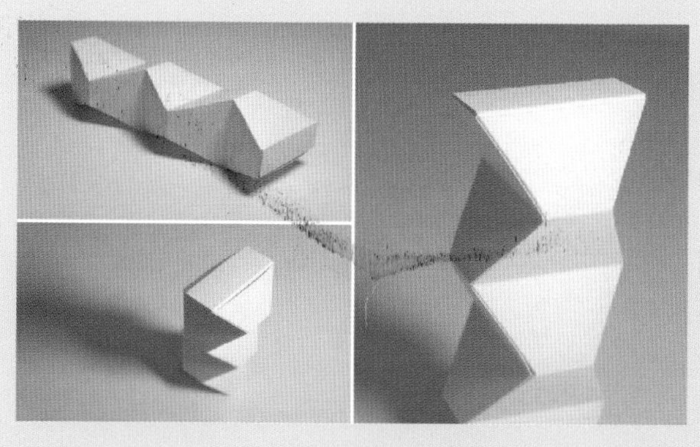

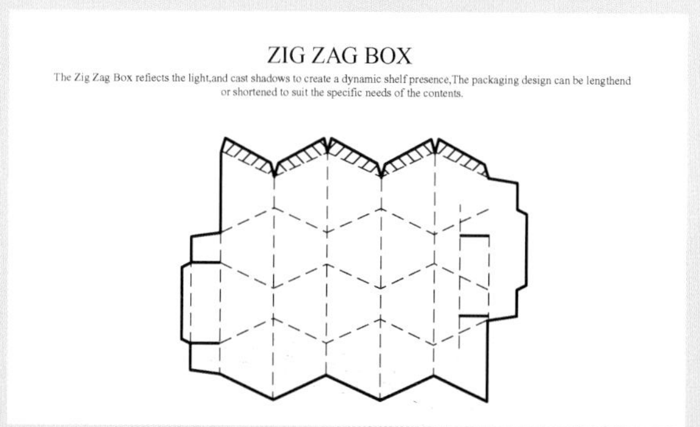

图6.9　有壁面折线位置、数量变化的包装盒(摘自yaplakal.com)

(a) 基本形态圆弧的展开图

(b) 基本形态有变化的效果图

图6.10　基本形态有变化的包装盒

图6.11　改变盒体封闭方式的包装盒
（摘自pinthemall.net）

(a) (摘自printablee.com)

(b) (摘自etsy.me)

图6.12　便于携带的包装盒

北大社 “十三五”普通高等教育规划教材
21世纪高等院校艺术设计系列实用规划教材

产品设计图学

主　编　吴　清
副主编　雷　鸣　赵　音

北京大学出版社
PEKING UNIVERSITY PRESS

内 容 简 介

本书内容包括产品设计图学概论、制图的基本方法与国家标准、投影的原理、立体的投影、轴测图的概念及绘制方法、立体表面展开与包装展开、工程样图的基本表达方法、AutoCAD 制图基础。本书在原有工程制图规范化制图的基础上，增加了几何元素的艺术内涵和构成规律，空间几何体的艺术构成等内容，把艺术思维融入数理几何思维之中，使学生潜移默化地掌握制图的要点和规律；同时，锻炼其空间思维和形态的构成能力，为他们进行产品形态的创造打下坚实的基础。为了适应当前计算机制图的整体趋势，同时让学生掌握一种典型的绘图软件使用方法，在计算机辅助设计中，强化了 AutoCAD 的制图方法教学，集中介绍了 AutoCAD 的主要绘图命令，让学生在短时间内学会使用 AutoCAD 软件绘制工程图。

本书可作为高等院校产品设计、工业设计、包装设计等设计专业的教材，也可作为设计爱好者和自学者的参考用书。

图书在版编目(CIP)数据

产品设计图学/吴清主编．—北京：北京大学出版社，2017.12
(21 世纪高等院校艺术设计系列实用规划教材)
ISBN 978-7-301-29041-5

Ⅰ．①产…　Ⅱ．①吴…　Ⅲ．①产品—设计—绘画技法—高等学校—教材　Ⅳ．①TB472

中国版本图书馆 CIP 数据核字(2017)第 313640 号

书　　名　产品设计图学
CHANPIN SHEJI TUXUE
著作责任者　吴　清　主编
策 划 编 辑　孙　明
责 任 编 辑　李婷婷
标 准 书 号　ISBN 978-7-301-29041-5
出 版 发 行　北京大学出版社
地　　址　北京市海淀区成府路 205 号　100871
网　　址　http://www.pup.cn　新浪微博：@北京大学出版社
电 子 信 箱　pup_6@163.com
电　　话　邮购部 010-62752015　发行部 010-62750672　编辑部 010-62750667
印 刷 者　三河市北燕印装有限公司
经 销 者　新华书店
889 毫米×1194 毫米　16 开本　13.5 印张　彩插 3　317 千字
2017 年 12 月第 1 版　2021 年 8 月第 2 次印刷
定　　价　38.00 元

前　言

改革开放以来，工业设计在国民经济的发展中起到了越来越重要的作用，设计师在社会的发展中扮演了重要的角色，同时，艺术设计作为一门学科也取得了较大的发展。必须承认的事实是：虽然设计学科起步较晚，但是设计学科的发展却奇迹般地在全国乃至全世界开出了绚丽的花朵。同时，各个设计院校对新形势下的艺术设计教育之路的探索也在如火如荼地进行着。根据设计学科的发展形势和本专业的学科特点，我校艺术与设计学院对艺术设计类专业的课程体系的设置和教学大纲做了相应的调整。在广泛听取师生们意见的基础上，大家取得了共识：设计师作为图形的发掘、创造和传播者，必须掌握制图的标准和绘制图形的基本知识，才能借助图形语言的工具去实现自身的设计理想。2016 年我校艺术与设计学院将设计图学课程打通，要求艺术与设计学院的全体学生（包括工业设计专业、公共艺术和视觉传达设计专业）都要学习这门课程，而相应的课时却减少了。目前艺术设计类的设计图学教学仍然沿用工科类的课本和方法，而工科类的制图教材中涉及很多机械类的概念、定理和机械图形的例子，这让艺术类学生望而却步。学生在学习过程中普遍感觉这门课程很难，尤其是刚开始学习的时候，要求建立投影的概念和掌握三视图的规律不容易。

针对上述的实际情况，编者在编写本书的过程中，根据艺术类学生的特点，偏向形象思维，讲解基本概念以图形为主，让教材变得浅显易懂，借助模型帮助学生建立三维空间的概念，学生能够通过图形更好地掌握设计图学的基本知识。在编写期间，编者有幸到英国的金斯顿大学做访问学者一年，实际了解了英国的艺术设计教育，在编写中也参考了英国的工业设计手册。另外，近年来国家颁布了制图的新的有关标准，应该向学生及设计师们宣传，本书也增加了有关制图的新标准的内容。编者希望通过对本书的学习，艺术类学生能够体会到设计图学这门课程对于设计工作的重要性，同时也注意设计图学与设计基础、透视等课程的衔接，注意从二维到三维，从易到难，培养学生的空间思维能力、构图能力以及形象思维的表达能力，能将三视图与平面构成、立体构成有机地结合起来；将轴测图与产品的效果图联系起来。编者编写本书的目的是使艺术设计类的课程体系更加完整和合理，并能指导学生将设计图学的理论知识运用到实际的设计中去。本书每一章都设置了教学目标、教学要求、基本概念和引例这几个模块，结尾附有相关的习题，帮助同学掌握各章的知识。

随着计算机技术的飞速发展，计算机图形技术也获得了空前的发展并日趋完善，并正在各行各业中得到日益广泛的应用。计算机图形技术必将引起工程制图技术的一次根本性变革，应用计算机绘图技术绘制工程设计图样已成为工程技术人员的必然选择。面对这样的形势，对传统课程“工程制图”进行改革和继续发展是必然的。

在国际上，五花八门的绘图软件被应用于产品设计中，其中犀牛、PRO/E、AutoCAD等软件非常流行，这些软件的功能越来越完善和强大，应用各类软件来设计产品是设计的发展趋势。本书也介绍了AutoCAD的基本绘图知识，运用产品的设计实例，讲解了计算机绘制产品六视图的方法和步骤。期望读者能够学会利用软件绘制各类设计图形。

本书将计算机软件技术与图形的艺术创作有机地结合起来。通过对本书的学习，设计师在设计中能自如地运用设计图学这个工具表达自己的设计意图，并能与其他人进行有效的交流，适应现代的产品设计的要求。

本书共分8章，第1、2章为设计图概述与绘制制图的基本方法与国家标准介绍，包括一些更新的国家标准；第3章介绍投影的原理；第4章论述立体的投影，包括三视图的绘制；第5章讲解轴测图的概念及绘制方法；第6章介绍了立体表面展开与包装展开；第7章介绍工程样图的基本表达方法；第8章讲解AutoCAD制图基础。

本书具体编写分工为：第1～4、7章由吴清编写，第5、8章由雷鸣编写，第1、6章由吴清和赵音编写。本书由汪鸣琦教授审稿。本书图片由学生王昊协助处理。北京大学出版社的孙明编辑在本书编写过程中给予了耐心的指导，在此表示诚挚的谢意。

由于编者水平有限，书中不足之处在所难免，恳请广大读者批评指正。

编　者

2017年5月

目　录

第 1 章　设计图学概述

教学目标

◆ 介绍设计图学的研究对象和研究内容。
◆ 论述国内外设计图学的历史及发展趋势。
◆ 阐述设计图学与产品设计的关系。
◆ 说明设计图学的学习方法和目标。

教学要求

知识要点	能力要求	相关知识
设计图学的研究对象和研究内容	(1) 了解设计图学的研究对象 (2) 理解设计图学的研究内容	(1) 图和形的概念 (2) 几何学
设计图学的历史	(1) 了解设计图学的起源 (2) 了解设计图学的历史	设计图学的历史背景
设计图学的发展趋势	(1) 了解设计图学的数字化 (2) 了解设计图学的应用范围	(1) 计算机软件 (2) 数字化技术
设计图学的学习方法和目标	(1) 了解设计图学的学科特点 (2) 掌握设计图学的学习方法 (3) 明确学习目标	设计图学的特点

基本概念

◆ 图形：在一个二维空间中可以用轮廓划分出若干的空间形状。图形是空间的一部分，不具有空间的延展性，它是局限的可识别的形状。

引例

物体形状的描述

在生活中，物体的形状与图形有密切的关系。物体的形状需要用图形来描述。如苹果和香蕉的形状很难用语言来描述，而用图形就可以很清楚地表达苹果（图 1.01）和香蕉（图 1.02）的形状。图形是描述物体形状的工具。

图 1.01　苹果

图 1.02　香蕉

顾名思义，图学是研究“图”与“形”关系的学科。随着数字化技术的发展，图形技术兴起了数字革命，并一跃成为当今信息时代的核心技术之一。图学发展的重点也相应转移到了“数”与“形”的关系上来，即研究如何用数字化形式来描述、存储和传输形体和图形。如今图学已在计算机图形学、数码艺术、数字化设计与制造（CAD/CAM)、建模与仿真技术等方面得以蓬勃发展。传统图学已发展成为适应全球数字化信息时代的现代图学学科。国内外图学研究向图学高新科技方向发展，其研究内容涵盖科学计算可视化、虚拟现实系统、真实感图形技术、分形图形、计算机动画、图形图像融合技术等，并已广泛应用于工程和产品设计领域、地理信息系统、艺术领域、动漫与娱乐业等。

设计图学在现代设计中占有举足轻重的地位，设计图学是现代设计师的必不可少的工具，它是一门新兴的学科，以画法几何和机械制图为基础，同时研究绘制和阅读机械图样、图解空间几何问题，研究结构造型语言、结构造型方法及计算机辅助设计软件在工业设计，特别是产品设计中应用的技术基础科学。随着数字化技术的飞速发展，利用计算机软件来进行产品设计越来越普遍，在掌握画法几何和机械制图的基本原理后，了解 AutoCAD 软件等的基本功能和方法，使设计师能够快速、准确地表达出产品的造型，并用六视图标出产品的尺寸大小。设计图学是一门既有图学系统理论，又有较强实践性的绘图技术性课程。

1.1 设计图学的研究对象和研究内容

1.1.1 设计图学的研究对象

本课程的主要研究对象与研究内容，就是产品的形态，以及构成形态的方法，相应产品形态的表达方法。产品设计图学是与设计相关的图学，它不仅与画法几何、机械制图和各种绘图软件有关，也与产品的审美有关。设计师在设计产品时，既要考虑产品的生产制造技术，也一定要考虑产品形态的美的形式法则，因此，设计图学具有双重性，即科学性和艺术性。利用产品的相关图形，设计师研究选择合适的材料与工艺将产品制造出来，同时利用产品的效果图表达产品的形态美、色彩美、材质美，满足消费者对产品的审美要求。

1.1.2 设计图学的研究内容

1. “图学”学科的定义

图学是以客观真实世界或虚拟世界中的静止或运动的自然物体、人造物体和发生的现象为对象，研究其图形表达、数字化图形信息生成与图形信息传递的学科。

2. 图学的学科交叉

与图学紧密相关的学科主要有几何学、计算数学、工程设计学和计算机科学技术，如图 1.1 所示。可以认为图学是这些学科交叉的产物。

3. 图学学科的分支

图学学科由图学理论（几何理论）、计算数学基础、计算机图形学、图形设计、工程设计图学、图学应用、图形创意、图学教育等分支组成。图 1.2 所示是图学学科的主要分支。

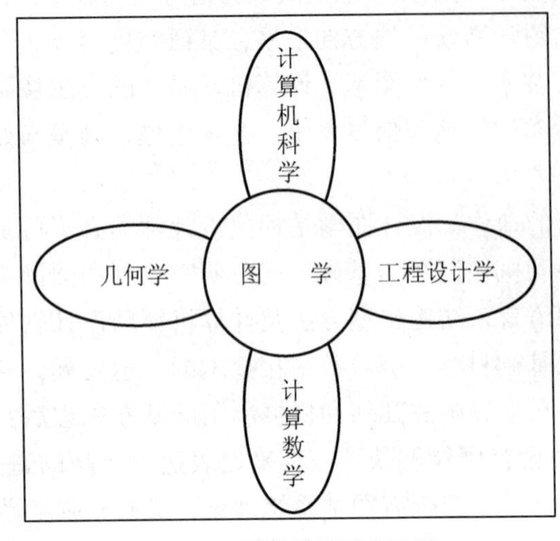

图 1.1　图学的学科交叉图

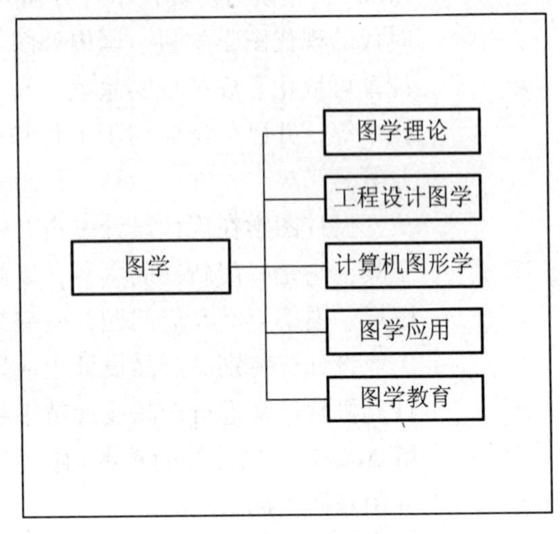

图 1.2　图学学科的主要分支

设计图学研究的内容十分广泛，大致可以分画法几何基础与结构造型方法、产品形体结构表达、计算机辅助产品设计基础这三个部分。重点研究现代设计图学的基础理论、形态的构成和表达，培养学生的空间思维能力和表达能力，提高学生对形态美的鉴赏能力，引导学生开拓产品形态设计的创造能力。

1）画法几何基础与结构造型方法

主要从几何元素点、线、面着手，研究空间几何形体的基本投影理论，用图形来表达空间的各种几何形体，为用机械图样表达空间几何形体提供理论和基本图示方法，同时也探讨结构造型的语言与方法，为产品设计打下基础。

2）产品形体结构表达

主要是用机械图样表达形体结构的基本思想与方法。对于工业设计领域，特别是产品设计而言，产品必须有机械图样才能投入生产，是技术交流的重要手段。产品形体结构的表达，能激发设计师形态创新的灵感，也能帮助设计师对产品的形态进行完善，产品形体结构的表达能力是产品设计师必备的技能之一，是设计图学的主干，也是产品设计的基础。

3）计算机辅助产品设计基础

我们处于数字化时代，计算机绘图与设计的基本知识非常重要，本课程将简要介绍设计软件的功能与使用方法，使学生掌握计算机辅助产品设计软件的一般功能与设计程序，为今后的设计打下基础。

现今“图学”是数字化大图学，其学科体系包括工程设计图学、图学应用、图形设计、图形创意。图形设计包括图标（Logo）设计、广告设计、产品包装设计、网页设计、封面设计、装饰设计、思想或观点的表达、各种图表设计等。图形创意包括艺术、动画、游戏等。图形设计和图形创意主要以 CG/CAD 和数码艺术手段实现。图学应用分支的学科主要内容如图 1.3 所示。

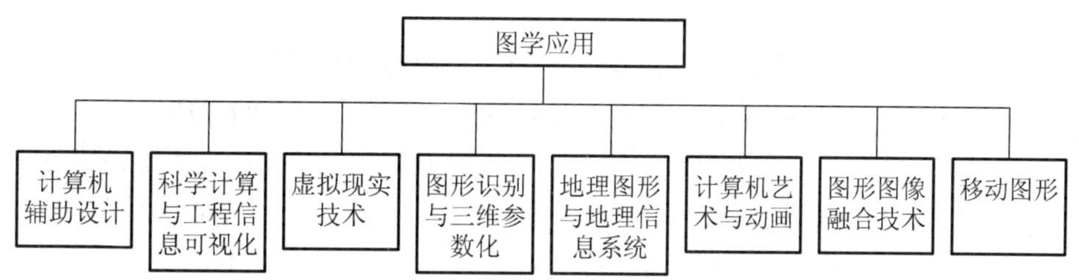

图 1.3 图学应用分支的学科内容

1.2 国内外的设计图学历史及发展趋势

随着社会的发展进步，设计图学作为一门学科也在日益发展和完善。尤其在工业革命以后，设计图学取得了飞速的发展。如今在生产实践和日常生活中都离不开图学，毫无疑问，设计图学在未来将会向数字化的方向发展并发挥更大的作用。

1.2.1 国外图学学科的发展历史与趋势

1. 国外图学学科发展的三个阶段

1）传统图学发展阶段（1795—1950）

图形技术作为实用理论和工艺知识已存在很长的时间。18 世纪，由于工业的兴起，要求有一个能被普遍接受的设计表达工具。法国科学家蒙日（Gaspard Monge，1746—1818）于 1795 年出版的《画法几何》，标志着图形技术由经验上升为科学。这一阶段以画法几何的投影原理为基础发展而成的工程制图，成为工程师必须掌握的技术，推动了各国工程技术的发展。它所形成的完整的手工绘图方法和技术体系，在解决产品和工程设计的描述与表达，在传承与交流设计知识与经验等方面立下了丰功伟绩。

2）现代图学发展阶段（1950—1990）

随着工业生产的飞速发展，传统手工绘图方式的低效和局限性满足不了快速设计和高精度图形绘制的要求。20 世纪中叶，计算机、计算机控制的自动绘图机问世，诞生了交互式图形技术；1963 年，美国麻省理工学院 Sutherland 的博士论文“SKETCHPAD：一个人机通信的图形系统”，其基本理论和技术至今仍是现代图形技术的基础；20 世纪 60 年代后诞生的新学科计算机辅助几何设计，为复杂曲面的计算机生成打下了理论基础。以上成果促成了图学、数学和计算机技术三者的结合，形成了一门新的学科，即计算机图形学，标志着现代图形技术时代的到来。

3）图学高新科技发展阶段（1990—现在）

到 20 世纪 90 年代，计算机图形学的理论与技术已相对成熟，并得到了广泛应用。在新的社会需求和科技进步的推动下，一些新的分支与交叉学科逐渐形成，包括科学计算可视化、虚拟现实、真实感图形技术、分形图形、数码技术、计算机动画等，形成了现代图学的高新科技，现正迅速发展并得到越来越广泛的应用。

2. 国外图学学科的发展现状

国外图学经过 200 多年的发展，特别是近 60 年的发展，形成了一批成熟的图学理论与技术。

（1）以画法几何的投影理论为基础的工程与产品图形的表达方法，结合标准化，形成了完善的技术绘图系统，推动了无数的工程与产品设计的实现。

（2）诞生了计算机图形学学科，一批带有基础性的图形技术已经成熟，它们是：

① 图元生成技术，包括直线、圆、圆弧、文字、数字、符号等。

② 图形生成与显示技术，包括图形变换、图形交互技术、图形裁剪、图形消隐、图形渲染等。

③ 造型技术，包括三维实体造型和曲面造型等。

（3）以图形技术为核心的产品与工程设计系统，包括二维 CAD 系统、三维 CAD 系统、专用 CAD 系统、参数化与变量化设计系统、图形数据交换技术、图形数据管理技术等。

3. 国外图学学科发展的趋势

图学高新科技的发展和图学技术的广泛应用是图学学科的发展趋势。

（1）图学高新科技的发展，有以下分支或方向：

① 科学计算可视化。

② 虚拟现实。

③ 真实感图形技术。

④ 分形图形。

⑤ 数码艺术。

⑥ 计算机动画。

⑦ 图形图像的融合技术。

（2）图学技术的应用。有以下应用领域：

① 工程和产品设计领域，包括制造业（如航空、航天、汽车、船舶、工业产品等）、土木建筑业、水利、电力、电子、轻工、服装业等。

② 地理信息领域，包括地理信息系统、数字化城市、数字化校园、地矿资源分布等。

③ 艺术领域，包括工业造型、装饰、广告、绘画等。

④ 动漫与娱乐业，包括影视、科幻、游戏、动画等制作和模拟训练等。

⑤ 其他。

1.2.2 我国图学学科的历史与发展趋势

1. 我国图学学科发展的三个阶段

我国的图学学科发展与国外相似，也可以分成三个阶段，即传统图学、现代图学和高新图学发展阶段。从发展时间上看，后两个阶段比国外的相应阶段晚了 10 ~ 20 年。

1）传统图学发展阶段（1950—1970）

1949 年以前，我国的工程绘图技术系统主要向西方学习，缺乏本国的标准化工作。1949 年以后，开始向苏联学习，陆续从苏联引进了画法几何、射影几何、多维画法几何等图学研究成果，初步形成了我国大学工科中工程制图的教学体系和框架，为我国培养了一大批不同层次的图学科技人才，满足了头几个“五年计划”对工程设计、制造和绘图技术人才的迫切需要，开始了我国技术制图的标准化工作，建立了一系列制图国家标准，形成了我国自己的较完善的绘图技术系统，为国民经济发展做出了重要贡献。

2）现代图学发展阶段（1970—2000）

计算机图形学和计算机辅助几何设计于20世纪70年代进入我国，但在社会需求和国家级重大工程应用项目推动下，发展十分迅速。1992年，以“甩掉图板”为突破口，启动了CAD应用工程，经过8年努力，在CAD技术的普及和推广及推动CAD软件产业化等方面取得了巨大成就。2000年开始，我国另一个重要项目“制造业信息化工程”开始启动，这些国家级应用项目的实施极大地促进了图学学科的发展。进入20世纪90年代，一批以图形技术为核心的具有自主版权的二维绘图软件和三维CAD商品化软件进入市场，如北京北航海尔软件有限公司的CAXA电子图版和CAXA实体设计，开目集成有限公司的开目CAD等。

3）图学高新科技发展阶段（2000—现在）

紧跟国际上图学的高科技发展趋势，在我国也出现一些新的研究方向和交叉学科，它们有：科学计算可视化、虚拟现实/虚拟环境/增强现实、计算机动画、数码技术、计算机艺术、移动图形、图形图像融合等。从整体上看，我国正迎来一个“图形图像”的研究热潮。以图形高科技为核心，我国的几个大的图形产业市场已初显端倪。

（1）二维、三维CAD软件市场，已经覆盖了制造、土木、建筑、水利、电子、轻工、纺织等行业。

（2）地理信息软件市场，市场规模正日益扩大。

（3）动漫产业市场，包括图书、报纸、期刊、电影、电视、音像制品、游戏等动漫产品的开发，以及其衍生产品的生产与经营（如服装、玩具等），其预期市值将超过每年1000亿元人民币。

2. 我国图学学科发展的现状

1）成果

（1）吸收、消化、掌握了一批图学科技，主要有以下几项。

① 工程图学的理论和设计制图技术。

② 计算机图形学的基本理论与算法。

③ 几何造型的基本理论与算法。

④ 真实感图形生成的理论与算法。

（2）初步形成了国产图形软件市场，包括二维、三维CAD软件、动漫制作软件、地理信息系统软件等。

（3）有效地跟踪国际图学科技最新的研究方向和交叉学科，包括科学计算可视化、虚拟现实增强现实、计算机动画、数码艺术等，发表了许多具有国际先进水平的论文，也取得了许多应用成果。

（4）图形学在航天领域的应用取得了巨大的进步，在卫星定位、气象预报、载人航天飞机的回收等方面取得了喜人的成果，有力推动了航天技术的发展。

2）存在问题

从理论研究上看，我国图学研究的整体水平在国际上的地位还不高。从应用上看，许多方面仍照搬国外的先进模式，采用国外的技术和软件，缺乏自主开发的绘图软件。从研究上看，缺乏来自我国企业的强大需求刺激与支持，导致研究动力不足，基础不厚，研究与应用脱节。

3. 我国图学学科的重点发展领域

1）理论研究

（1）图学中的几何问题与理论。

（2）图学中的投影与变换问题（如正投影、斜投影、轴测投影、透视投影、多维几何与投影、体视投影等）。

（3）形体表达问题（如三维物体表达、真实感图形、非真实感图形、自然形体、非自然形体等）。

2）应用研究

（1）计算机辅助设计技术。

（2）科学计算和工程信息可视化技术。

（3）虚拟现实技术。

（4）计算机艺术与动画技术。

（5）图形图像融合技术。

3）软件开发与产业化

（1）CAD/CAM 系统。

（2）地理信息系统（GIS）。

（3）动漫制作系统。

（4）科学计算和工程信息可视化软件。

（5）模拟仿真软件。

（6）虚拟现实系统。

总之，现代设计图学是新一代数字化、虚拟化、智能化的设计平台，是一门富有生命力的学科。计算机图形学及其 CAD 基本的理论与技术已相对成熟，其衍生、辐射的科学计算可视化、真实感图形技术、虚拟现实系统、地理信息系统、图形图像融合技术、先进建模及仿真技术、计算机艺术及动漫制作系统等及其软件开发与产业化，已得到大量应用。随着时间的推移，相关技术的不断改进和新技术的投入应用，可以预料，它必将臻于完善并被广泛地运用到科学研究、航天技术、工程设计、艺术设计、生产实践的各个领域之中，成为人类征服自然、探索未来的有力工具。目前，国外的各种二维和三维的软件功能日益强大，并为产品设计和制造做出了突出的贡献，国内自主开发的软件功能与应用及其产业化，以及软件应用人才与国外相比还有很大的差距，因此，努力追赶世界现代图学科学技术的发展步伐，加快我国图学学科建设和国家“十二五”规划的进度是迫在眉睫的任务。在未来，设计图学必将发展迅猛，并在各个领域发挥巨大的作用。

1.3 设计图学与产品设计的关系

设计图学是产品设计的基础，是产品设计过程中一个必不可少的工具。设计图学贯穿产品设计的每一个阶段。一个产品的开发过程涉及许多环节和部门，在一般情况下可以分为以下几个阶段。每一个阶段设计师的工作重点都不一样，而设计图学在每一阶段所起的作用也不一样。

(1) 设计的定位，确定设计的方向，提出设计的基本要求。

(2) 收集相关资料，做相关的调查研究。

(3) 可行性研究。

(4) 设计的初步方案。

(5) 设计方案的深入，建立产品的模型。

(6) 投入生产的试制。

(7) 销售的市场调查。

(8) 批量生产的准备。

(9) 产品的完善和改进。

(10) 生产与市场经营。

在设计初始的阶段，设计师必须要做SET（社会、经济、技术）方面的调查，并与技术部门、生产部门和市场部门相互沟通，达成比较一致的意见，才能使产品的开发过程顺利进行，确保产品最终能让消费者喜爱，在这一时期，设计草图在以下几个环节发挥作用：

1. 资料收集

鉴于人们的生活方式的变化，审美品位的不断提高，消费者对产品设计创新的要求更加迫切，设计师需要收集现有的产品造型资料，不断地再学习和创新产品的造型，最有效的方法就是利用设计草图的方式观察记录生活，记录设计上的最新发展趋势，并深入细致地研究产品造型变化的规律。

2. 形态的设计

在产品造型设计的过程中，设计师需要一定的灵感来进行形态的创造，而灵感的产生往往依赖大量的设计草图来激发，如图1.4、图1.5所示，设计师的理念，通过具体的草图来表达和完善。将草图集中、扩展、再集中、再扩展，以这种反复的螺旋上升过程，可以产生大量具体的形态设计方案，然后进行综合分析并优选。

图1.4　造型草图

图1.5　效果草图

3. 记录构思

设计构思中，过程性的、阶段性的、小结性的想法，都要用图形记录下来，这有利于帮助设计师理清思路，总结设计的经验。设计草图能够将设计过程完整地记录下来，并帮助设计师找到设计的方向，图1.6～图1.8所示为设计草图。

4. 意图传达

产品设计是一个团队的集体创造过程，在设计中，设计师必须要与有关人员进行信息的传递、沟通；在设计的各个阶段，设计师要把方案表达出来供研讨；设计的结果要

图 1.6　设计方案草图

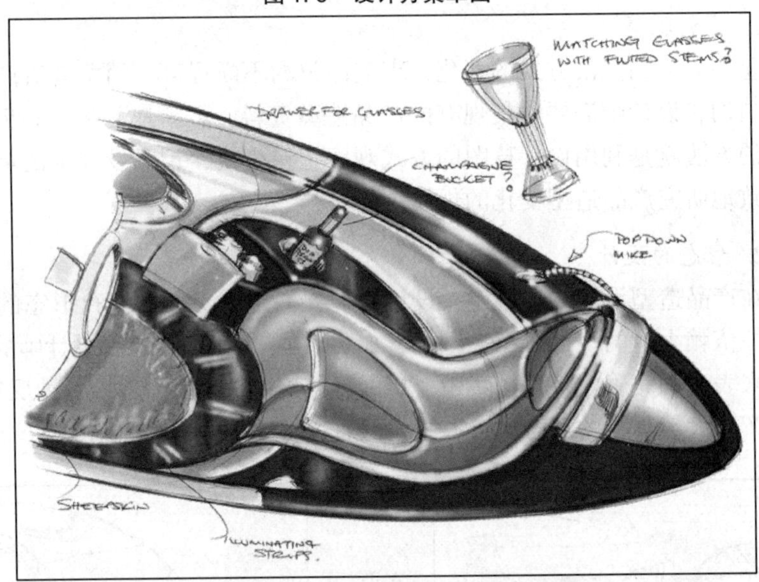

图 1.7　设计构思阶段局部草图

图 1.8　设计构思阶段外轮廓草图

让审定者、生产者和消费者知晓。在这些阶段，设计师要将设计意图传达出来，设计草图是最好的展示方式或辅助说明手段。图 1. 9 所示为设计效果草图。

图 1. 9　设计效果草图

在设计的各个阶段，设计草图是设计师最好的表述自己设计意图的方式，在当今的数字化时代，设计师可以通过计算机来绘制设计草图，许多的软件都提供了创意工具，它能使设计师直接在 3D 模型和 2D 画布上，建立全色、详细的草图或图形。

在产品设计的深入过程中，必须要对产品的结构进行仔细的推敲，协调各个要素之间的关系，只有各种图样能展示产品的结构与功能。零件图、装配图以及计算机图形技术是这个阶段的主要技术文件与设计实现手段，它能提供多种直观的、合理的结构方式供设计者参考，并且是产品生产加工的有效依据，也是产品出厂检验的标准。

在产品的宣传和销售过程中，产品的三视图和效果图可以使消费者直观地了解产品，了解产品的尺寸大小，使消费者可以选择自己喜欢的产品样式，并有利于产品在市场上的推广，提高产品的知名度。图 1. 10 所示为产品各方向的视图。

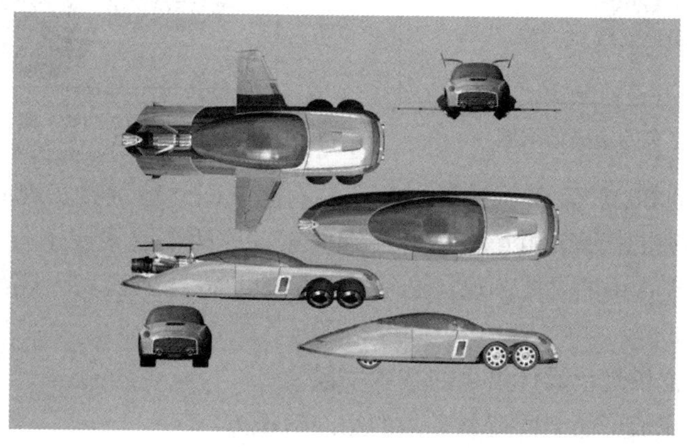

图 1. 10　产品各方向的视图

在产品的改进和完善过程中，设计师可以根据消费者的意见，对设计草图进行修改，设计草图是消费者与设计师有效沟通的工具。消费者可以利用设计草图清楚地表达自己的需求。

另外，现代产品的人性化设计，具体落实在人机界面的设计。例如，研究人在产品使用中的动作，用计算机技术与图形语言相结合的方式，记录相关数据，用图形直观地表现人与产品的相互关系，从而在设计中，充分使用这些数据作为产品尺度定位的依据。在航空航天、汽车设计、室内设计等领域，这已是一种常见的设计方式。图 1. 11 所示为轿车的整体透视图，图 1. 12 所示为旅游观光车的渲染图。

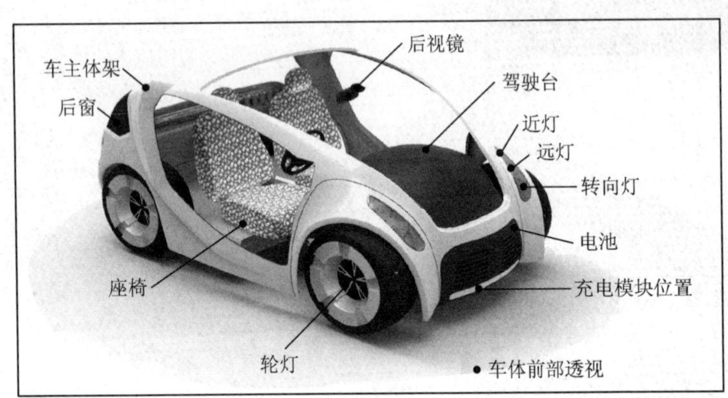

图 1. 11　轿车的整体透视图（邓江南绘制）

图 1. 12　旅游观光车的渲染图（方玮玮绘制）

总之，在产品设计开发过程中，设计图形几乎介入了所有的设计阶段，在每个阶段都起了重要作用。只有通过设计图形语言，才能把设计的意图、设计的结果直观、生动地展现出来。图 1. 13 所示为 smart 车的渲染效果图，图 1. 14 所示为概念车的效果图。图 1. 13 和图 1. 14 直观地将汽车的形态表现出来了，供生产、研究、制造、销售等环节参考使用。所以，设计图学是产品设计的基石。

图 1. 13　smart 车的渲染效果图

图 1. 14　概念车的效果图

众所周知，产品的设计是一个产品真实空间立体形象实现的过程，产品的功能、造型是产品设计中两个相互联系的关键要素。这两个要素在工程实际（设计、生产制造、销售等环节）中的具体体现，必须是具象的、符合工程实际规范的。设计图学研究的主要内容如下。

（1）提供规范设计语言的技术手段。

（2）完成产品空间造型必需的空间造型方法。

（3）工业产品设计特征的工程样图。

（4）计算机辅助设计的手段与步骤。

因此，设计图学是产品设计领域的一门技术基础学科。

1.4　设计图学的学习要求和学习方法

1.4.1　设计图学的学习要求

设计图学是一门理论与实践相结合的学科，在学习过程中，既要重视理论学习，又要注重实践技能的培养。本课程为工业设计专业学设计基础课程。通过本课程的学习，可以培养学生的空间想象能力和分析能力，培养绘制和阅读工程图样的基本能力；学会设计和工程界的交流语言，受到严谨的设计思维训练；为今后进一步工程技术课程的学习和表达自己的设计思想打下必要的基础。设计图学学习的具体要求如下。

（1）熟练掌握投影法，能利用投影法在平面上表示空间几何形体，图解空间几何问题。

（2）能准确绘制和阅读机械图样。

（3）利用各种软件绘制二维和三维的图形和立体形态，应用软件进行产品造型的初步设计。

（4）有一定空间逻辑思维与形象思维的能力。

1.4.2　设计图学的学习方法

以创新能力培养为目标，把培养学生的创新能力和自学能力融入设计图学教学的各环节中。实践证明：设计图学理论教学环节中融入创新意识，是培养创新能力的有效方法。力争在知识、能力和素质三个方面都得到提高。

设计图学的内容繁多，各个部分的知识相互关联，要将基本理论融会贯通，学习过程循序渐进，注重建立空间的想象力，对设计表达课程设计表达理论体系进行了推敲，构建了从三维建模的设计思想出发，以投影理论为中心，在投影理论之前引入三维立体成型理论，在投影理论之后加强构型设计的训练，精简零件图、装配图内容的具有特色的设计图学课程设计表达理论体系。

设计图学的学习应将手绘与计算机软件绘图结合起来，利用手绘快速表达设计意图，利用计算机软件精确绘制产品三视图。努力提高空间想象能力，分析问题和解决问题的能力。理论与实践相结合，将学到的图形理论灵活地运用到产品的设计中。扎实做好识图和绘图的基础训练。

1.5　设计图学表现的产品图例

公交车的视图如图1.15所示，手机的六视图如图1.16所示。

图 1.15　公交车的视图

图 1.16　手机的基本视图

1.6　设计图案欣赏

古今中外有很多美丽的图案设计，其中图案的内容丰富多彩，反映了各国的艺术和文化，充分体现了形式美的法则。中国的图案有花、龙、云纹等，如图 1.17 所示。荷兰的蒙德里安的色彩构成对设计有很大影响，主要是红、黄、蓝三种色彩，如图 1.18 所示。美国的艺术家安迪·沃霍尔（Andy Warhol）的玛丽莲·梦露的图案是波普风格的，如图1.19所示。日本的设计师草间弥生是点的艺术大师，她的作品如图1.20所示。

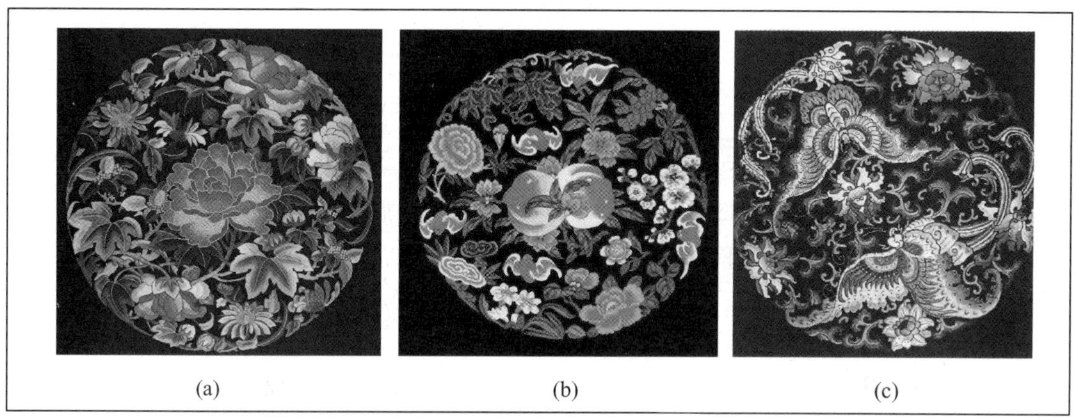

(a) (b) (c)

图1.17 中式图案

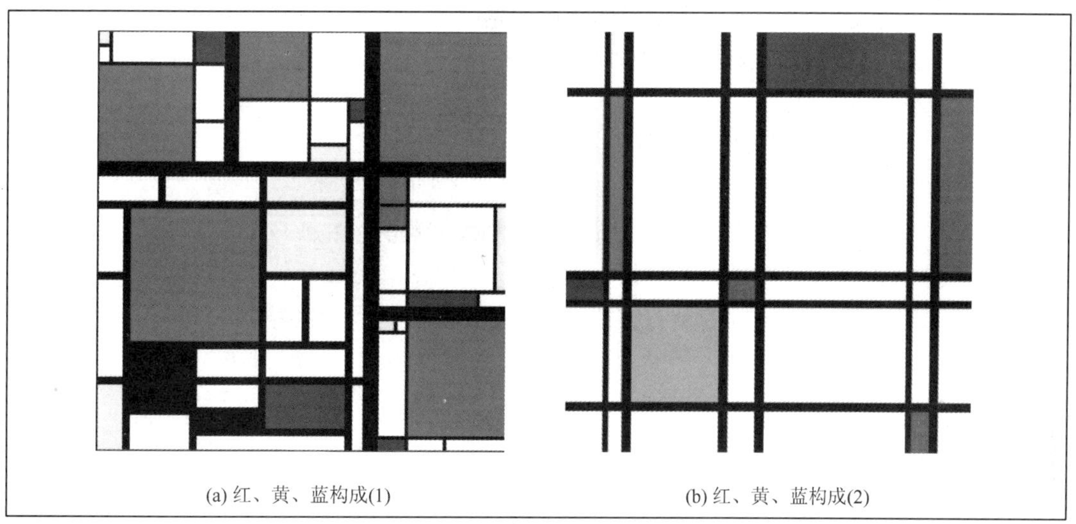

(a) 红、黄、蓝构成(1) (b) 红、黄、蓝构成(2)

图1.18 蒙德里安的色彩构成

图1.19 波普图（玛丽莲·梦露）

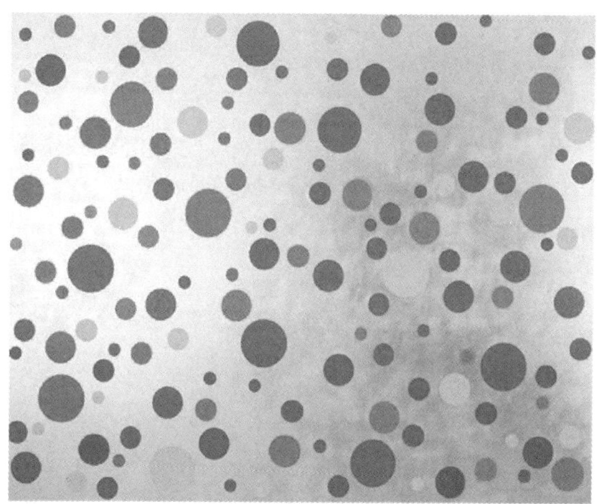

图1.20 草间弥生作品

习　　题

一、填空题

1. 设计图学的研究对象和研究内容分别是________和________。

2. 国外的设计图学的发展分为三个阶段，分别是________、________和________。

3. 国内的设计图学的发展分为三个阶段，它们是________、________和________。

二、选择题

1. 设计图学的学科交叉，包括（　　）。

A. 几何学　　B. 计算机技术　　C. 机械工程　　D. 构成原理

2. 设计图学的应用领域包括（　　）。

A. 工业设计　　B. 虚拟现实技术　　C. 计算机软件　　D. 移动图形

3. 我国图形学科重点发展的领域包括（　　）。

A. 动漫制作系统　　B. 地理信息系统　　C. 人工智能系统　　D. 自动控制系统

三、思考题

1. 请总结设计图学学科的主要分支。

2. 论述设计图学的应用。

3. 阐述国内外设计图学的发展历史和发展趋势。

4. 说明设计图学与产品设计的关系。

5. 说明设计图学的学习方法和目标。

第 2 章　制图的基本知识

教学目标

◆ 掌握国家标准《技术制图》《机械制图》中的有关基本规定。
◆ 正确使用绘图工具和仪器。
◆ 熟练掌握几何作图的方法。
◆ 掌握平面图形的尺寸和线段分析，正确拟订平面图形的作图步骤。
◆ 初步养成良好的绘图习惯和一丝不苟的工作作风。

教学要求

知识要点	能力要求	相关知识
技术制图	(1) 掌握技术制图的有关规定 (2) 在实践中遵守技术制图的规定	技术制图的基本规定
机械制图	(1) 掌握机械制图的有关规定 (2) 在实践中遵守机械制图的有关规定	机械制图的基本规定
几何作图的方法	(1) 了解几何作图的方法和步骤 (2) 实际练习画出几何图形	几何的基本知识
绘图工具的使用	(1) 了解各种绘图工具的特点 (2) 掌握各种绘图工具的绘图技能	绘图工具的基本知识

基本概念

◆ 比例：图中图形与其实物相应要素的线性尺寸之比。
◆ 定形尺寸：确定形状大小的尺寸。
◆ 定位尺寸：确定平面图形中各线段或线框间相对位置的尺寸。
◆ 尺寸基准：标注尺寸的起点。

引例

机械制图标准

任何产品设计出来后，接下来是工厂的加工制造，设计师必须按照技术制图和机械制图的标准绘制产品的三视图，才能保证产品的加工制造是合格品。例如，汽车的三视图（图2.01）标出了汽车的长、宽、高等尺寸。汽车制造厂必须按照图样的尺寸来加工汽车的各个构件，然后将汽车的整车装配完整。

为了便于设计师与工程师和消费者的交流及沟通，以设计图形进行交流最为清晰和顺畅，设计图形化的语言必须有一个统一的规范，这就是设计图形的标准。设计师必须掌握统一的绘图规范，在设计表达和实施过程中对图纸有统一的认识和理解，从而保证有效的沟通，并能够让产品的生产制造顺利进行。以下介绍常用的制图标准。

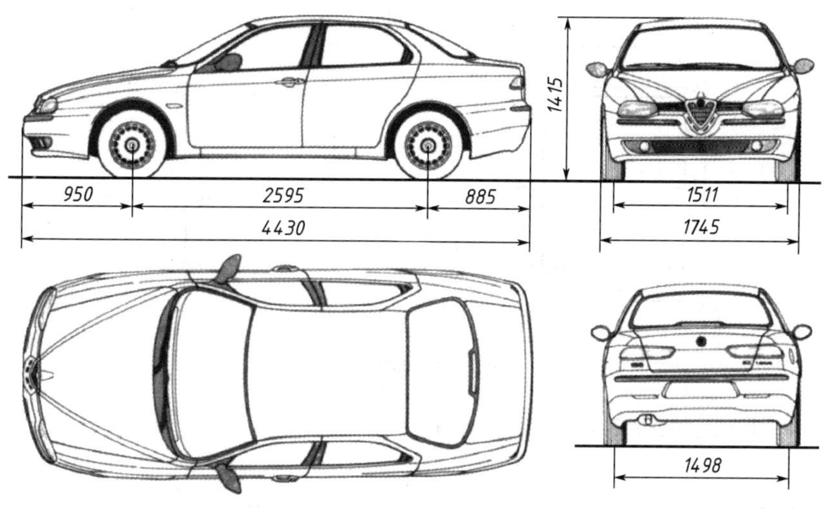

图2.01　汽车三视图

2.1　制图的基本规定

机械制图国家标准有很多，最新的常用标准如下所示。

GB/T 14689—2008 技术制图 图纸幅面和格式

GB/T 14692—2008 技术制图 投影法

GB/T 10609. 1—2008 技术制图 标题栏

GB/T 14690—1993 技术制图 比例

GB/T 14691—1993 技术制图 字体

GB/T 15751—1995 技术产品文件计算机辅助设计与制图词汇

GB/T 4457. 4—2002 机械制图 图样画法 图线

GB/T 4458. 1—2002 机械制图 图样画法 视图

GB/T 4458. 2—2003 机械制图 装配图中零、部件序号及其编排方法

GB/T 4458. 4—2003 机械制图 尺寸注法

GB/T 4458. 5—2003 机械制图 尺寸公差与配合注法

GB/T 4458. 6—2002 机械制图 图样画法 剖视图和断面图

GB/T 4459. 2—2003 机械制图 齿轮表示法

GB/T 4459. 4—2003 机械制图 弹簧表示法

JB/T 5355—2002 变压器类产品机械制图补充规定

DL/T 5349—2006 水电水利工程水力机械制图标准

GB/T 4459. 3—2000 机械制图 花键表示法

2.1.1　图纸幅面、格式及标题栏

1. 图纸幅面（图 2.1）

为了便于图纸的装订和保存，国家标准对图纸幅面作了统一的规定。必要时允许加长。现代国家标准为 GB/T 14689—2008《技术制图 图纸幅面和格式》。

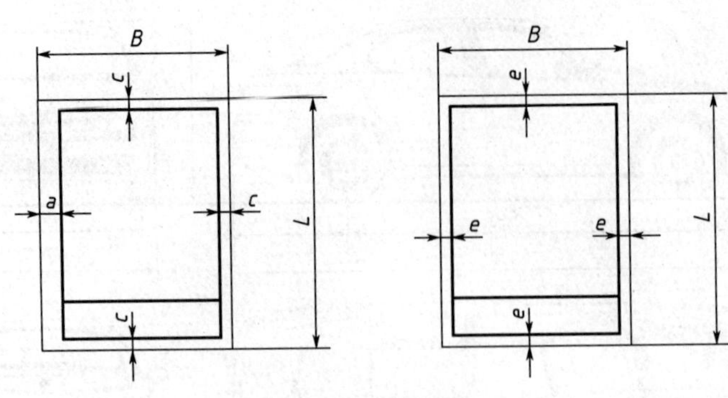

图 2.1　图纸幅面

图框尺寸见表 2.1。

表 2.1　基本幅面及图框尺寸

单位：mm

幅面代号	A0	A1	A2	A3	A4
$B \times L$	841 × 1189	594 × 841	420 × 594	297 × 420	210 × 297
a	25				
c	10				5
e	20			10	

2. 图框格式

需要装订的图样一般采用 A4 竖装或 A3 横装，其图框格式如图 2.2 所示。无论是否留有装订边，都应在图幅内画出图框。图框用粗实线绘制。

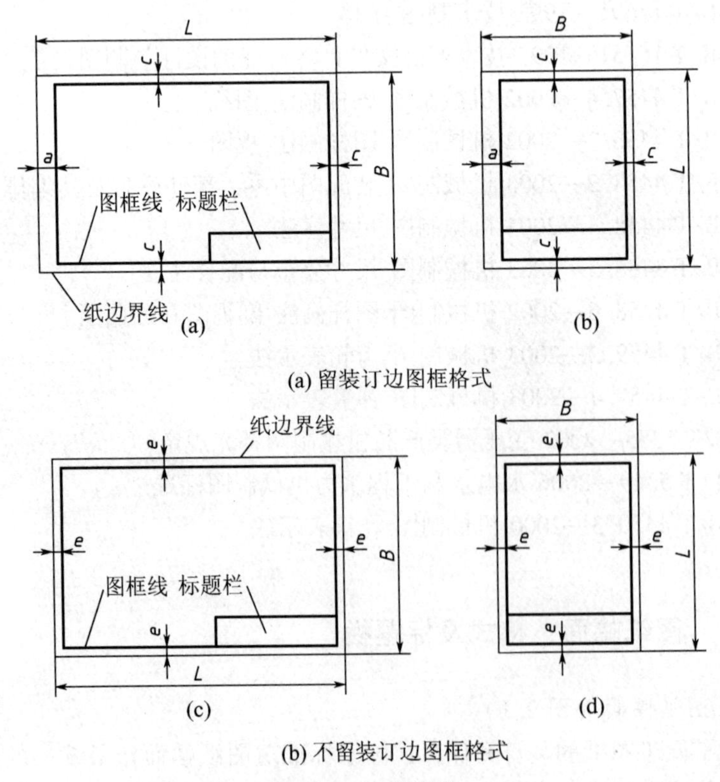

图 2.2　图框格式

3. 标题栏

标题栏用来填写零部件名称、所用材料、图形比例、图号、单位名称及设计、审核、批准等有关人员的签字。每张图纸的右下角都应有标题栏 。标题栏的方向一般为看图的方向。现行国家标准为 GB/T 10609. 1—2008《技术制图 标题栏》。

1）国家标准规定的标题栏（图 2. 3）

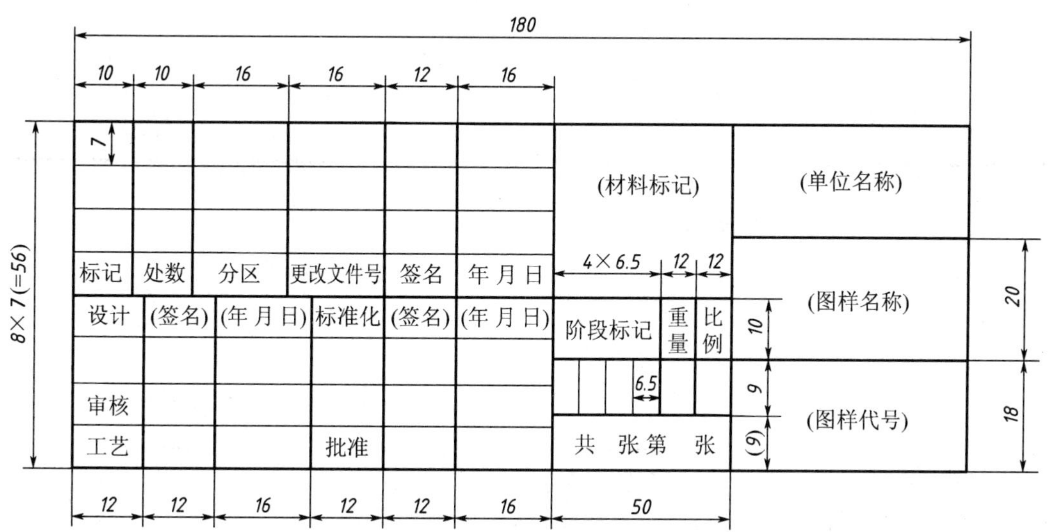

图 2. 3 技术制图 标题栏

2）学校用简易标题栏

学校的制图作业一般使用图 2. 4 所示的简易标题栏。

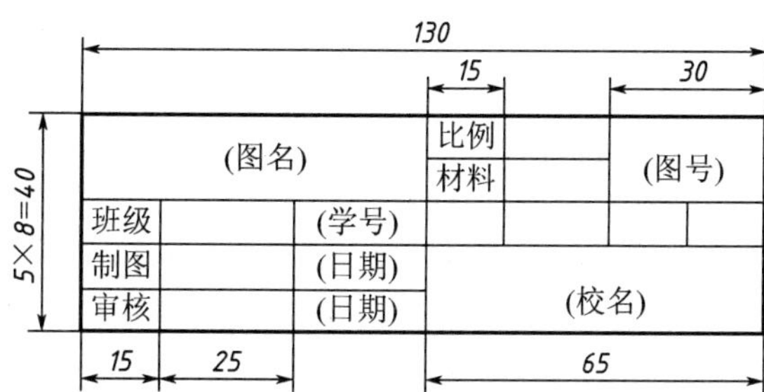

图 2. 4 学校用简易标题栏

2. 1. 2 比例

1. 比例的定义

图中图形与其实物相应要素的线性尺寸之比，称为比例。比例分原值比例、放大比例和缩小比例。现行国家标准为 GB/T 14690—1993《技术制图 比例》。

2. 比例的选用

（1）为了在图样上直接获得实际机件大小的真实概念，应尽量采用 1:1 的比例绘图。

（2）如不宜采用 1:1 的比例时，可选择放大或缩小的比例。但标注尺寸一定要注写实际尺寸。

（3）应优先选用“比例系列一”中的比例，具体见比例系列表2.2。

表2.2 比例系列表

种　类	比例系列一	比例系列二
原值比例	1:1	
放大比例	2:1　5:1 1×10^n:1　2×10^n:1　5×10^n:1	2.5:1　4:1 2.5×10^n:1　4×10^n:1
缩小比例	1:2　1:5　1:10 1:2×10^n　1:5×10^n　1:1×10^n	1:1.5　1:2.5　1:3　1:4　1:6 1:1.5×10^n　1:2.5×10^n　1:3×10^n 1:4×10^n　1:6×10^n

3. 比例的应用举例

比例应用实例如图2.5所示。

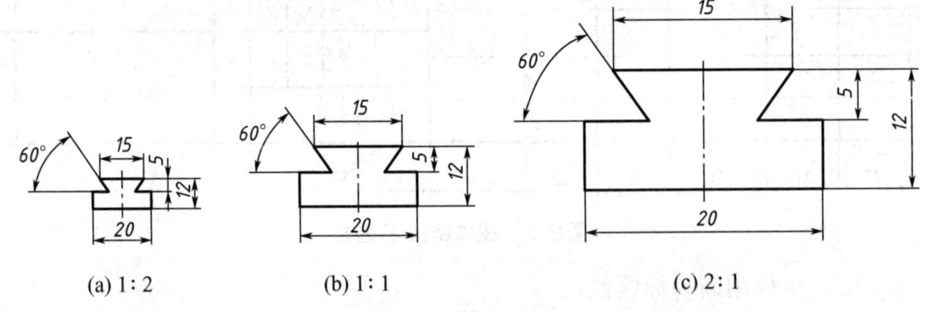

图2.5 比例应用实例

2.1.3 字体

1. 字体要求

图样中除了用视图表示机件的结构形状外，还要用文字和数字说明机件的技术要求和大小。现行国家标准为GB/T 14691—1993《技术制图 字体》。

国家标准对图样中的汉字、拉丁字母、希腊字母、阿拉伯数字、罗马数字的形式作了规定。

图样上所注写的汉字、数字、字母必须做到：字体工整、笔画清楚、间隔均匀、排列整齐。这样要求的目的是使图样清晰，文字准确，便于识读，便于交流，给生产和科研带来方便。

字体的一般规定：

（1）书写字体必须做到：字体工整、笔画清楚、间隔均匀，排列整齐。

（2）字体的号数即字体的高度（用 h 表示）必须规范，其公称尺寸系列为：1.8mm，2.5mm，3.5mm，5mm，7mm，10mm，14mm，20mm。

（3）汉字应写成长仿宋体字，并应采用国家正式公布推行的《汉字简化方案》中规定的简化字。汉字的高度 h 不应小于3.5mm，其字宽一般为 $h/\sqrt{2}$。

（4）字母和数字可写成斜体或直体，注意全图统一。斜体字字头向右倾斜，与水平基准线成75°。

（5）用作指数、分数、极限偏差、注脚等的数字及字母一般应采用小一号的字体。

（6）图样中的数学符号、物理量符号、计量单位符号以及其他符号、代号，应分别符合国家的有关法令和标准的规定。

2. 汉字举例

汉字书写的要点在于横平竖直，注意起落，结构均匀，填满方格。采用仿宋体，尽量是每个字大小一致（图 2.6）。

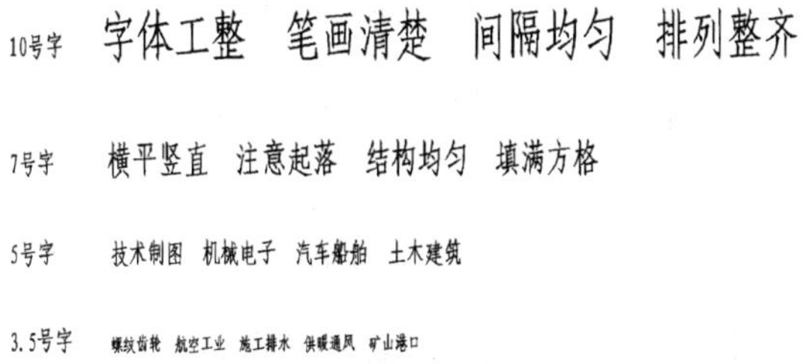

10号字　字体工整　笔画清楚　间隔均匀　排列整齐

7号字　横平竖直　注意起落　结构均匀　填满方格

5号字　技术制图　机械电子　汽车船舶　土木建筑

3.5号字　螺纹齿轮　航空工业　施工排水　供暖通风　矿山港口

图 2.6　汉字书写范本

3. 字母和数字

范本如图 2.7 所示。

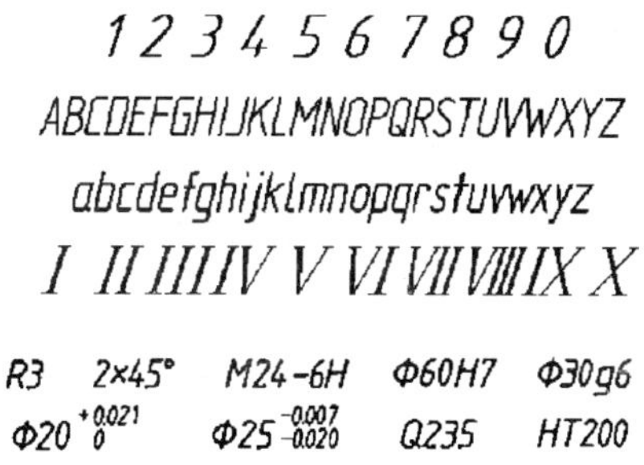

1 2 3 4 5 6 7 8 9 0

ABCDEFGHIJKLMNOPQRSTUVWXYZ

abcdefghijklmnopqrstuvwxyz

I II III IV V VI VII VIII IX X

R3　2×45°　M24-6H　Φ60H7　Φ30g6

$\Phi20^{+0.021}_{0}$　$\Phi25^{-0.007}_{-0.020}$　Q235　HT200

图 2.7　字母和数字范本

4. 尺寸注法

图样中的视图只能表示物体的形状，物体各部分的真实大小及准确相对位置则要靠标注尺寸来确定。尺寸也可以配合图形来说明物体的形状。

图样上标注尺寸的基本要求如下。

（1）正确：尺寸注法要符合国家标准的规定。

（2）完全：尺寸必须注写齐全，不遗漏，不重复。

（3）清晰：尺寸的布局要整齐清晰，便于阅读、查找。

（4）合理：所注尺寸既能保证设计要求，又使加工、装配，测量方便。

1）基本规定

（1）机件的真实大小应以图上所注尺寸数值为依据，与图形的大小及绘图的准确度无关。

（2）图样中的尺寸，以 mm 为单位时，不需标注计量单位的代号或名称，如采用其他单位，则必须注明相应的计量单位的代号或名称。

（3）机件的每一尺寸，一般只标注一次，并应标注在反映该结构最清晰的图形上。

（4）图样中所标注的尺寸，为该图样所示机件的最后完工尺寸，否则应另加说明。

2）尺寸的组成（图2.8）

尺寸由尺寸界线、尺寸线（包括尺寸终端）、尺寸数字组成。

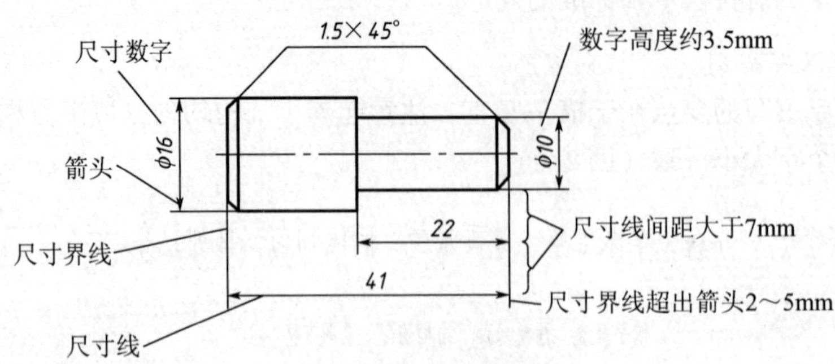

图2.8 尺寸的组成

（1）尺寸界线：尺寸界线用来限定尺寸度量的范围（图2.9）。

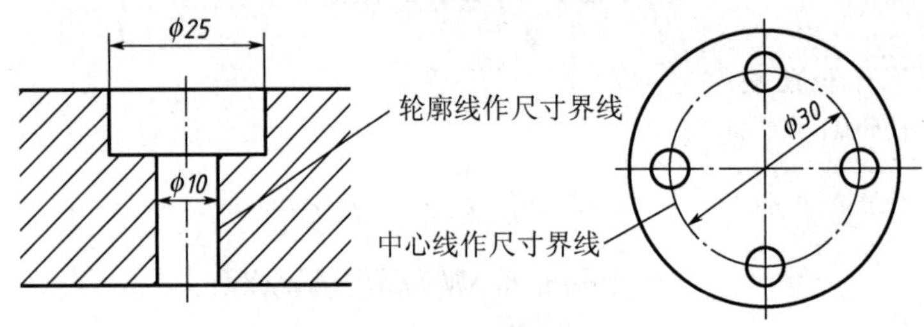

图2.9 尺寸界线实例

① 尺寸界线用细实线绘制；

② 由图形的轮廓线、轴线或对称中心线处引出，也可利用轮廓线、轴线或对称中心线作尺寸界线。

③ 尺寸界线一般应与尺寸线垂直，超出尺寸线2～5mm。

（2）尺寸线：尺寸线用来表示所注尺寸的度量方向（图2.10）。

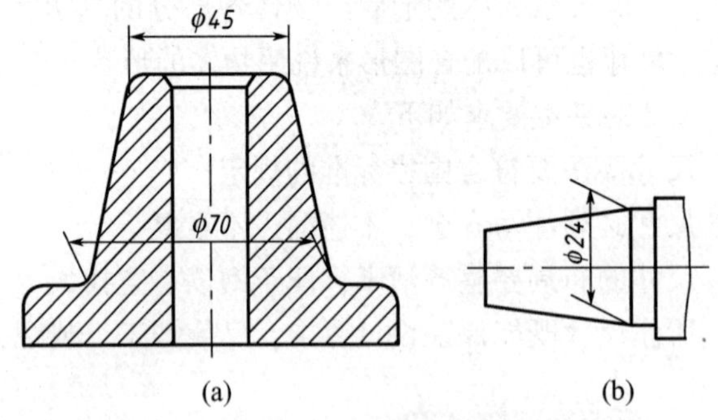

图2.10 尺寸线的实例

① 尺寸线用细实线绘制，其终端有箭头和斜线两种形式（图2.11）。

a. 箭头终端：适用于各种类型的图样，箭头的形状大小如图2.11(a) 所示。

b. 斜线终端：必须在尺寸线与尺寸界线相互垂直时才能使用。斜线终端用细实线绘制，方向以尺寸线为准，逆时针旋转45°画出，如图2.11(b) 所示。

② 当采用箭头终端形式，遇到位置不够画出箭头时，允许用圆点或斜线代替箭头，如图2.12所示。

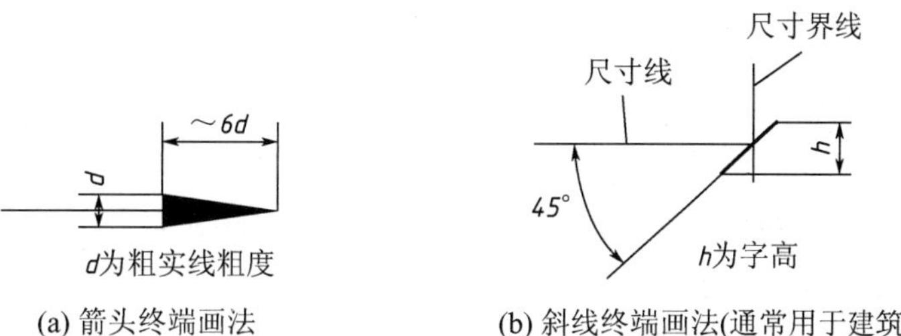

(a) 箭头终端画法　　(b) 斜线终端画法(通常用于建筑图)

图 2. 11　尺寸线的绘制方法

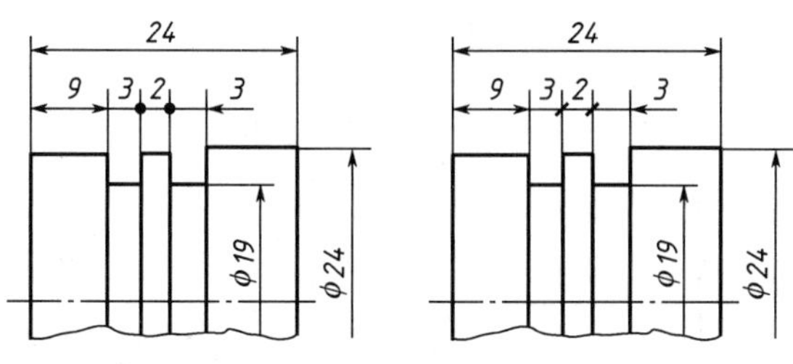

图 2. 12　位置狭小终端的标注

③ 同一图样中，一般只能采用一种终端形式。但当采用斜线终端形式时，图中圆弧的半径尺寸、投影为圆的直径尺寸及尺寸线与尺寸界线成倾斜的尺寸，这些尺寸线的终端应画成箭头，如图 2. 13 所示。

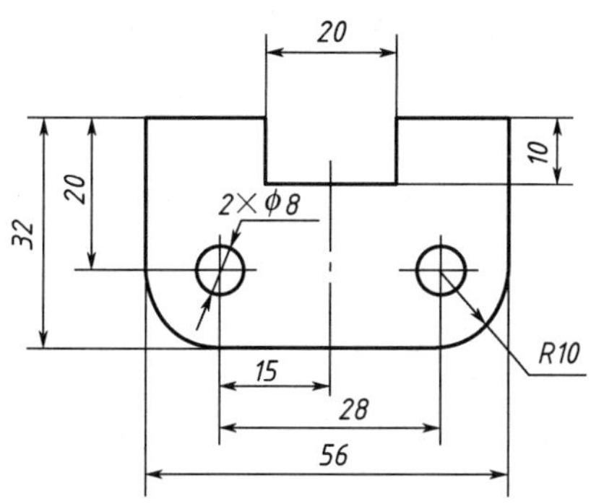

图 2. 13　一个图样中终端形式一致

④ 线性尺寸的尺寸线应与所标注尺寸线段平行，如图 2. 14 所示。

⑤ 尺寸线不能用其他图线代替，也不得画在其延长线上。

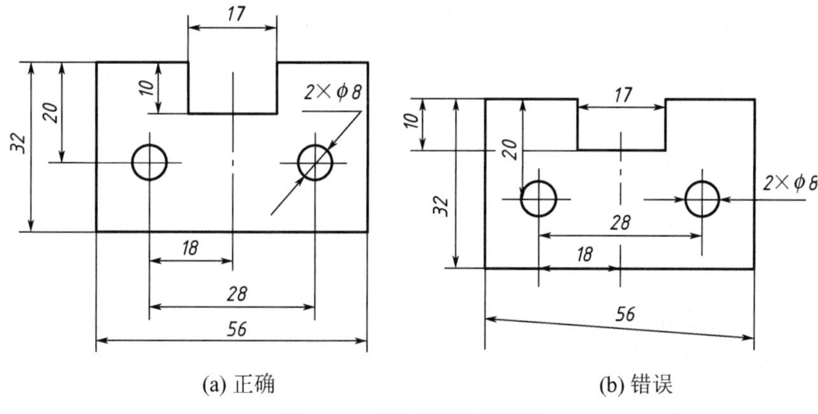

(a) 正确　　(b) 错误

图 2. 14　尺寸的正确标注

(3) 尺寸数字：尺寸数字用来表示所注尺寸的数值，是图样中指令性最强的部分。要求注写尺寸时一定要认真仔细、字迹清楚，应避免可能造成误解的一切因素。

① 数字要采用标准字体，且书写工整，不得潦草。在同一张图上，数字及箭头的大小应保持一致。

② 线性尺寸的数字通常注写在尺寸线的上方或中断处。

③ 角度尺寸数字必须水平书写。

④ 尺寸数字不允许被任何图线通过，否则，需将图线断开或引出标注。

3) 尺寸标注示例（图 2.15）

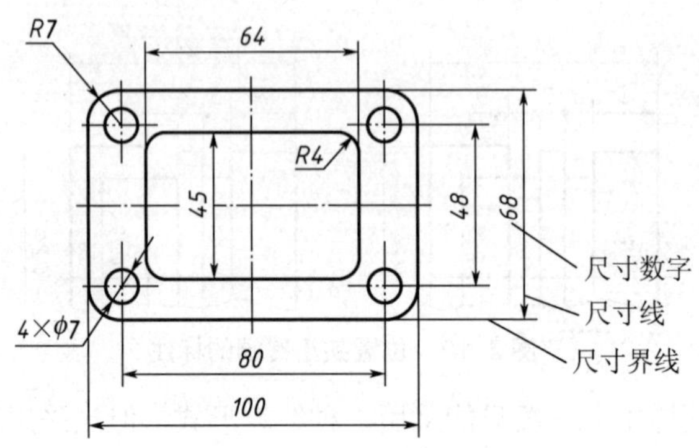

图 2.15　尺寸标注示例

(1) 线性尺寸。

线性尺寸的数字应按图 2.16(a) 所示的方向注写，并尽可能避免在图示 30°范围内标注尺寸。当无法避免时可按图 2.16(b) 标注。

线性尺寸数字的注写方向，有两种注写方法。

方法 1：水平尺寸的数字字头向上；铅垂尺寸的数字字头朝左；倾斜尺寸的数字字头应有朝上的趋势，如图 2.16 所示。

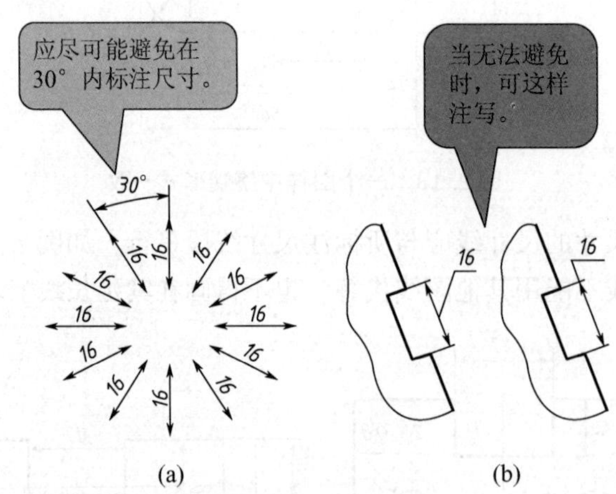

图 2.16　线性尺寸的标注（方法 1）

方法 2：对于非水平方向的尺寸，其尺寸数字可水平注写在尺寸线的中断处，如图 2.17 所示。

一般应尽量采用方法 1 注写。在不致引起误解时，允许采用方法 2 注写。

(2) 角度尺寸。

① 角度尺寸界线沿径向引出。

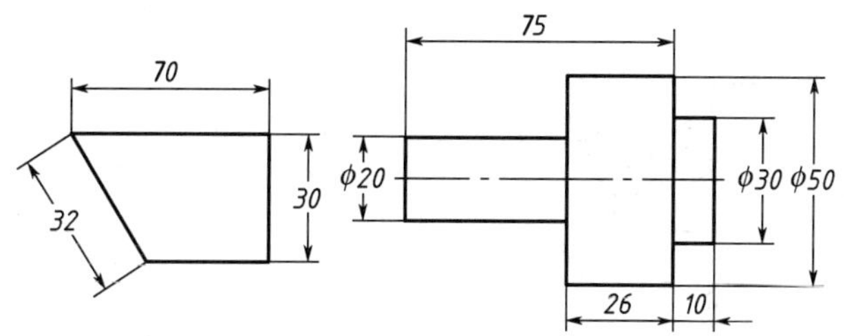

图 2.17　线性尺寸的标注（方法 2）

② 角度尺寸线画成圆弧，圆心是该角顶点。

③ 角度尺寸数字一律写成水平方向。

④ 尺寸数字要符合书写规定，且要书写准确、清楚。要特别注意，任何图线都不得穿过尺寸数字。当不可避免时，应将图线断开，以保证尺寸数字的清晰，如图 2.18 所示。

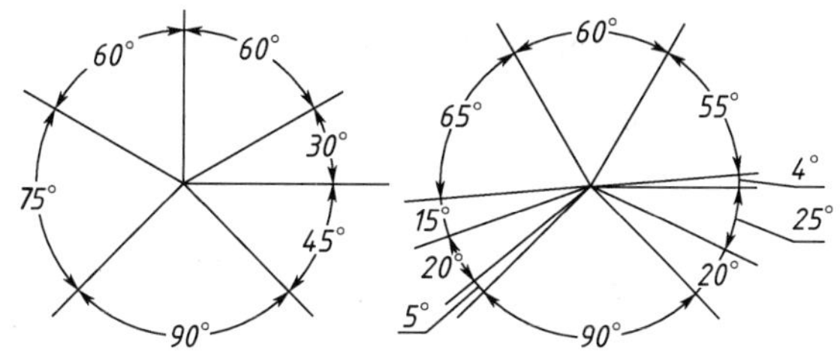

图 2.18　角度尺寸的标注示例

（3）圆的直径。

① 直径尺寸应在尺寸数字前加注符号“ϕ”。

② 尺寸线应通过圆心，其终端画成箭头。

③ 整圆或大于半圆应注直径，如图 2.19 所示。

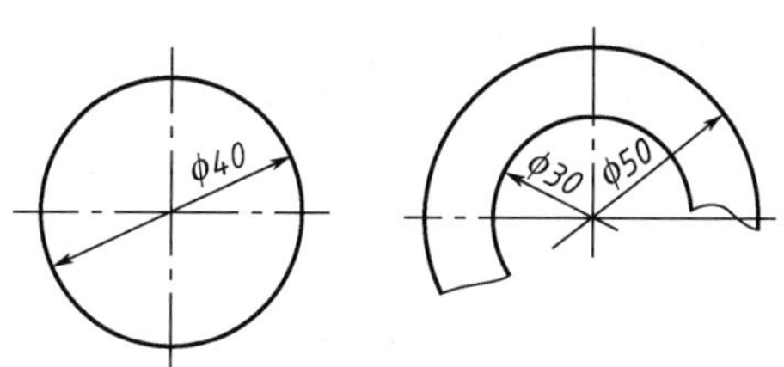

图 2.19　直径的标注

（4）圆弧半径。

① 半径尺寸数字前加注符号“*R*”。

② 小于或等于半圆的圆弧应注半径尺寸。

③ 半径尺寸必须注在投影为圆弧的图形上，且尺寸线或其延长线应通过圆心，如图 2.20 所示。

（5）斜度和锥度度。

① 斜度和锥度的标注，其符号应与斜度和锥度的方向一致，如图 2.21 所示。

② 符号的线宽为 $h/10$。

（6）大圆弧。

在图纸范围内无法标出圆心位置时，可以如图 2.22 所示进行标注。

（7）球面。

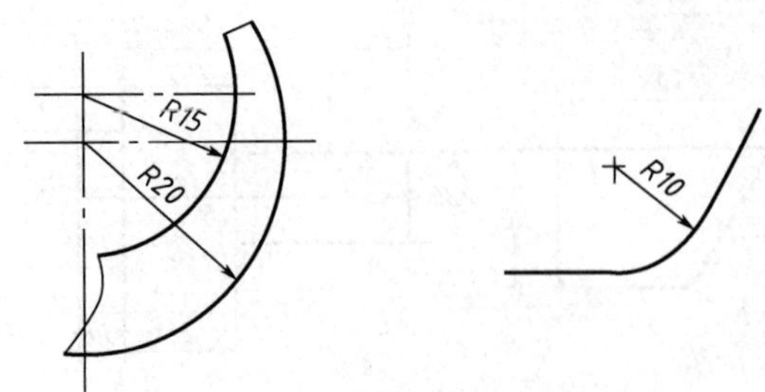

图 2.20　圆弧半径的标注示例

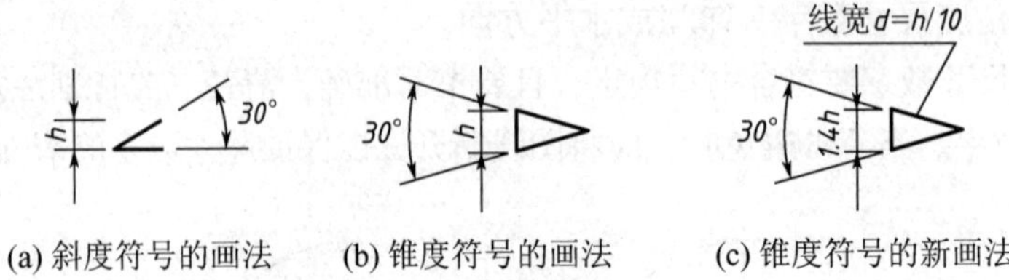

图 2.21　斜度和锥度的标注实例

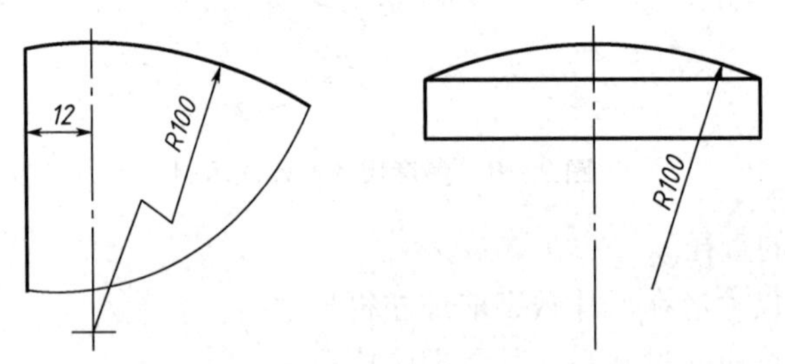

图 2.22　大圆弧的标注示例

标注球面直径或半径时，应在“ϕ”或“R”前面加注符号“S”。对标准件，轴或手柄的前端，在不引起误解的情况下，可以省略符号“S”，如图 2.23 所示。

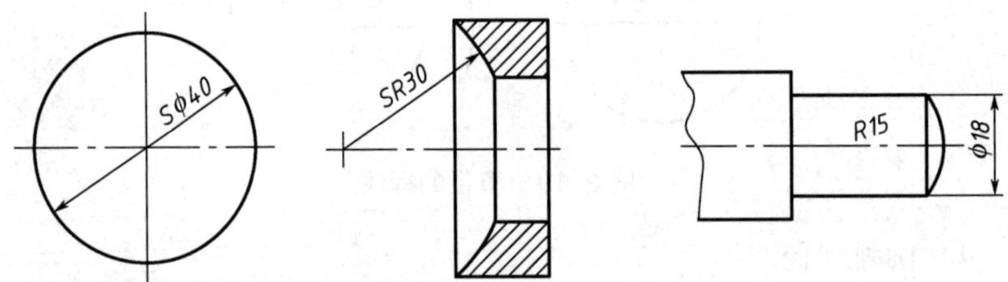

图 2.23　球面的标注示例

(8) 板状类零件。

标注板状类零件的厚度时，可在尺寸数字前加注符号“t”，如图 2.24 所示。

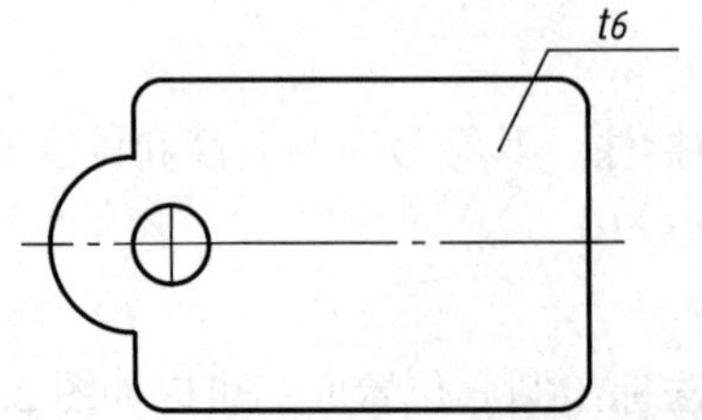

图 2.24　板状零件的厚度标注示例

(9) 狭小部位的注法。

在没有足够位置画箭头或注写数字时，可按图 2. 25 的形式注写。

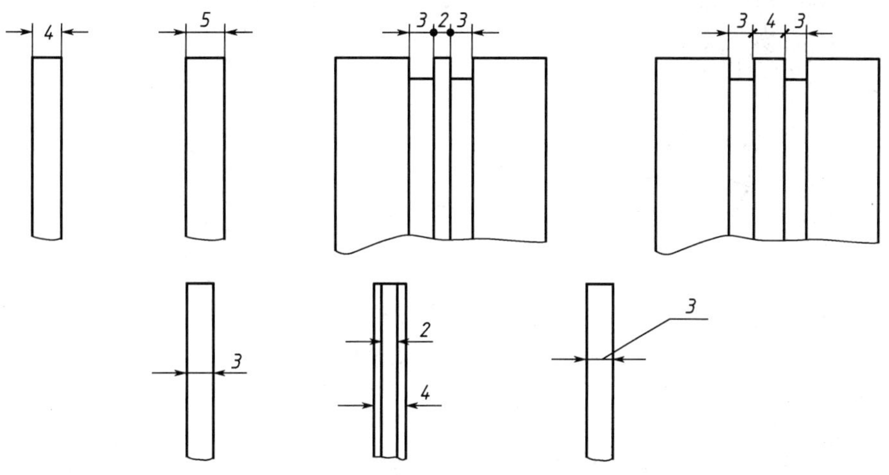

图 2. 25 狭小部位的尺寸标注示例

(10) 小半径注法。

在没有足够位置画箭头或注写数字时，半径可按图 2. 26 的形式注写。

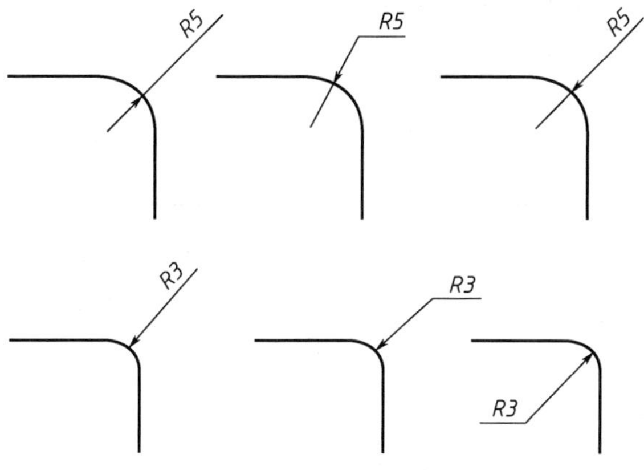

图 2. 26 小半径标注法

(11) 小直径注法。

在没有足够位置画箭头或注写数字时，直径可按图 2. 27 的形式注写。

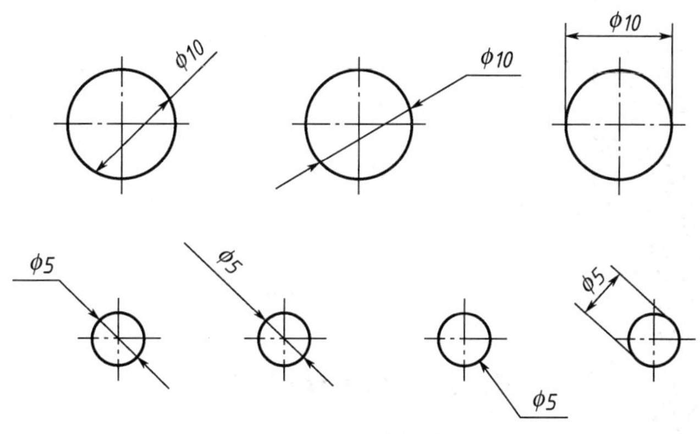

图 2. 27 小直径注法

（12）弦长及弧长。

① 标注弧长时，应在尺寸数字左方加注符号“⌒”。

② 弦长及弧长的尺寸界线应平行于该弦的垂直平分线，当弧较大时，尺寸界线可沿径引出，如图2.28所示。

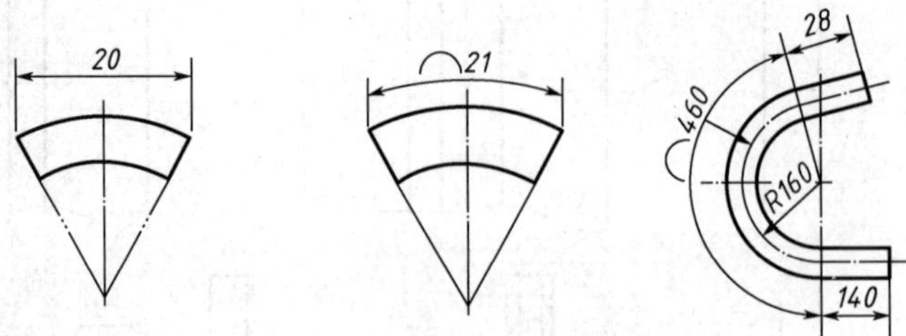

图2.28 弦长和弧长的标注示例

（13）正方形结构。

表示剖面为正方形结构尺寸时，可在正方形尺寸数字前加注“□”符号，或用尺寸相乘（如12×12）表示，如图2.29所示。

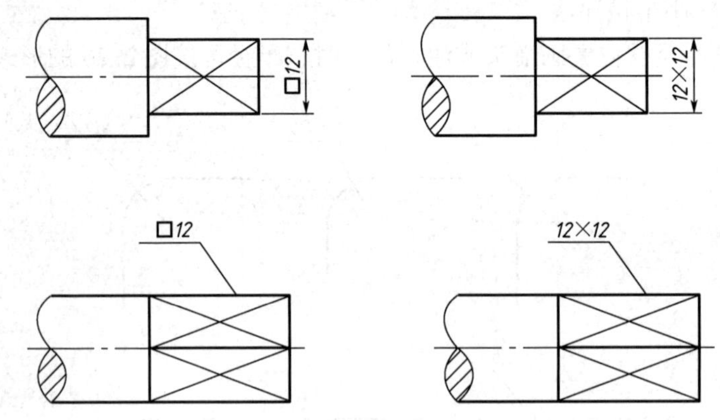

图2.29 正方形结构的标注示例

（14）对称机件。

当对称机件的图形只画一半或略大于一半时，尺寸线应略超过对称中心或断裂处的边界线，并在尺寸线一端画出箭头，按图2.30形式标注。

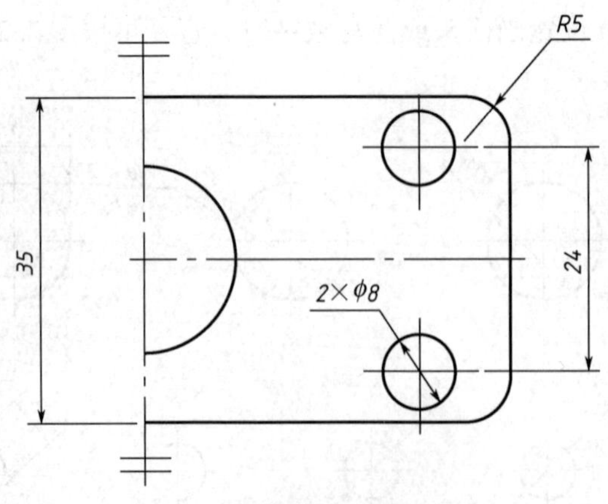

图2.30 对称机件的标注示例

2.1.4　图线

1. 图线的的类型

机械图样中的图形是用各种不同粗细和型式的图线画成的，不同的图线在图样中表示不同的含义。现行国家标准为 GB/T 4457.4—2002《机械制图 图样画法 图线》绘制图样时，应采用下表 2.3 中规定的图线型式来绘图。

表 2.3　图线型式表

图线名称	图线形式	宽度	一般应用
粗实线	————————	d	可见轮廓线 可见过渡线
虚线	- - - - - - - - - - - - - -	$0.5d$	不可见轮廓线 不可见过渡线
细实线	————————	$0.5d$	尺寸线及尺寸界线 剖面线、引出线 重合断面的轮廓线 螺纹的牙底线及齿轮的齿根线 分界线及范围
波浪线	～～～	$0.5d$	断裂处的边界线 视图和剖视的分界线
细点画线	——·——·——	$0.5d$	轴线、对称中心线 轨迹线、节圆及节线
双折线	—\/—\/—\/—	$0.5d$	断裂处的边界线 视图和剖视的分界线
双点画线	——··——··——	$0.5d$	相邻辅助零件的轮廓线 极限位置的轮廓线
粗点画线	15～30　3	d	有特殊要求的线或表面的表示线

2. 画线时注意事项

（1）同一图样中同类图线的宽度应基本一致。

（2）点画线和双点画线的首末两端应为“画”而不应为“点”。

（3）绘制圆的对称中心线时，圆心应为“画”的交点。首末两端超出图形外 2 ~ 5mm。

（4）在较小的图形上绘制细点画线和细双点画线有困难时，可用细实线代替。

（5）虚线、点画线或双点画线和实线相交或它们自身相交时，应以“画”相交，而不应为“点”或“间隔”。

（6）虚线、点画线或双点画线为实线的延长线时，不得与实线相连。

（7）图线不得与文字、数字或符号重叠、混淆。不可避免时，应首先保证文字、数字或符号清晰。

(8) 除非另有规定，两条平行线之间的最小间隙不得小于0.7mm。

(9) 图线的颜色深浅程度要一致，不要粗线深细线浅。

2.2 平面图形的作图步骤和尺寸标注法

2.2.1 平面图形的作图步骤

平面图形是由一些基本几何图形（线段或线框）构成。

1. 平面图形的尺寸分析

1）定形尺寸

确定形状大小的尺寸。

2）定位尺寸

确定平面图形中各线段或线框间相对位置的尺寸。

3）尺寸基准

标注尺寸的起点称为尺寸基准。

通常将图形的对称线、较大圆的中心线、主要轮廓线等作为尺寸基准。

2. 平面图形的线段分析

1）已知线段（定位尺寸和定形尺寸均齐全）

根据图形中所注的尺寸，可以独立画出的圆、圆弧或直线。

2）中间线段（定形尺寸齐全，但定位尺寸不全）

除图形中标注的尺寸外，还需根据一个连接关系才能画出的圆弧或直线。

3）连接线段（只有定形尺寸，无定位尺寸）

需根据两个连接关系才能画出的圆弧或直线。

3. 平面图形的绘制方法和步骤

分析平面图形中哪些是已知线段，哪些是连接线段，以及所给定的连接条件，从而拟定作图方案。绘图步骤如图2.31所示。

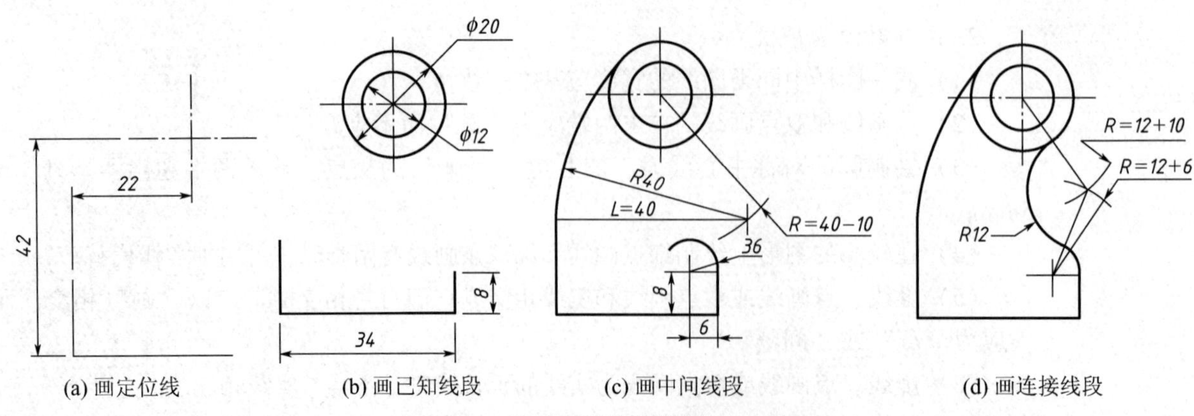

图2.31 平面图形的绘制方法和步骤

2.2.2 平面图形的尺寸标注示例

平面图形的尺寸标注例如图 2.32 所示。

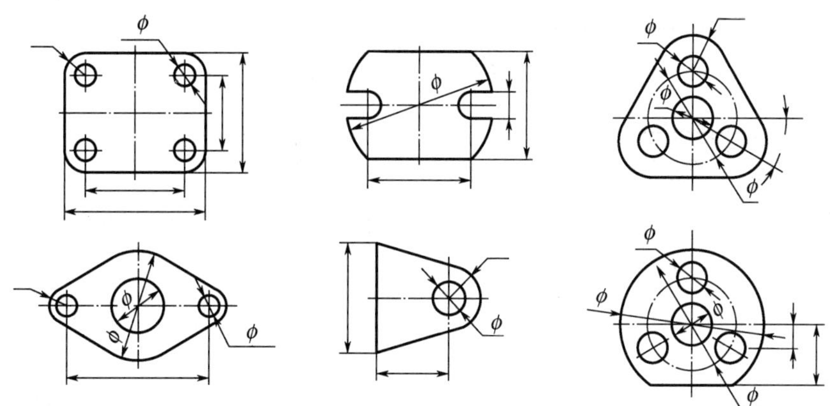

图 2.32 平面图形的尺寸标注示例

2.3 新制图规定

最近国家新发布了制图规定，在图线、字体的应用、尺寸及尺寸符号及尺寸注法有改变。

2.3.1 线条

1. 粗虚线

粗虚线：允许表面处理的表示线，如图 2.33 所示。

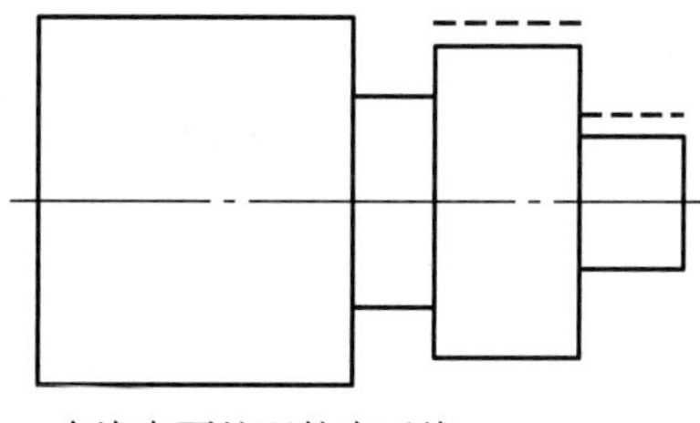

允许表面处理的表示线

图 2.33 粗虚线

2. 粗点画线

粗点画线：限定范围的表示线，如图 2.34 所示。

3. 细虚线和细双点画线

增加了粗虚线后，原来用于表示不可见轮廓线的虚线也改称为细虚线，原称双点画线也改为细双点画线，如图 2.35 所示。

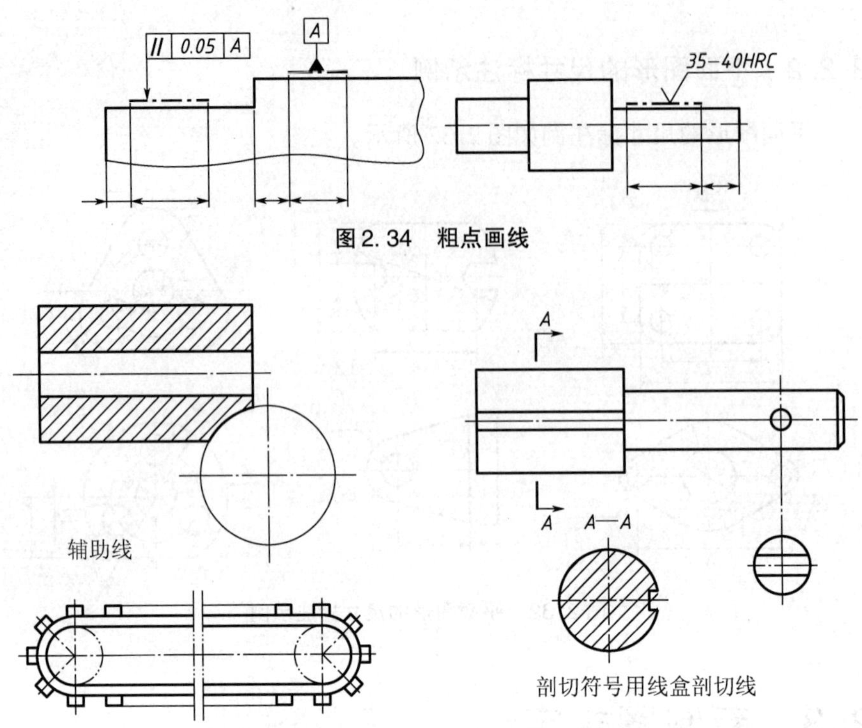

图 2. 34　粗点画线

图 2. 35　细虚线和细双点画线

4. 粗线与细线比例

1984 年规定约 3:1。

1998 年规定 4:2:1。

2002 年规定 2:1。

5. 改变剖切符号的线宽

GB/T 4458. 1—1984 中规定为粗线的 1 ~ 1. 5 倍

GB/T 4457. 4—2002 中明确规定剖切符号为粗实线

6. 过渡线

过渡线由粗实线改为细实线表示，如图 2. 36 所示。

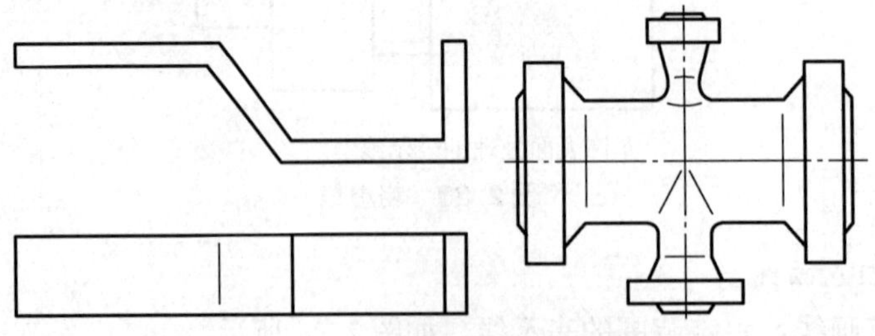

图 2. 36　过渡线由粗实线改为细实线

7. 模样分型线

明确规定了模样分型线用粗实线表示，如图 2. 37 所示。

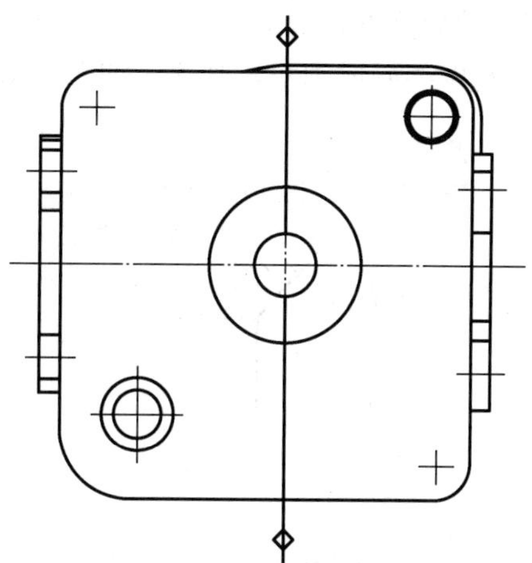

图 2.37　模样分型线用粗实线

8. 双折线

双折线的画法，如图 2.38 所示。

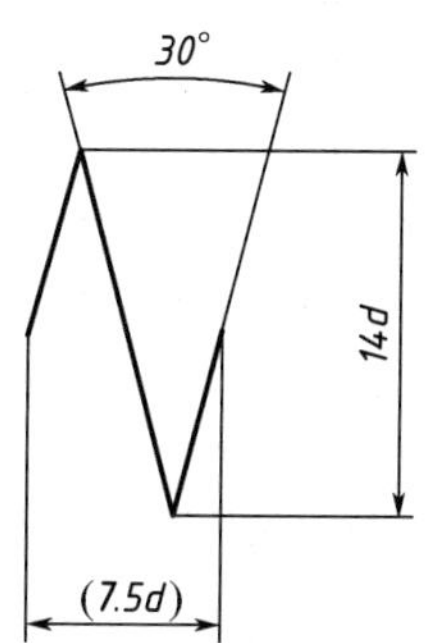

图 2.38　双折线的画法

9. 轨迹线

轨迹线由细点画线改为细双点画线，如图 2.39 所示。

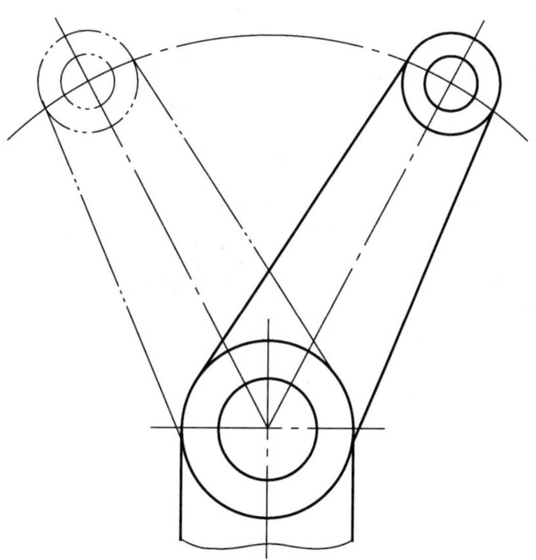

图 2.39　轨迹线由细点画线改为细双点画线

10. 相邻辅助零件的线型及画法

（1）辅助零件的轮廓线画成细双点画线，如图 2. 40 所示。

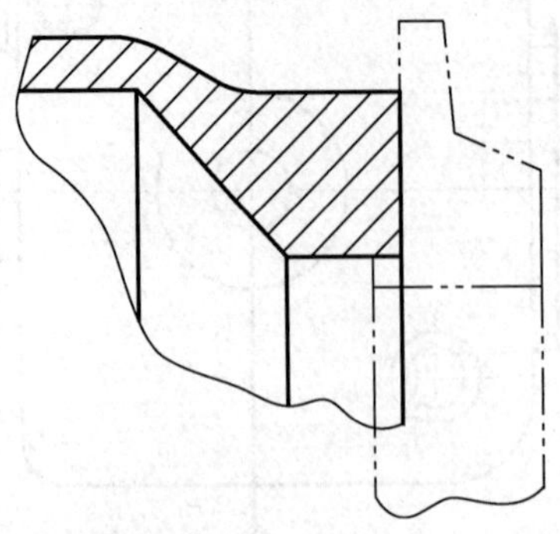

图 2. 40　相邻辅助零件的轮廓线化成细双点画线

（2）相邻辅助零件的剖面区域不画剖面线，如图 2. 41 所示。

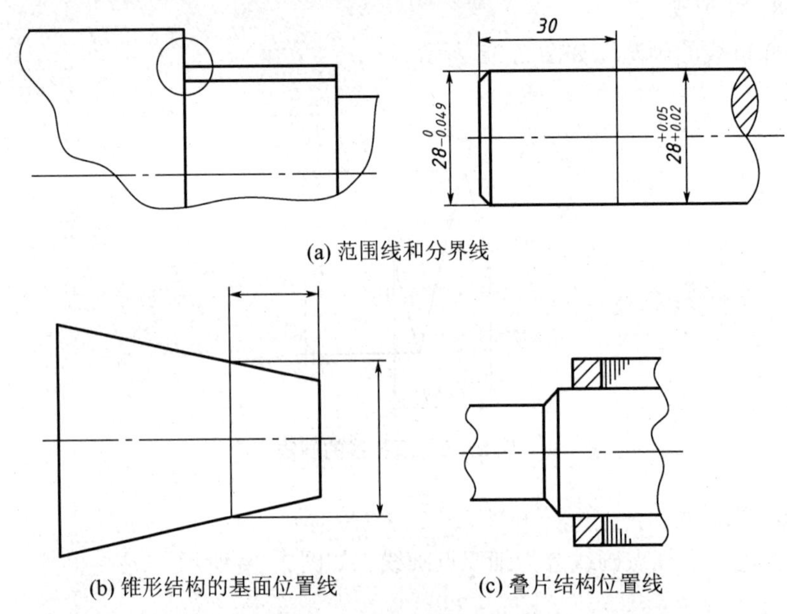

(a) 范围线和分界线

(b) 锥形结构的基面位置线　(c) 叠片结构位置线

图 2. 41　范围线和分界线

（3）零部件的视图与相邻的辅助零件重叠时，其重叠部分的视图不受影响，如图 2. 42 所示。

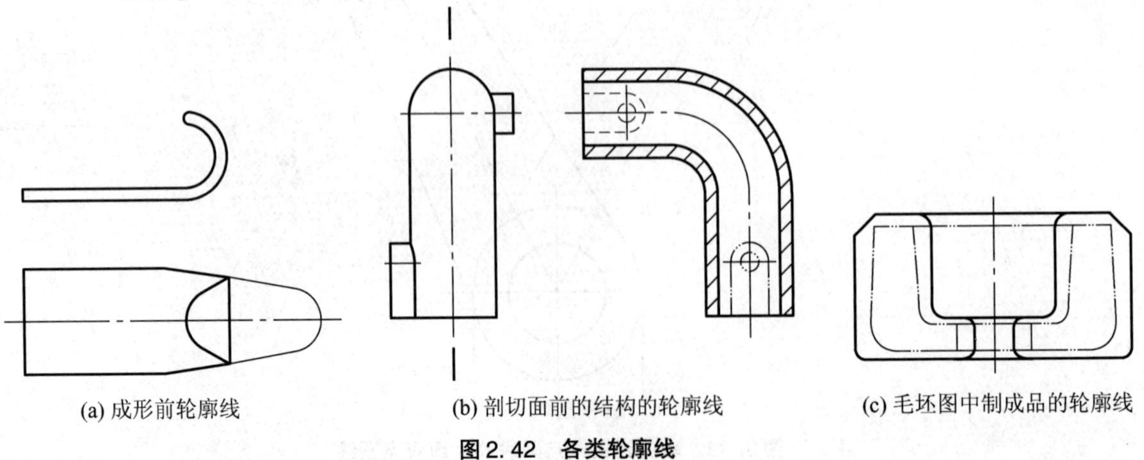

(a) 成形前轮廓线　(b) 剖切面前的结构的轮廓线　(c) 毛坯图中制成品的轮廓线

图 2. 42　各类轮廓线

2.3.2 字体的应用

1. 关于字体等名词的定义

字体：图中文字、字母、数字的书写形式。

字符：不包括汉字在内的所有字母、数字。

字距：每两个汉字间的距离。

字符间距：每两个字母、或数字、或字母与数字间的距离。

2. 计算机绘图时字体的应用

GB/T 14665—1998《机械工程 CAD 制图规则》规定：机械工程的 CAD 制图中，数字、字母一般应以斜体输出；汉字在输出时一般采用正体。

GB/T 14665—2012《机械工程 CAD 制图规则》规定：机械工程的 CAD 制图中，数字一般应以正体输出；字母除表示变量以外，一般应以正体输出；汉字在输出时一般采用正体，并采用国家正式公布和推行的简化字（2012 年 12 月 1 日实施）。

2.3.3 尺寸及尺寸符号

线性尺寸：是物体上某两点间的距离，如物体的长、宽、高、直径、半径、中心距、弦长等，尺寸单位的默认值为毫米。

角度尺寸：两相交直线所形成的平角或二相交平面所形成的二面角中任一正截面的平面角的大小，角度尺寸一般用度、分、秒为单位。因为角度和长度的单位不同，所以在图样上标注角度尺寸时，角度符号必须标出。

直径符号：ISO 标准和我国国家标准都规定，用符号 ϕ 表示直径。由于符号 ϕ 和希腊字母 Φ 非常相似，人们都误认 ϕ 即是希腊字母 Φ，并习惯读作“裴”。ϕ 是直径符号，不是希腊字母。

半径符号：半径符号 R 是英文 Radius（半径）的字首。

球面符号：球面符号 S 是英文 Sphere（球）的字首。

倒角符号：用 C 表示 45°倒角，C 是英文 Chamber（倒角）的字首。

厚度符号：用字母 t 来表示厚度，t 是英文 Thickness（厚度）的字首。

正方形符号：除英国和美国等国外，ISO 标准和其他大多数国家采用符号“□”表示正方形。其注法为“□50”，注意，切忌注成“□50 × 50”。

2.3.4 尺寸注法

尺寸在图样中的标注方法，现已修订为 GB/T 4458.4—2003《机械制图 尺寸注法》。

（1）关于尺寸线的终端形式，旧国家标准中并列给出了两种形式，即箭头和斜线。于是，许多制图教科书中也就等量齐观，不分主次讲述了这两种形式。其实，斜线作为尺寸线终端的形式主要用于建筑图样。为此，新国家标准再给出两种终端形式的同时强调指出：“机械图样中一般采用箭头作为尺寸线的终端”。

（2）改变了箭头长度的规定。旧国家标准中规定：箭头长度 ≈ $4b$（b 为粗实线宽度），其实国家标准图例中的箭头却为 3.5 ~ 5mm 之间，即箭头长度为（7 ~ 10）b，并未采用4b（即2mm），为此，新国家标准将箭头长度改成了≥6d。

（3）增补了标注尺寸的符号及符号的比例画法。GB/T 16675.2—2012《技术制图 简化表示法 第2部分：尺寸注法》中增加和更新了一些符号及缩写词。GB/T 4458.4—2003《机械制图 尺寸注法》新增了“展开长”和“型材截面形状”符号，如图2.43所示。

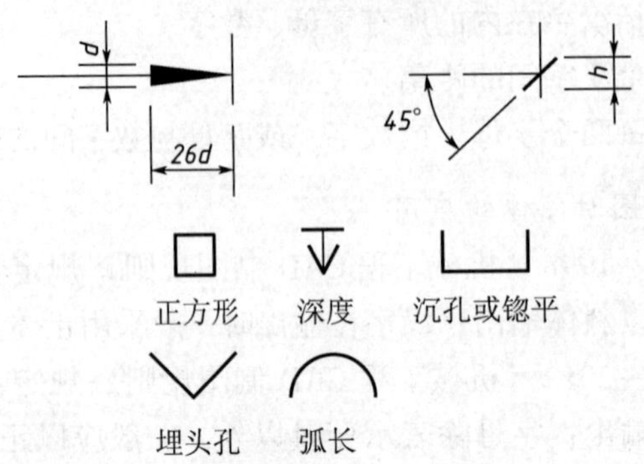

图2.43　增补了标注尺寸的符号及符号的比例画法

（4）旧国家标准GB/T 4458.4—1984《机械制图 尺寸注法》规定斜度和锥度的画法如图2.44(a)，图2.44(b) 所示。

新国家标准GB/T 4458.4—2003《机械制图 尺寸注法》改为图2.44(c) 所示画法。

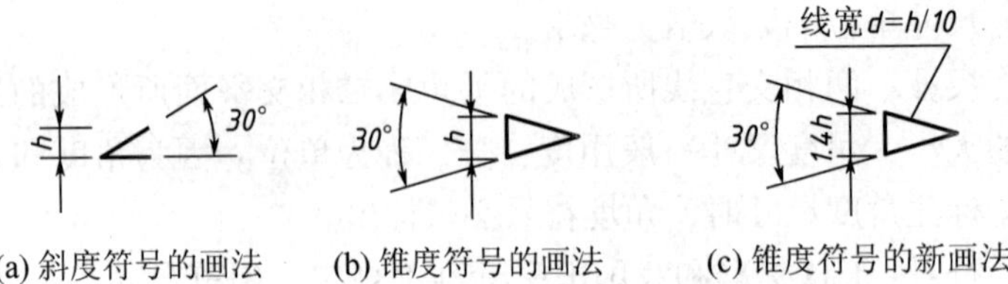

图2.44　斜度和锥度的画法

（5）旧国家标准GB/T 4458.4—1984《机械制图 尺寸注法》规定弧长的尺寸注法如图2.45(a) 所示。

新国家标准GB/T 4458.4—2003《机械制图 尺寸注法》改为图2.45(b) 所示画法。

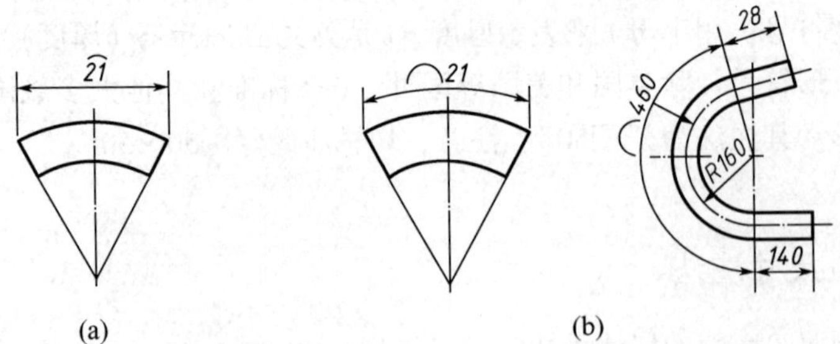

图2.45　弧长的尺寸标注画法

2.3.5　几个新定义

（1）图纸幅面：图纸宽度与长度组成的图面。

（3）图框：图纸上限定绘图区域的线框。

（4）图线：图中所采用各种形式的线。

（5）尺寸：用特定长度或角度单位表示的数值，并在技术图样上用图线、符号和技术要求表示出来。

（6）简化画法：包括规定画法、省略画法、示意画法等在内的图示方法。

（7）规定画法：对标准中规定的某些特定表达对象所采用的特殊图示方法。

（8）省略画法：通过省略重复投影、重复要素、重复图形等达到使图样简化的图示方法。

（9）示意画法：用规定符号和（或）较形象的凸显绘制图样的表意性图示方法。

（10）投影符号：标准规定投影符号一般放置在标题栏中名称及代号区的下方。

2.4 尺规绘图及工具使用

2.4.1 尺规绘图及工具使用

1. 图板、丁字尺、三角板

丁字尺用来画水平线，与两个三角板配合使用可以作出竖直线及特殊角 75°、15°、105°，如图 2.46 所示。

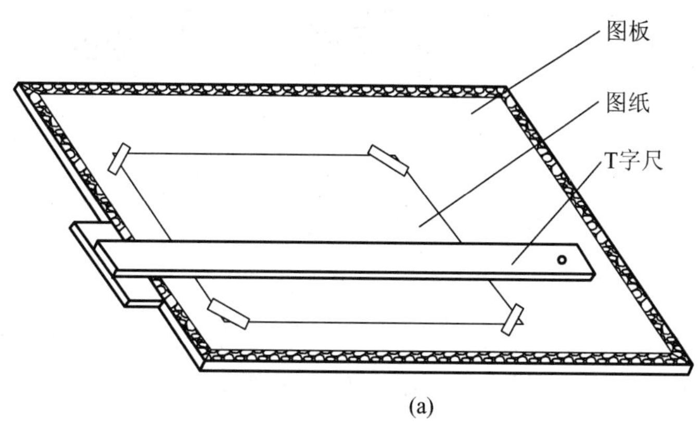

(a)

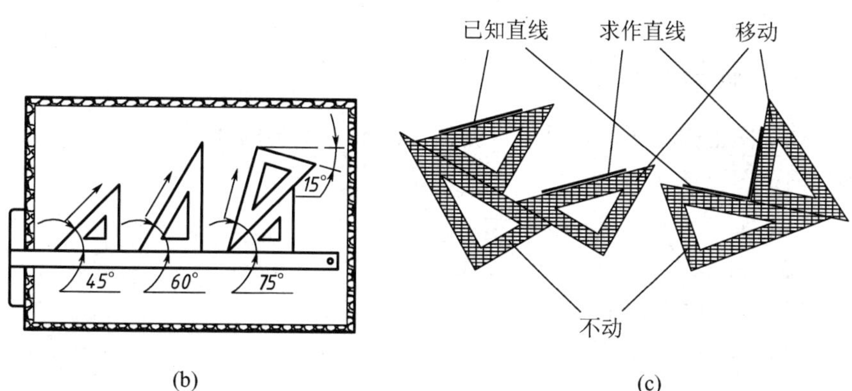

(b) (c)

图 2.46 三角板和丁字尺的配合使用

2. 圆规和分规

（1）使用圆规时，钢针台肩与铅芯应调整平齐。

（2）使用分规时，分规的两针尖并拢时应平齐，如图 2.47 所示。

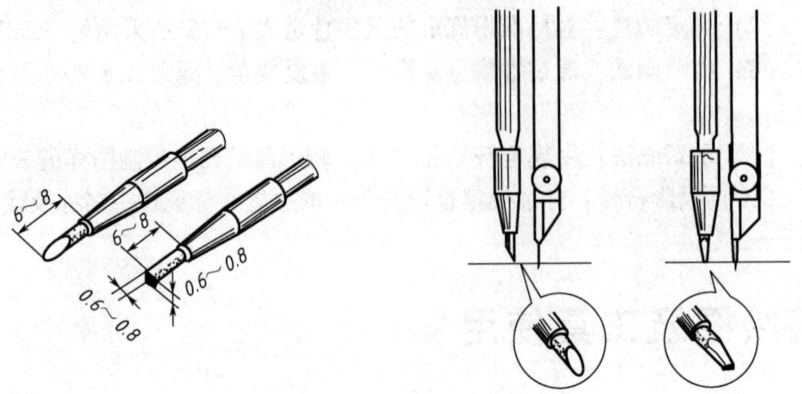

图 2.47　圆规和分规的使用示意图

3. 铅笔

铅笔的铅芯有软硬之分，通常分为 3H、2H、H、HB、B、2B、3B。铅笔应削成如图 2.48 所示的形状。

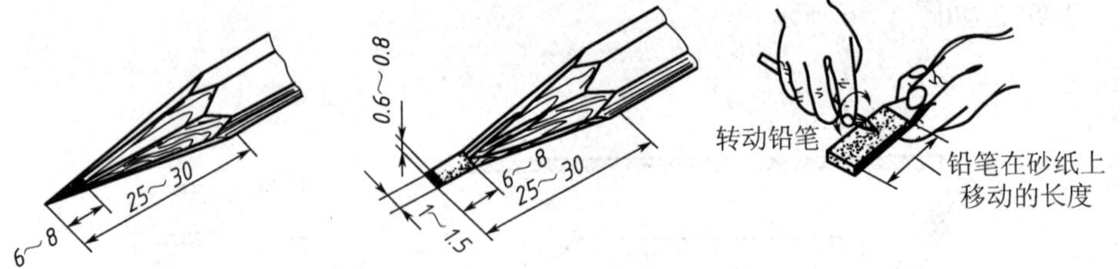

图 2.48　铅笔应削成的形状

描深的顺序如下。

描不同的线型："先粗后细""先实后虚"；描多个同心圆或大、小圆弧连接，"先小后大"；描圆弧（圆）、直线，"先圆后直"；描多条水平线，"先上后下"；描多条垂直线，"先左后右"；最后描斜线。

2.4.2　徒手画图的方法

徒手图也称草图。它是以目测估计图形与实物的比例，按一定画法要求徒手绘制的图。画草图要求如下。

（1）画线要稳，图线要清晰。

（2）目测尺寸要准，各部分比例均匀。

（3）绘图速度要快。

（4）标注尺寸无误，字体工整。

习　题

一、填空题

1. 设计图学的标准主要有________和________。

2. 尺寸的组成主要包括________、________、________和________。

二、选择题

1. 尺寸的类型包括（　　）。

A. 定型尺寸　　B. 定位尺寸　　C. 总体尺寸　　D. 基准尺寸

2. 标注角度尺寸时，数字应（　　）。

A. 水平　　B. 垂直　　C. 平行　　D. 对齐

3. 国家机械制图的标准，与设计相关的包括（　　）。

A. 图幅　　B. 标题栏　　C. 线型　　D. 尺寸注法

三、思考题

1. 论述图中字体的一般规定。

2. 阐述尺寸标注的基本要求。

3. 说明尺规作图的基本方法与步骤。

4. 解说徒手画草图的基本要求。

第3章　几何元素的投影原理及其艺术内涵

教学目标

掌握投影的基本原理；
了解几何元素的相对位置；
掌握几何元素的艺术内涵及构成规律；
了解结构要素的概念及其造型语意；
熟悉结构的形式美基本法则。

教学要求

知识要点	能力要求	相关知识
投影的概念	（1）掌握投影的要素 （2）理解正投影的概念	投影
三视图的绘制	（1）了解三视图的概念 （2）掌握三视图的绘制方法	三视图
几何元素的相对位置	（1）了解几何元素的点、线、面的特点 （2）掌握点、线、面的相对位置	相交、平行、交叉、垂直
结构的形式美基本法则	（1）了解结构形式美的基本法则 （2）理解结构形式美法则的应用	形式美基本法则

基本概念

◆ 投影：投影指的是用一组光线将物体的形状投射到一个平面上去。在该平面上得到的图像，也称为“投影”。

◆ 三视图：观测者从上面、左面、正面三个不同角度观察同一个空间几何体而画出的图形。

◆ 直线的相对位置：平行、相交、交叉。

◆ 两平面的相对位置：平行、相交。

引例

皮　影　戏

皮影戏，又称“影子戏”或“灯影戏”，是一种用兽皮或纸板做成人物剪影以表演故事的民间戏剧。表演时，艺人们在白色幕布后面，一边操纵影人，一边用当地流行的曲调讲述故事，同时配以打击乐器和弦乐，有浓厚的乡土气息。其流行范围极为广泛，并因各地所演的声腔不同而形成多种多样的皮影戏。

皮影戏是中国民间古老的传统艺术，老北京人叫它“驴皮影”。据史书记载，皮影戏始于西汉，兴于唐朝，盛于清代，元代时期传至西亚和欧洲，可谓历史悠久，源远流长。

2011 年，中国皮影戏入选人类非物质文化遗产代表作名录。“皮影”是对皮影戏和皮影戏人物（包括场面道具景物）制品的通用称谓。皮影戏是让观众通过白色幕布，观看一种平面人偶表演的灯影来达到艺术效果的戏剧形式；而皮影戏中的平面人偶以及场面景物，通常是民间艺人用手工，刀雕彩绘而成的皮制品，故称之为皮影。在过去还没有电影、电视的年代，皮影戏曾是十分受欢迎的民间娱乐活动之一。

3.1 投影的基本原理

3.1.1 投影的概念

光线照射物体时，可在预设面上产生影子。利用这个原理在平面上绘制图像，来表示物体的大小和形状，这种方法称为投影法。工程上应用投影原理获得工程图样的方法，是从日常生活中自然界的光照投影现象抽象出来的。

人们在日常生活中，都看到各种影子。影子的形状与物体本身的形状相似，但是大小不一定相同。从不同的方向看同一物体的投影，会产生不同的影子。投影法是指投射线通过物体，向选定的投影面投影，从而在该面上得到投影的方法。投影示意图如图 3.1 所示。

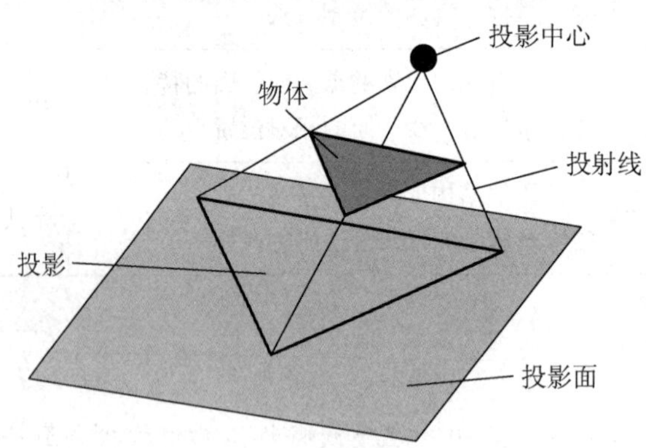

图 3.1　投影示意图

3.1.2 投影的分类

在长期的生活经验的基础上，总结出投影中心、投射线、投影面是投影的三要素。投影法可分为中心投影法和平行投影法。

1. 中心投影法

投影线交于一点的投影法，称为中心投影法，如图 3.2 所示。

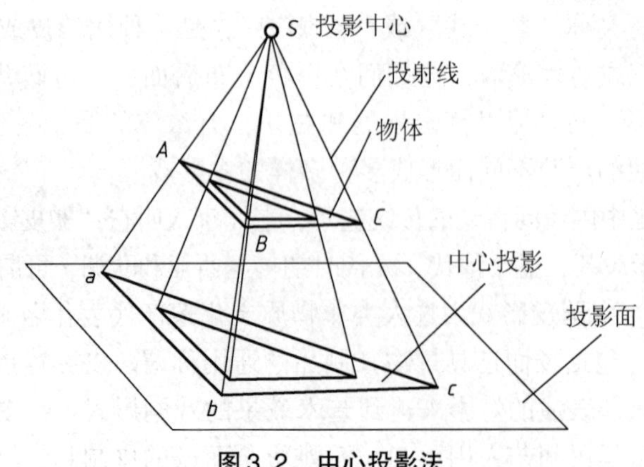

图 3.2　中心投影法

2. 平行投影法

若投射中心 S 移到无限远，所有的投射线相互平行，这种投射线相互平行的投影法，称为平行投影法，所得到的投影称为平行投影。平行投影法按投射线是否垂直于投影面分为正投影法和斜投影法。

1）斜投影

若投射线倾斜于投影面，称为斜投影法，所得投影称为斜投影（图3.3）。

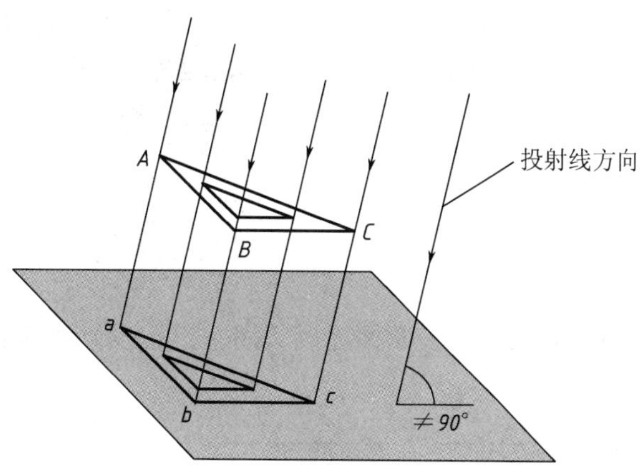

图3.3 斜投影

2）正投影

若投射线垂直于投影面，称为正投影法，所得投影称为正投影（图3.4）。

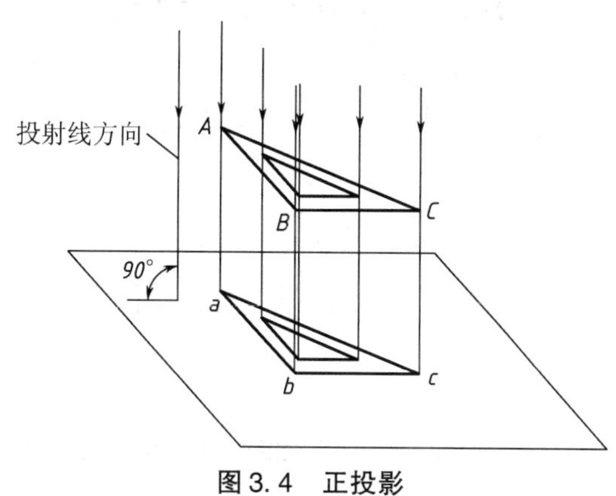

图3.4 正投影

3.1.3 平行投影的基本性质

1. 定比性

直线上的点将直线分成两部分，与该直线在同一投影面上的投影分成的两部分比例相等［图3.5(a)］。

2. 平行性

空间中两直线平行，那么它们在同一投影面上的投影也平行［图3.5(b)］。

3. 从属性

空间中某点在直线上，那么该点也属于直线在投影面的投影［图3.5(c)］。

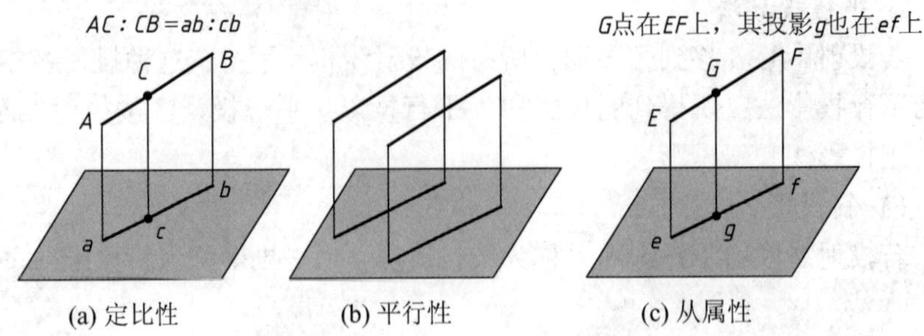

(a) 定比性　　(b) 平行性　　(c) 从属性

图3.5　平行投影的基本性质

3.1.4　正投影图的画法

1. 正投影图的画法

将几何体置于观察者和投影面之间，用垂直于投影面的互相平行的投影线向投影面作投影，如图3.6所示。

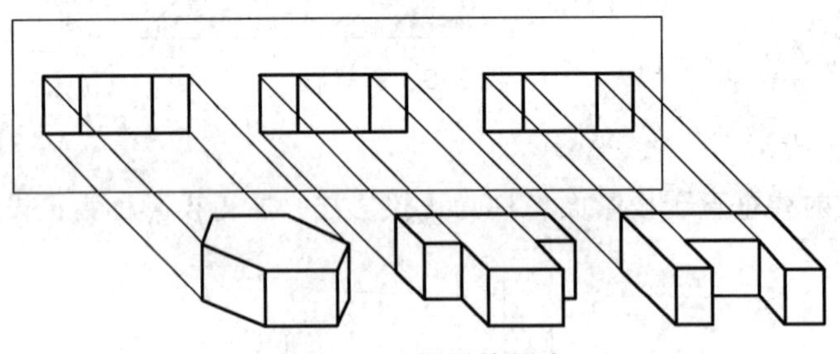

图3.6　正投影的画法

2. 正投影的性质

1）真形性

当物体上的直线和平面平行于投影面时，它们的投影反映直线的实长和平面的真实形状［图3.7(a)］。

2）积聚性

当物体上的直线和平面垂直于投影面时，它们的投影分别积聚成点和直线［图3.7(b)］。

3）类似性

当物体上的直线和平面倾斜于投影面时，直线的投影是缩短了的直线，平面的投影是缩小了的类似形［图3.7(c)］。

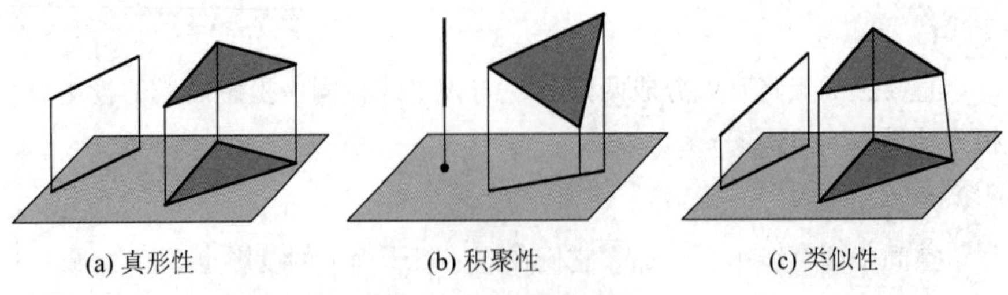

(a) 真形性　　(b) 积聚性　　(c) 类似性

图3.7　正投影的性质

3.1.5　工程上常用的几种投影图

1. 多面正投影图（图3.8）

优点：作图方便，易于度量。

缺点：直观性差，不易读懂。

用途：施工依据，正投影法主要绘制工程样图。

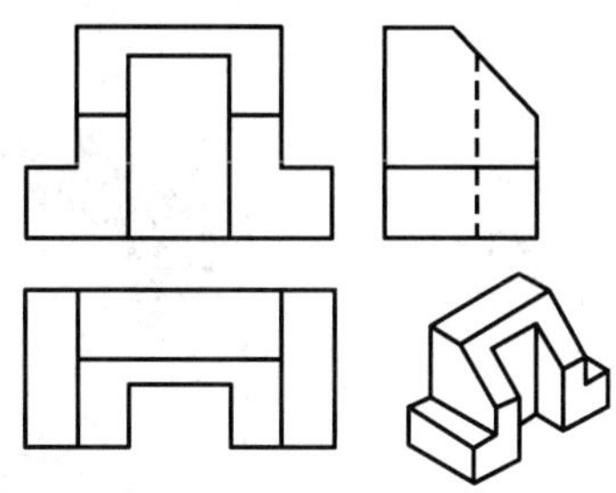

图3.8　多面正投影图

2. 轴测投影图（图3.9）

优点：立体感强。

缺点：作图复杂、形状失真。

用途：辅助图样，斜投影法主要用于绘制斜轴测图。

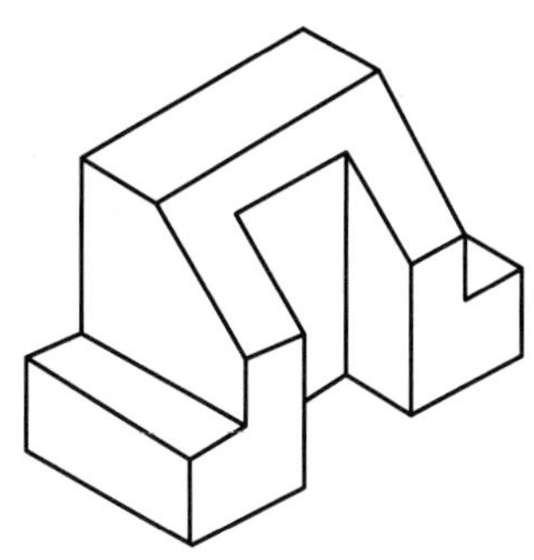

图3.9　轴测投影图

3. 透视投影图（图3.10）

优点：图形逼真、立体感强。

缺点：作图复杂、形状失真。

用途：辅助图样、广告、美术设计。

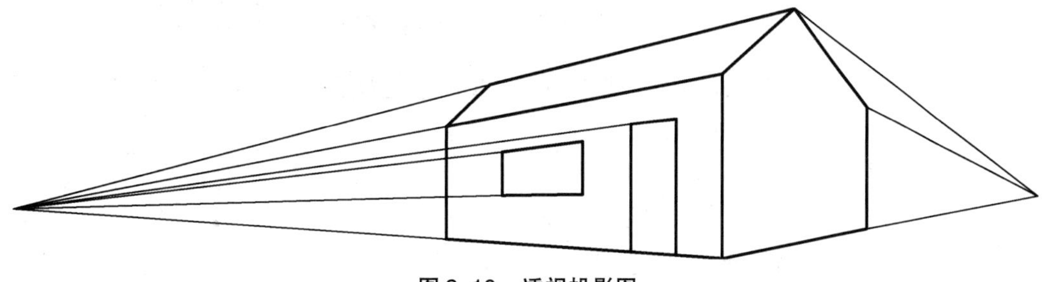

图3.10　透视投影图

3.2　几何元素的投影性质

3.2.1　三投影面体系的建立

三投影面体系如图3.11所示。

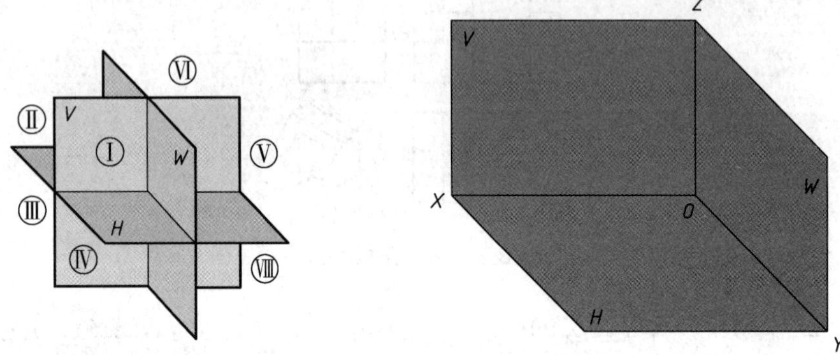

图3.11　三投影面体系的建立

水平投影面——H；正面投影面——V；侧面投影面——W。

$H\cap V$ ——OX；$V\cap W$ ——OZ；$H\cap W$ ——OY。

3.2.2　点的投影

1. 两投影面体系中点的投影

将空间中点向两个投影面作正投影，点的两个投影能唯一确定该点的空间位置，如图3.12所示。

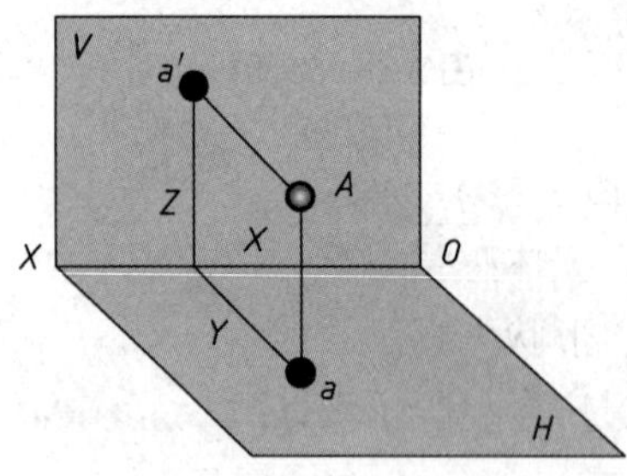

图3.12　两投影面体系中点的投影

图3.12中，点A的水平投影为a；点A的正面投影为a'；水平投影面为H，正面投影面为V，投影轴为OX。

两面投影的画法如图3.13所示。

两面投影通常不画出投影面的边界，如图3.14所示。

两面投影图的性质，如图3.15所示。

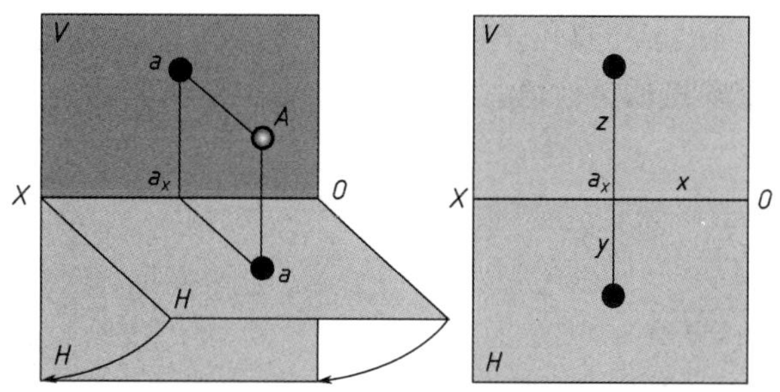

图 3.13　两面投影的画法

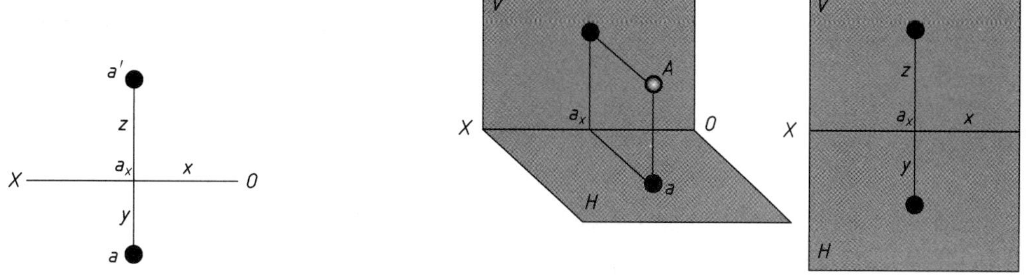

图 3.14　两面投影通常不画出边界

图 3.15　两投影图的性质

① $aa' \perp OX$;

② $a'ax = Aa$, $aa_x = Aa'$

2. 三投影面体系中点的投影

将空间点向三个投影面作正投影，得到：点 A 的水平投影为 a，点 A 的正面投影为 a'，点 A 的侧面投影为 a''。

规定 V 面不动，H 面向下旋转 90 °，W 面向右旋转 90 °，则点的三面投影图如图 3.16 所示。

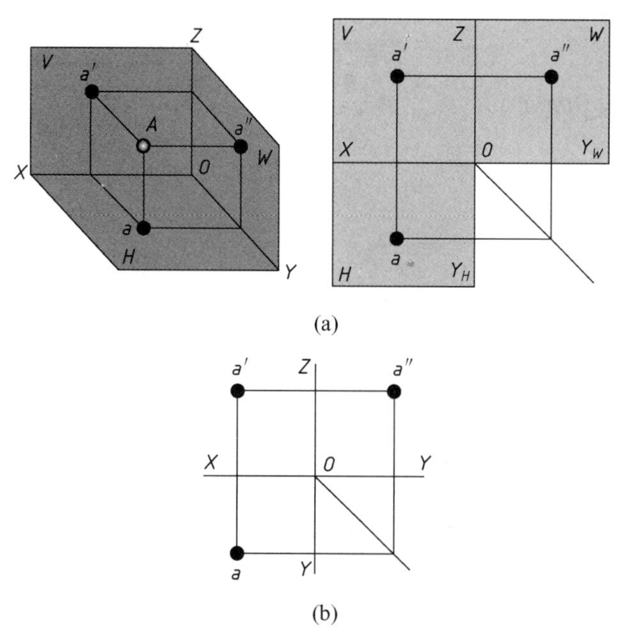

(a)

(b)

图 3.16　三投影体系中点的投影

注：因为平面是无限的，所以一般不画出平面边框。

1）点的三面投影与直角坐标的关系

点的投影反映点的坐标值，如图3.17及图3.18所示。

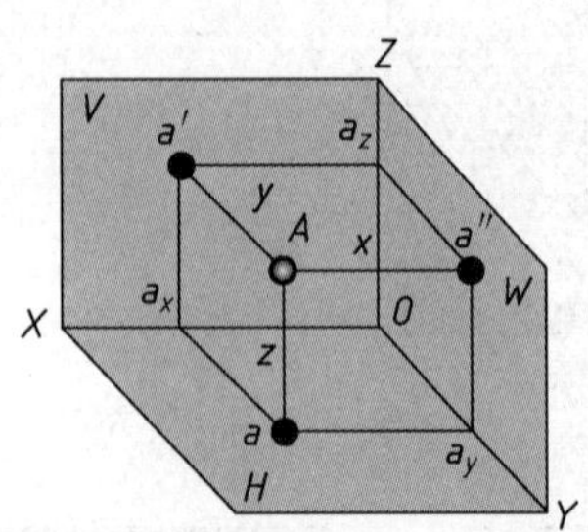

图3.17　点的投影与坐标值

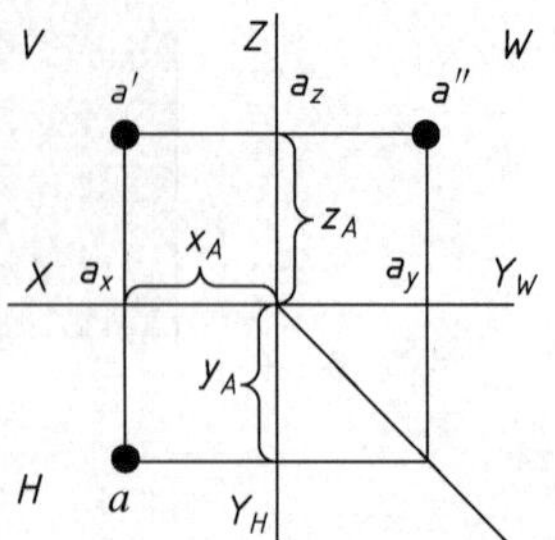

图3.18　点的投影与坐标值的对应关系

图3.18中，$a'a_z = \; = Aa'' = x_A$；$aa_x = a''a_z = Aa' = y_A$；$a'a_x = a''a_y = Aa = z_A$。

2）三投影面体系中点的投影规律

点的 V 面投影与 H 面投影之间的连线垂直于 OX 轴，即 $a'a \perp OX$；点的 V 面投影与 W 面投影之间的连线垂直 OZ 轴，即 $a'a'' \perp OZ$；点的 H 面投影到 OX 轴的距离及点的 W 面投影到 OZ 轴的距离两者相等，都反映点到 V 面的距离，如图3.19所示。

投影规律为长对正、高平齐、宽相等。

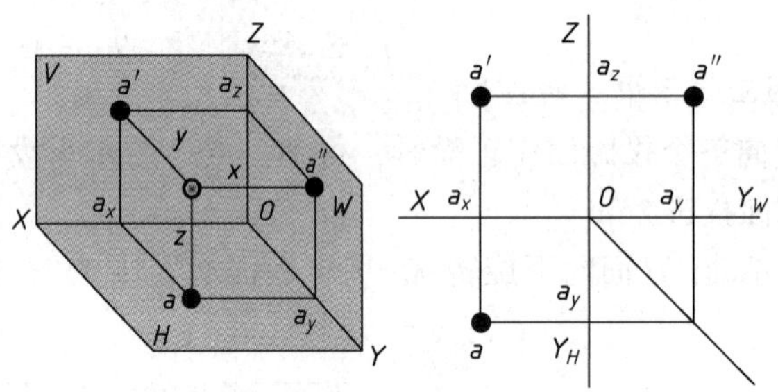

图3.19　三面投影体系中点的投影规律

3）特殊位置点的投影（图3.20）

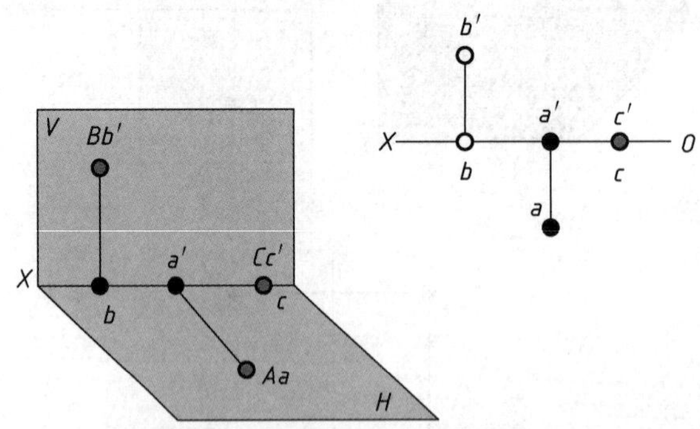

图3.20　各种特殊点位置的投影

（1）空间点：点的 X，Y，Z 的坐标都不为零，其三个投影都不在投影轴上。

（2）投影面上的点：点的某一个坐标为零，其一个投影与投影面重合。另外两个投影分别在投影轴上。

（3）投影轴上的点：点的两个坐标为零，其两个投影与所在投影轴重合，另一个投影在原点上。

（4）与原点重合的点：点的三个坐标为零，三个投影都与原点重合。

4）两点的相对位置

两点的相对位置是根据两点相对于投影面的距离远近（或坐标大小）来确定的。*X* 坐标值大的点在左；*Y* 坐标值大的点在前；*Z* 坐标值大的点在上。根据一个点相对于另一个点的上下、左右、前后 坐标差，可以确定该点的空间位置。如图 3. 21 所示，*A* 点与 *B* 点的相对位置，*A* 点在 *B* 点上方，在 *B* 点前方，在 *B* 点右边。

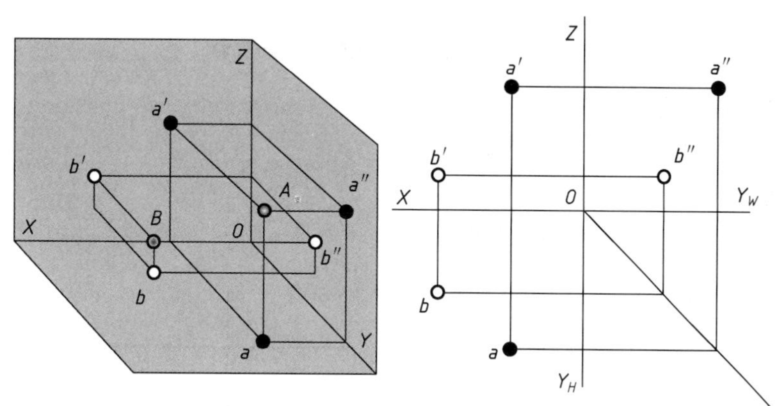

图 3. 21　两点的相对位置

5）重影点的投影

若两点位于同一条垂直某投影面的投射线上，则这两点在该投影面上的投影重合，这两点称为该投影面的重影点，如图 3. 22 所示，图中 *A* 点、*B* 点在 *H* 面的投影重合，*C* 点、*D* 点在 *V* 面的投影重合。

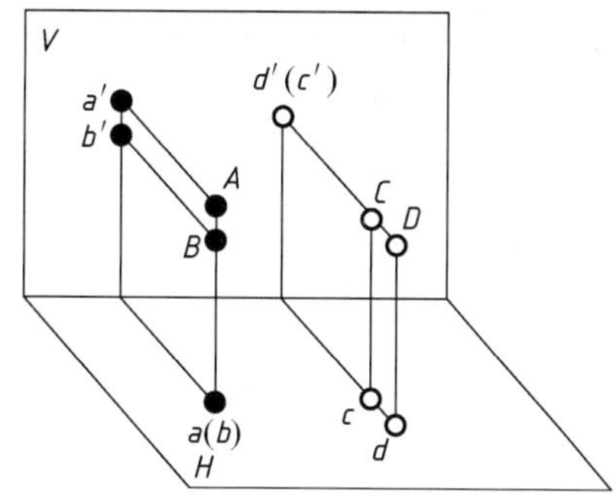

图 3. 22　重影点的投影

3. 2. 3　直线的投影

1. 直线及其直线上点的投影特性

直线的投影可由直线上两点的同面投影连接得到。直线的投影仍为直线，特殊情况下为一点，如图 3. 23 所示。

2. 直线对投影面的相对位置

1）特殊位置直线

（1）直线平行于一个投影面，包括水平线，正平线，侧平线。

① 水平线：只平行于水平投影面的直线，见图 3. 24 所示。

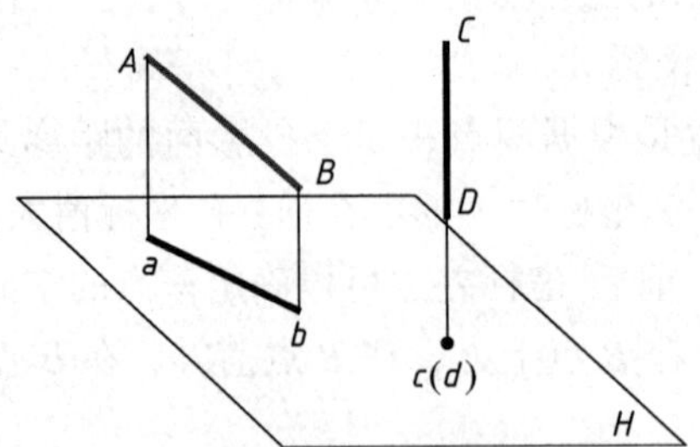

图 3.23　直线及其直线上点的投影

投影特性：

a. $a'b'/\!/OX$ ，$a''b''/\!/OY_W$。

b. $ab=AB$ 。

c. 反映β，γ角的真实大小。

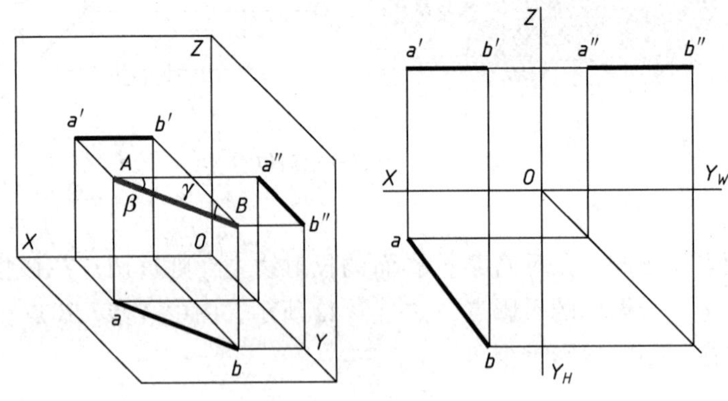

图 3.24　水平线的投影

② 正平线：只平行于正面投影面的直线，如图 3.25 所示。

投影特性：

a. $ab/\!/OX$；$a''b''/\!/OZ$。

b. $a'b'=AB$。

c. 反映α、γ角的真实大小。

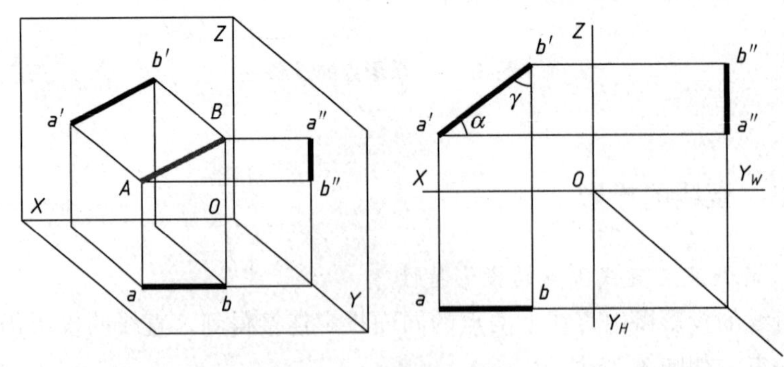

图 3.25　正平线的投影

③ 侧平线：只平行于侧面投影面的直线，如图 3.26 所示。

投影特性：

a. $a'b'/\!/ OZ$；$ab/\!/OY_H$。

b. $a''b''=AB$。

c. 反映α、β角的真实大小。

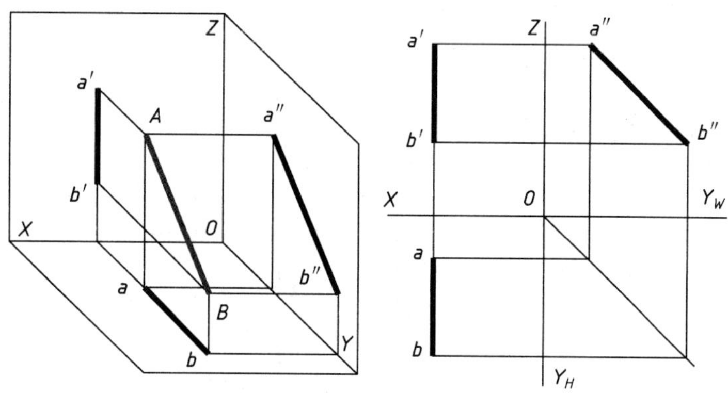

图 3.26 侧平线的投影

（2）直线垂直于一个投影面，包括铅垂线，正垂线，侧垂线。

① 铅垂线：垂直于水平投影面的直线，如图 3.27 所示。

投影特性：

a. ab 积聚成一点。

b. $a'b' \perp OX$；$a''b'' \perp OY_W$。

c. $a'b'=a''b''=AB$。

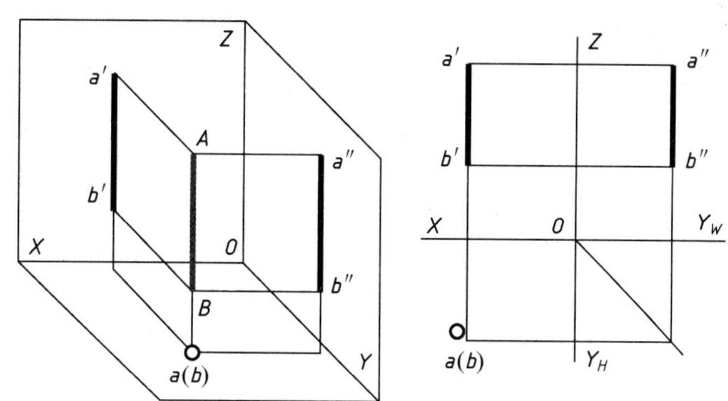

图 3.27 铅垂线的投影

② 正垂线：垂直于正面投影面的直线，如图 3.28 所示。

投影特性：

a. $a'b'$积聚成一点。

b. $ab \perp OX$；$a''b'' \perp OZ$。

c. $ab=a''b''=AB$。

③ 侧垂线：垂直于侧面投影面的直线，如图 3.29 所示。

投影特性：

a. $a''b''$积聚成一点。

b. $ab \perp OY_H$；$a'b' \perp OZ$。

c. $ab=a'b'=AB$。

2）一般位置直线（图 3.30）

投影特性：

(1) ab、$a'b'$、$a''b''$均小于实长。

(2) ab、$a'b'$、$a''b''$均倾斜于投影轴。

(3) 不反映α、β、γ实角。

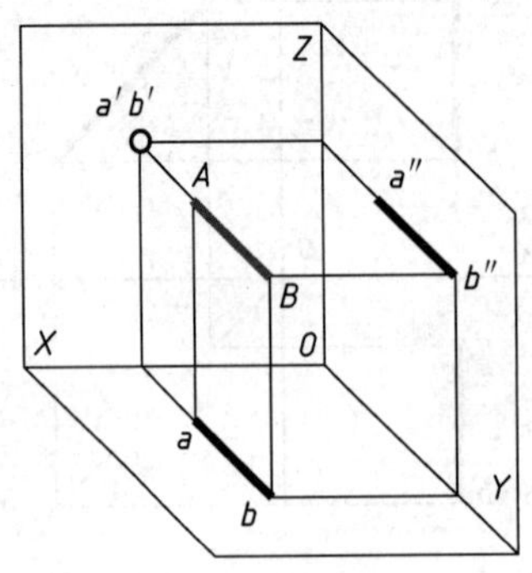

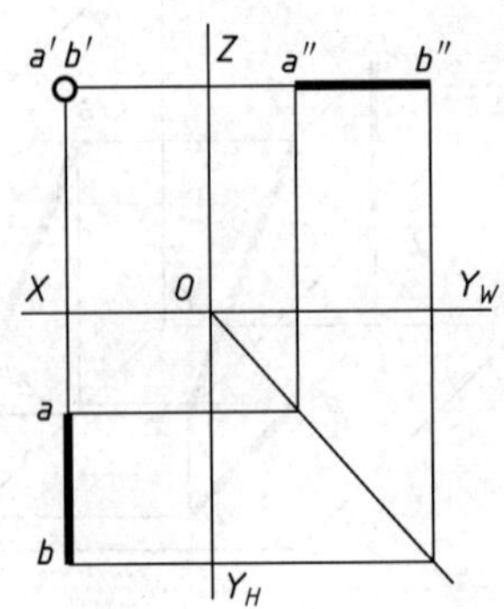

图 3.28 正垂线的投影

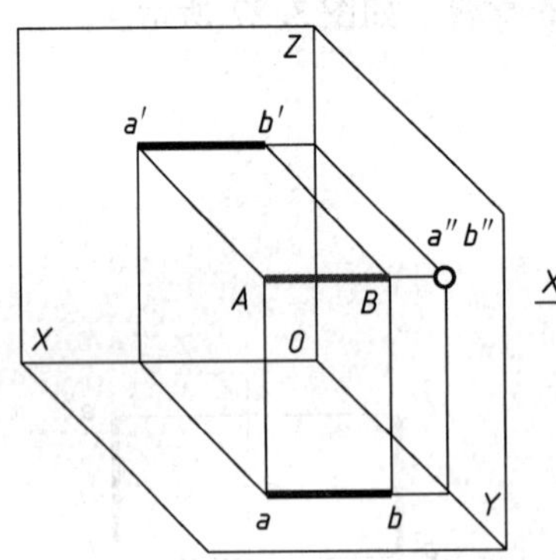

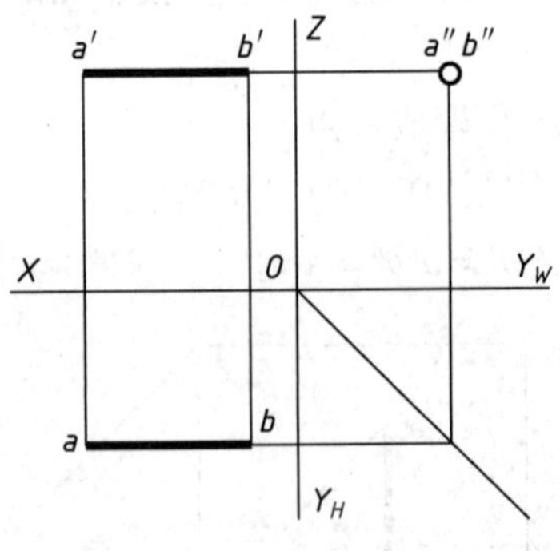

图 3.29 侧垂线的投影

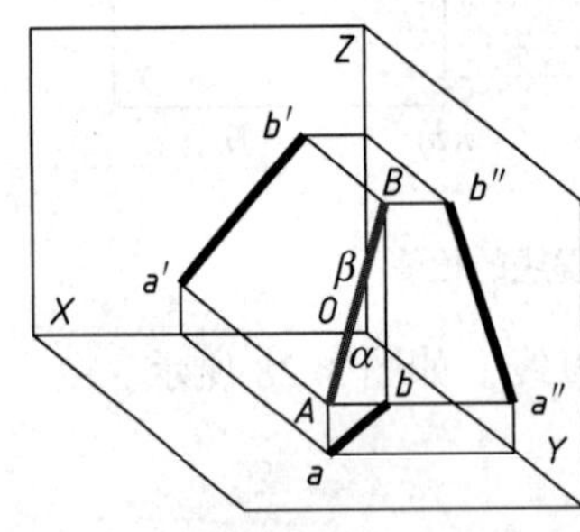

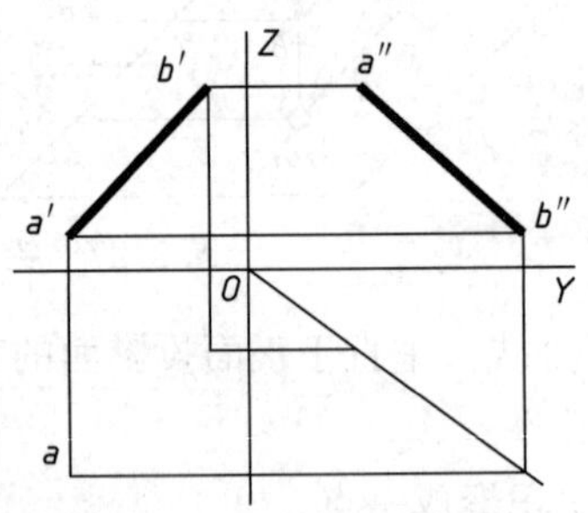

图 3.30 一般位置直线的投影

求解一般位置直线段的实长及倾角是求解画法几何综合题时经常遇到的基本问题之一，也是工程上经常遇到的问题。用直角三角形法求解实长、倾角最为方便、简捷。

(1) 直角三角形法的作图要领 用线段在某一投影面上的投影长作为一条直角边，再以线段的两端点相对于该投影面的坐标差作为另一条直角边，所作直角三角形的斜边即为线段的实长，斜边与投影长间的夹角即为线段与该投影面的夹角。

(2) 直角三角形的四个要素：实长、投影长、坐标差及直线对投影面的倾角。已知四要素中的任意两个，便可确定另外两个。

（3）解题时，直角三角形画在任何位置，都不影响解题结果。但用哪个长度来作直角边不能搞错。

（4）作图。

① 求直线的实长及对水平投影面的夹角 α 角，如图 3.31 所示。

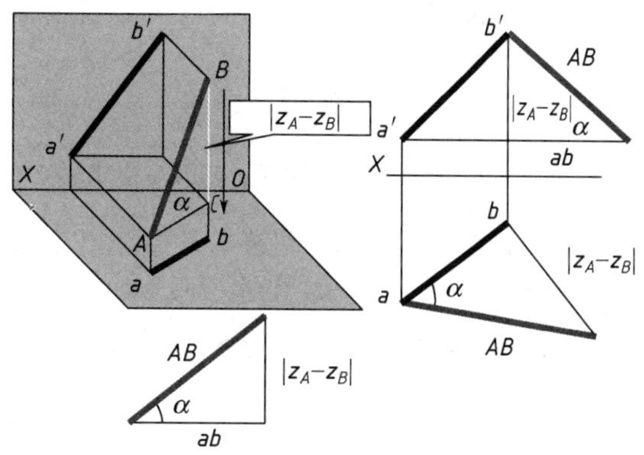

图 3.31 求直线的实长及对水平投影面的夹角

② 求直线的实长及对正面投影面的夹角 β 角，如图 3.32 所示。

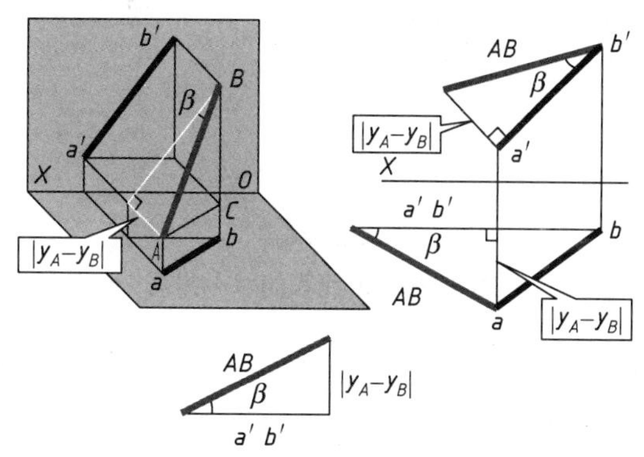

图 3.32 求直线的实长及对正面投影面的夹角

③ 求直线的实长及对侧面投影面的夹角 γ 角，如图 3.33 所示。

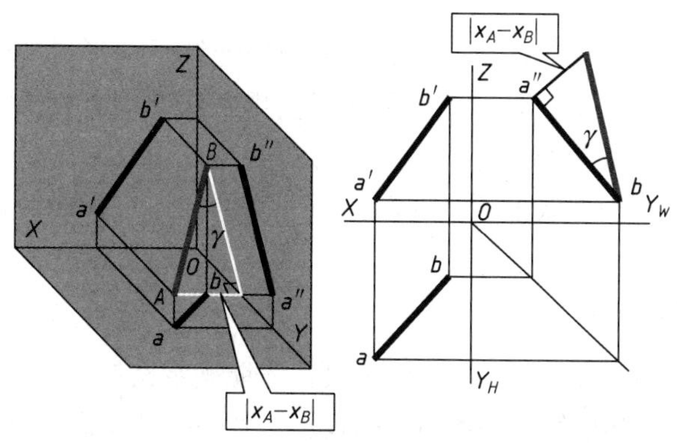

图 3.33 求直线的实长及对侧面投影面的夹角

［**例 3－1**］ 已知线段 AB 的实长，求其水平投影，如图 3.34 所示。

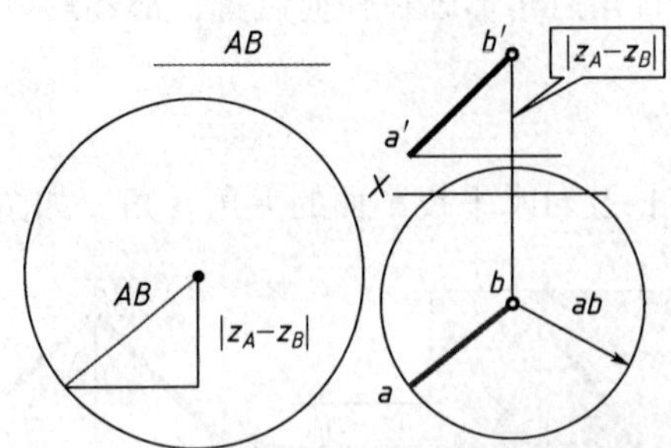

图 3.34　已知线段的实长，求其水平投影

以 $|Z_A - Z_B|$ 为一直角边，以 AB 的实长为斜边，作出直角三角形，求出 ab 的长度，以 b 为圆心，以 ab 为半径，可以求出 A 的水平投影，连接 ab 就是线段 AB 的水平投影。

[例题 3-2]　已知线段 AB 的 α 角是 45°，求 AB 的水平投影，如图 3.35 所示。

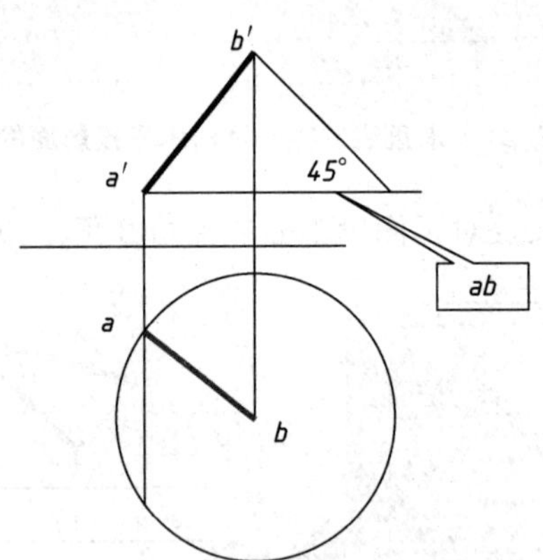

图 3.35　求线段的水平投影

以 $|Z_A - Z_B|$ 为一直角边，作一角为 45°的直角三角形，另一直角边长就是 ab 的长度。

3.2.4　曲线的投影

1. 曲线的分类

一般情况下，曲线是指一动点在空间做连续运动形成的轨迹。按动点的运动有无规则，曲线可分为规则曲线和不规则曲线。规则曲线用方程式或投影图表示，不规则曲线用几何方法或投影图表示。按曲线上的所有点是否在同一平面上，曲线可分为平面曲线和空间曲线。平面曲线上所有点都在同一平面内。空间曲线指曲线上的任意四点不在同一平面上。

2. 曲线的投影

一般情况下，曲线至少需要两个投影才能确定其在空间的形状和位置。按照曲线的形成过程，依次画出曲线上一系列点的投影，然后把这些点的同面投影依次光滑连接，即可得到曲线的投影。为了保证曲线投影的准确和清晰，在绘制曲线投影时，通常先做曲线上的特殊点的投影，如曲线的端点、最高点、最低点、最左点、最右点、转向点、回折点、自交点，然后求出适当数量的一般点投影，连接成光滑的曲线，如图 3.36 所示。

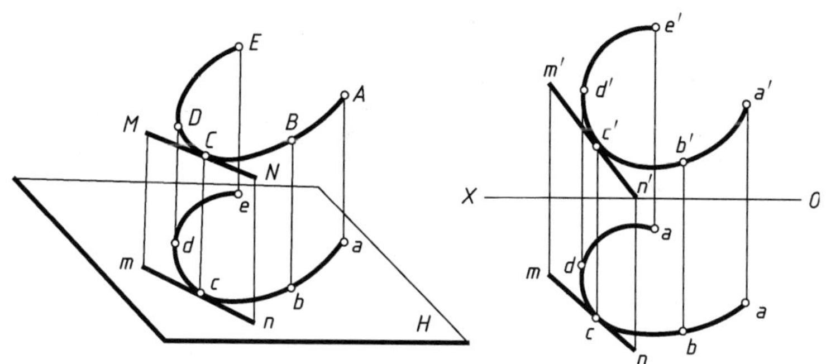

图 3. 36　曲线的投影

3. 曲线的投影特性

（1）曲线的投影一般仍是曲线，只有平面曲线所在的平面垂直于某投影面时，曲线投影聚集为一条直线。

（2）曲线的投影是该曲线上所有点的同面投影的集合。因此，曲线上任何一点的投影必在曲线上。

（3）曲线切线的投影仍是该曲线投影的切线，并且切点的投影仍是曲线投影上的切点。

（4）曲线上的特殊点在投影图中一般仍保持特殊点的性质，圆和椭圆中心点在投影图上仍是中心点，双曲线和抛物线的顶点投影后仍是顶点。曲线上的转向点、回折点、自交点投影后仍是转向点、回折点、自交点，如图 3. 37 所示。

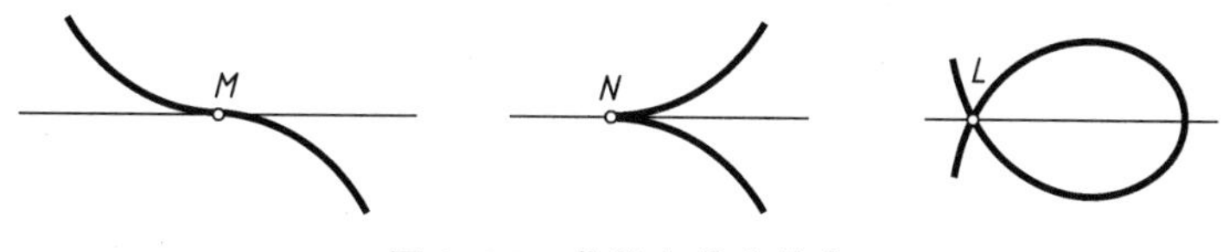

图 3. 37　曲线上特殊的点

3. 2. 5　平面的投影

1. 平面的表示法

1）用几何元素表示平面

用几何元素表示平面有五种形式：不在一直线上的三个点；一直线和直线外一点；相交二直线；平行二直线；任意平面图形。

2）平面的迹线表示法

平面的迹线为平面与投影面的交线。特殊位置平面可以用在它们所垂直的投影面上的迹线（即有积聚性的迹线）来表示。

3）用几何元素表示平面

图 3. 38 所示为用几何元素表示平面。

2. 各种位置平面的投影特性

1）投影面的垂直面

（1）铅垂面。

铅垂面的投影，如图 3. 39 所示。

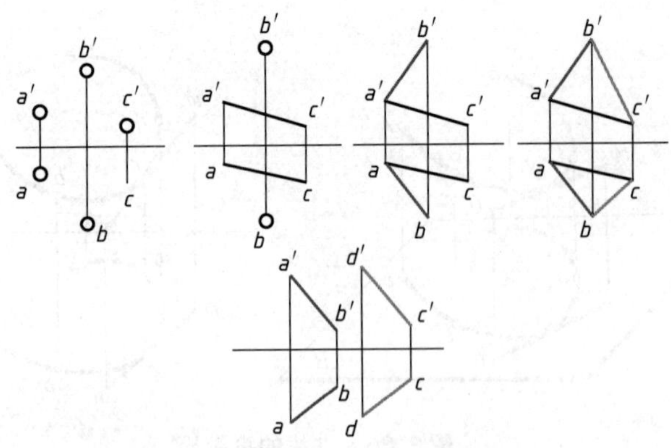

图 3. 38　用几何元素表示平面

投影特性：

① abc 积聚为一条线。

② $\triangle a'b'c'$，$\triangle a''b''c''$为$\triangle ABC$ 的类似形。

③ abc 与 OX、OY 的夹角反映β、γ 角的真实大小。

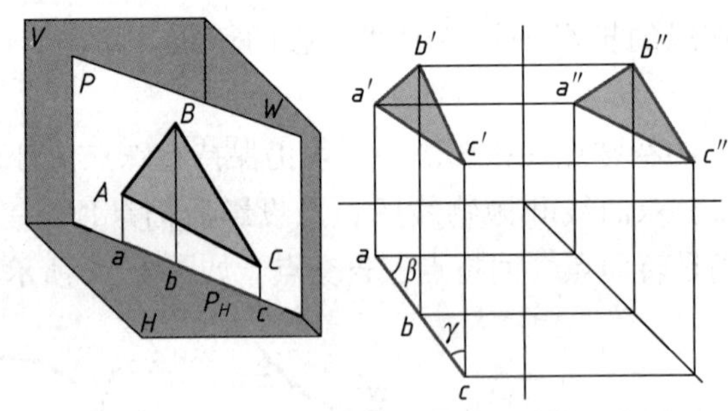

图 3. 39　铅垂面的投影

（2）正垂面。

正垂面的投影，如图 3. 40 所示。

投影特性：

① $a'b'c'$ 积聚为一条线。

② $\triangle abc$、$\triangle a''b''c''$为$\triangle ABC$ 的类似形。

③ $a'b'c'$与 OX、OZ 的夹角反映 α、γ 角的真实大小。

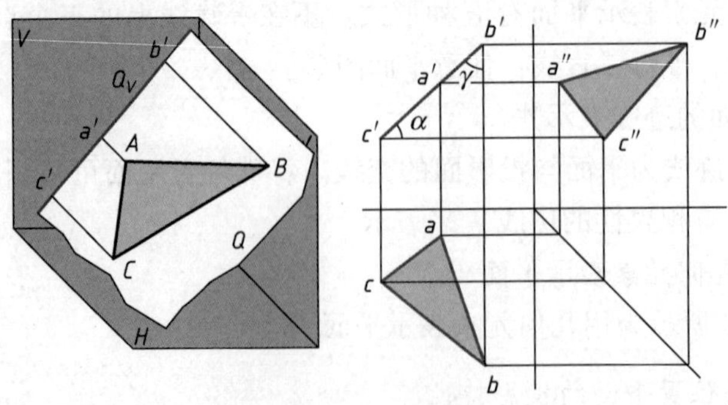

图 3. 40　正垂面的投影

（3）侧垂面。

侧垂面的投影，如图 3. 41 所示。

投影特性：

① $a''b''c''$积聚为一条线。

② $\triangle abc$、$\triangle a'b'c'$为$\triangle ABC$的类似形。

③ $a''b''c''$与OZ、OY的夹角反映α、β角的真实大小。

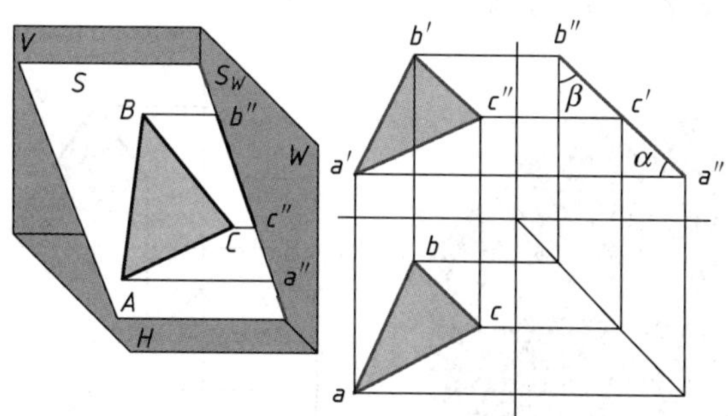

图3.41 侧垂面的投影

2）投影面的平行面

（1）水平面。

水平面的投影，如图3.42所示。

投影特性：

① $a'b'c'$、$a''b''c''$积聚为一条线，具有积聚性。

② 水平投影$\triangle abc$反映$\triangle ABC$实形。

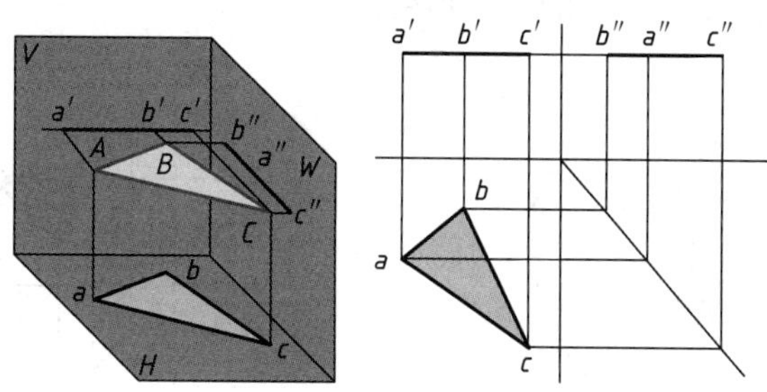

图3.42 水平面的投影

（2）正平面。

正平面的投影如图3.43所示。

投影特性：

① abc、$a''b''c''$积聚为一条线，具有积聚性。

② 正平面投影$\triangle a'b'c'$反映$\triangle ABC$实形。

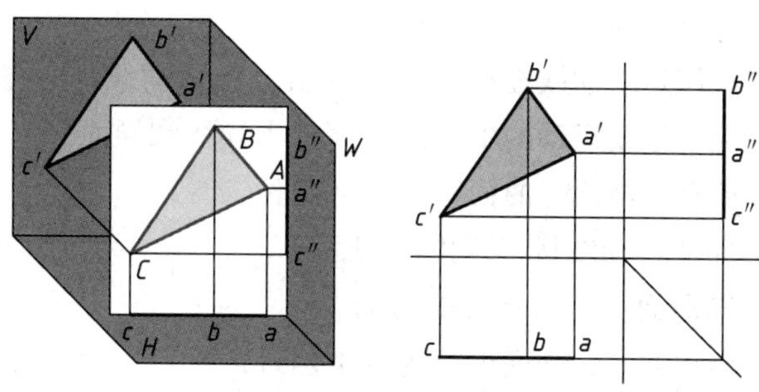

图3.43 正平面的投影

（3）侧平面。

侧平面的投影，如图 3. 44 所示。

投影特性：

① abc 、$a'b'c'$积聚为一条线，具有积聚性。

② 侧平面投影$\triangle a''b''c''$反映$\triangle ABC$ 实形。

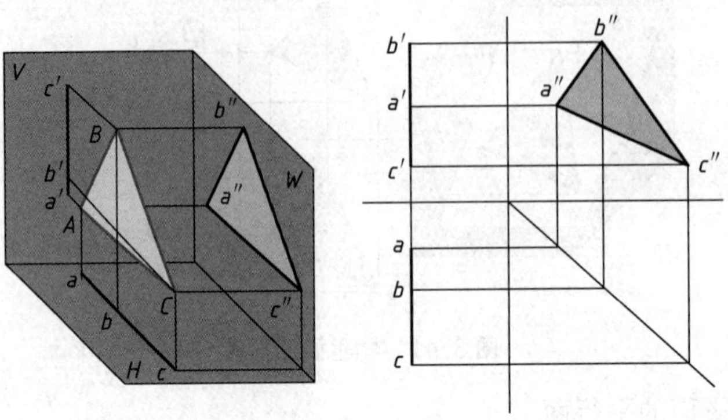

图 3. 44 侧平面的投影

3）一般位置平面

一般位置平面的投影，如图 3. 45 所示。

投影特性：

（1）$\triangle abc$ 、$\triangle\ a'b'c'$、$\triangle\ a''b''c''$均为$\triangle ABC$ 的类似形。

（2）不反映 α、β、γ 的真实角度。

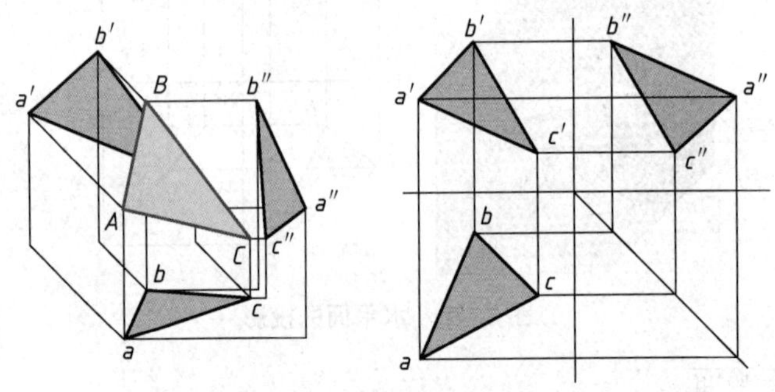

图 3. 45 一般位置平面的投影

3. 2. 6 曲面的投影

1. 曲面的形成和分类

曲面可以看作是一动线在空间运动的轨迹，该动线称为母线，母线的每一位置称为曲面的素线。控制母线运动的不动线或面称为导线和导面。

按动线运动有无规律，曲面可分以下两种。

（1）规则曲面：动线按一定的规则运动。

（2）不规则曲面：动线不规则运动。

按母线的形状不同，画面可分为以下两种。

（1）直线面：母线为直线的曲面。

（2）曲线面：母线为曲线的曲面；凡是由一直线或一曲线回转而形成的曲面，统称为回转曲面。

2. 曲面的投影

在投影上表示一个曲面，应满足两个要求：

（1）根据投影图能做出曲线上任意点和任意直线的投影。

（2）能清晰地表达该曲线的形状。

因此，在画曲面投影应注意以下几点。

（1）画出决定该曲面的几何要素。

（2）画出曲面的投影轮廓线，确定曲面的投影范围。

（3）对于复杂的曲面，还应画出曲面上的一系列素线，如图 3.46 所示。

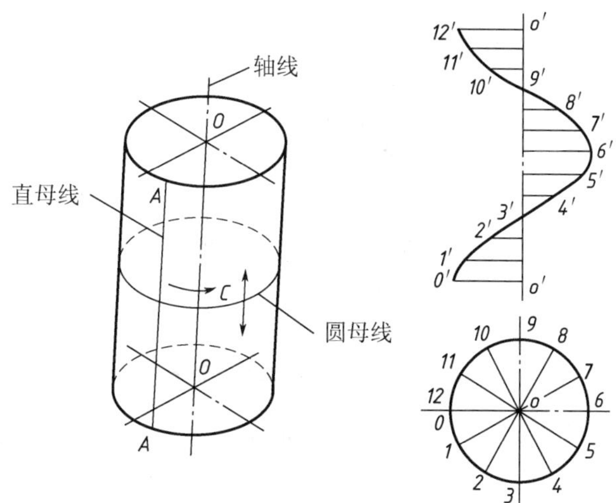

图 3.46　圆柱面的投影

3.3　几何元素的相对位置

3.3.1　属于直线的点

1. 直线上的点的两个特性

1）从属性

若点在直线上，则点的各个投影必在直线的各同面投影上。利用这一特性可以在直线上找点，或判断已知点是否在直线上。

2）定比性

属于线段上的点分割线段之比等于其投影之比（图 3.47）。即

$$AC:CB = ac:cb = a'c':c'b' = a''c'':c''b''$$

利用这一特性，在不作侧面投影的情况下，可以在侧平线上找点或判断已知点是否在侧平线上。

［**例 3-3**］　已知线段 AB 的投影图，试将 AB 分成 2:1 两段，求分点 C 的投影 c、c'，如图 3.48 所示。

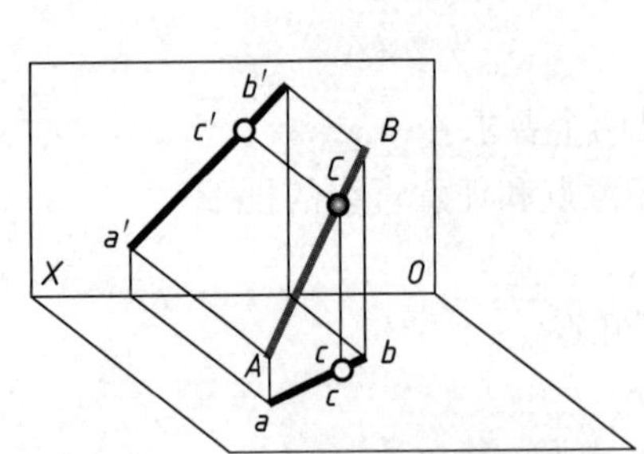

图 3.47　直线上点的定比性

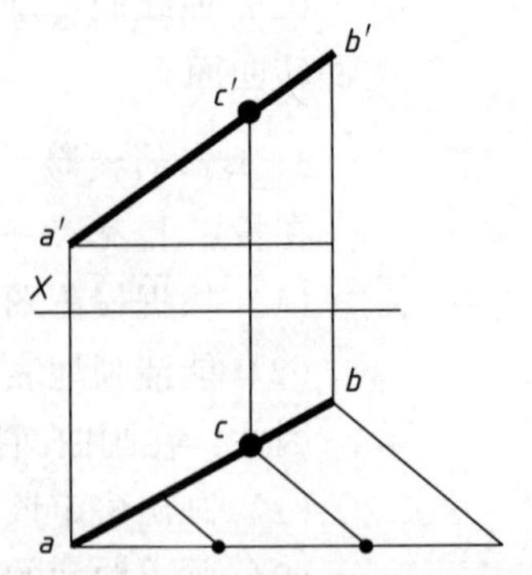

图 3.48　点将线段分成一定比例

[例 3-4]　已知点 C 在线段 AB 上，求点 C 的正面投影，如图 3.49 所示。

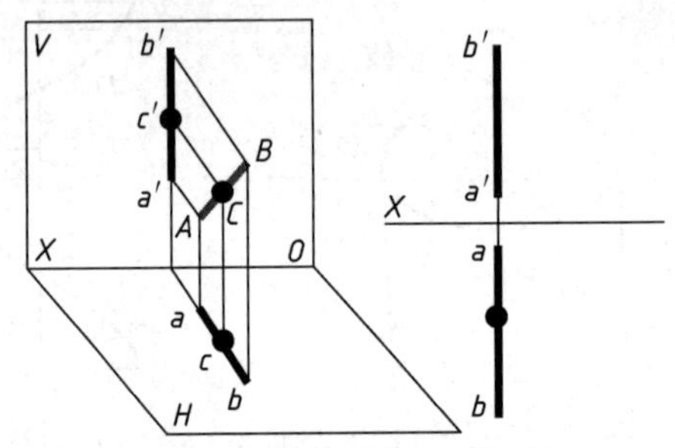

图 3.49　求线段上点的投影

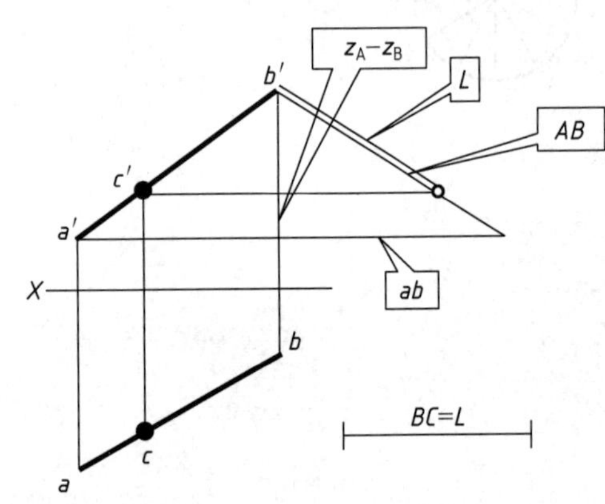

图 3.50　求线段的实长

[例 3-5]　已知线段 AB 的投影，试作出属于线段 AB 的点 C 的投影，使 BC 的实长等于已知长度 L，图 3.50 所示。

解题步骤

1）以 $|Z_A - Z_B|$ 为直角边，以 ab 为另一直角边，作出直角三角形。该三角形的斜边就是 AB 实长。

2）在 AB 上截取线段 $BC = L$。再将 C 点的投影 c 和 c' 作出。

2. 直线的迹点

直线和投影面的交点称为迹点。如图 3.51 所示，直线与 H 面的交点称为水平迹点，用 M 表示。与 V 面的交点称为正面迹点，用 N 表示。迹点的特性是：它既是直线上的点，又是投影面上的点。

3. 属于平面的点和直线

1）平面上的点

（1）属于平面的点，必属于平面的已知直线。

（2）属于平面的直线，必通过属于平面的两点，或通过属于平面的一点且平行于平面内已知直线。

在平面上取点、直线的作图，实质上就是在平面内作辅助线的问题。利用在平面上取点、直线的作图，可以解决三类问题：判别已知点、线是否属于已知平面；完成已知

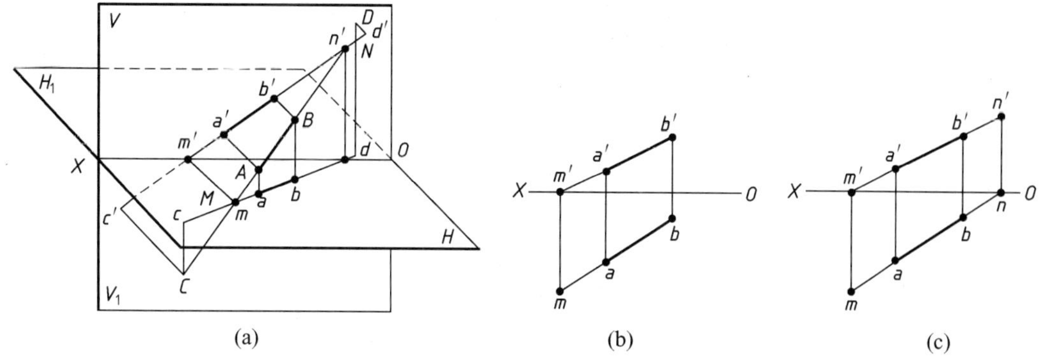

图 3. 51　直线的正面迹点与水平迹点

平面上的点和直线的投影；完成多边形的投影。

2）平面上的直线

直线在平面上的几何条件是：

（1）通过平面上的两点。

（2）通过平面上的一点，且平行于平面上的一条直线。

取属于平面的点，如图 3.52 所示。图中点 *D*、*E* 属于由 *AB* 和 *BC* 两条主线组成的平面。

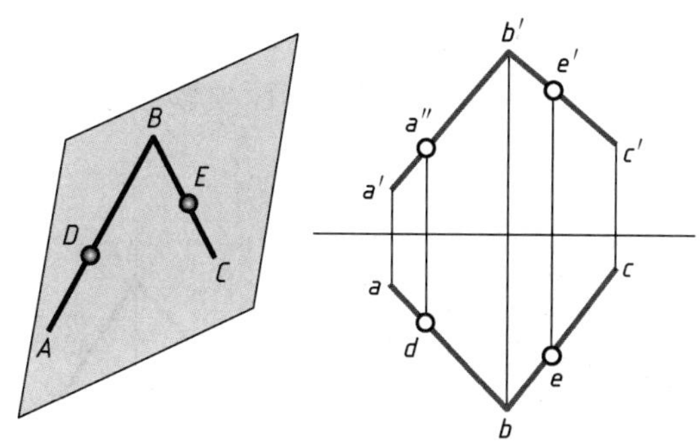

图 3. 52　取属于平面上的点

［**例 3 - 6**］　已知点 *D* 在△*ABC* 上，试求点 *D* 的水平投影，如图 3. 53 所示。

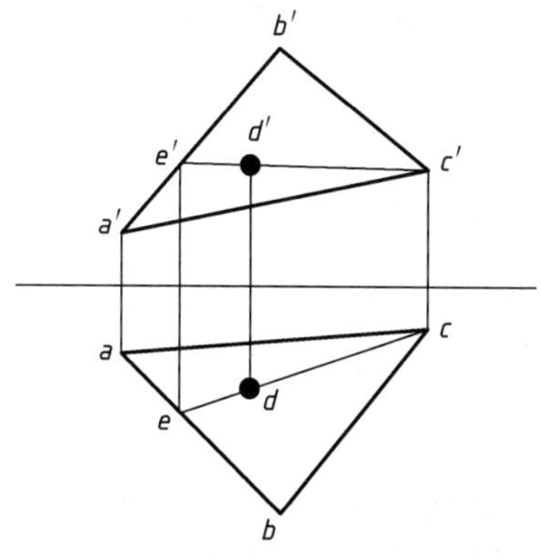

图 3. 53　平面上已知点的投影

在△*ABC* 的 *V* 面的投影△*a′b′c′* 上过 *c′* 作水平线 *CE*，与 *AB* 交于 *E*，*c′e′* 是水平线，然后过 *d′* 作出垂线与 *CE* 线的水平投影 *ce* 的交点 *d* 就是 *D* 的水平投影。

[例 3-7] 已知△ABC 给定一平面，试过点 C 作属于该平面的正平线，过点 A 作属于该平面的水平线，如图 3.54 所示。

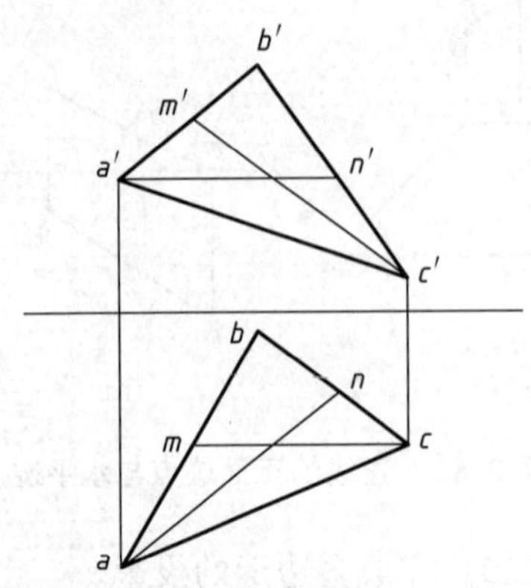

图 3.54 在平面上作出直线

3）平面的迹线表示法

平面上的迹线是平面与投影面的交线。平面 P 与 H、V、W 面的交线分别称为水平迹线、正面迹线、侧面迹线，以 P_H、P_V、P_W 表示。两两相交于 X、Y、Z 轴上的一点称为迹线的集合点，分别以 P_x、P_y、P_z 表示。由于迹线在投影面上，迹线在该投影面上的投影必与本身重合。在投影面上直接用 P_V 标记正面迹线的正面投影，用 P_H 标记水平迹线的水平投影，用 P_W 标记侧面迹线的侧面投影。这种迹线表示的平面称为迹线平面，如图 3.55 所示。

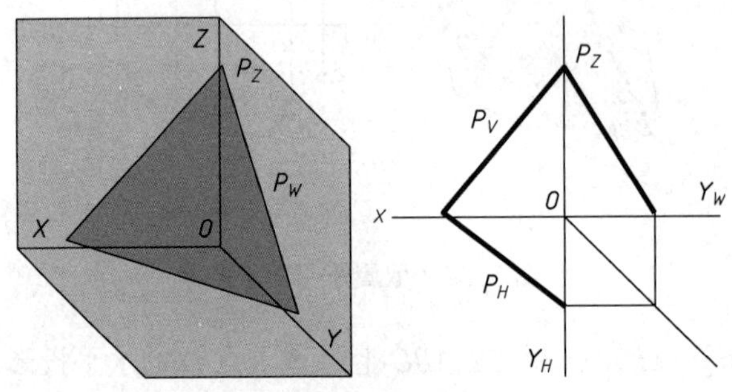

图 3.55 平面的迹线平面

3.3.2 两直线的相对位置

空间两直线的相对位置分为三种状况：平行、相交、交叉。平行和相交两直线属于共面直线，交叉两直线属于异面直线。相交关系中包含垂直关系。

1. 平行两直线

（1）若空间两直线相互平行，则它们的同名投影必然相互平行。反之，如果两直线的各个同名投影相互平行，则这两条直线在空间也一定相互平行，如图 3.56 所示。

（2）平行两线段之比等于其投影之比。当两直线相交时，它们在各投影面上的同名投影也必然相交，且交点符合空间一点的投影规律，反之亦然，如图 3.57 所示。

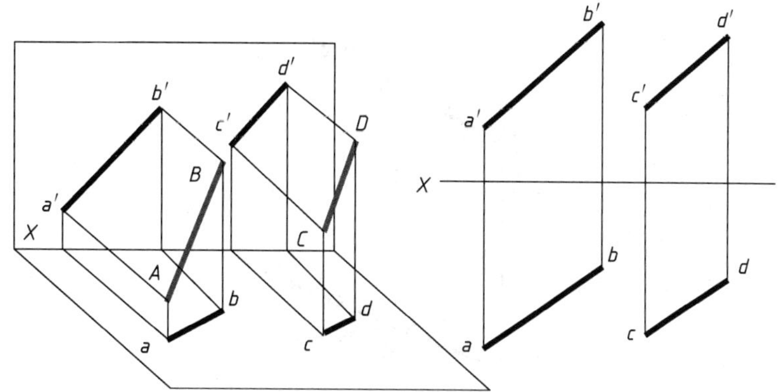

图 3.56　平行两直线的投影

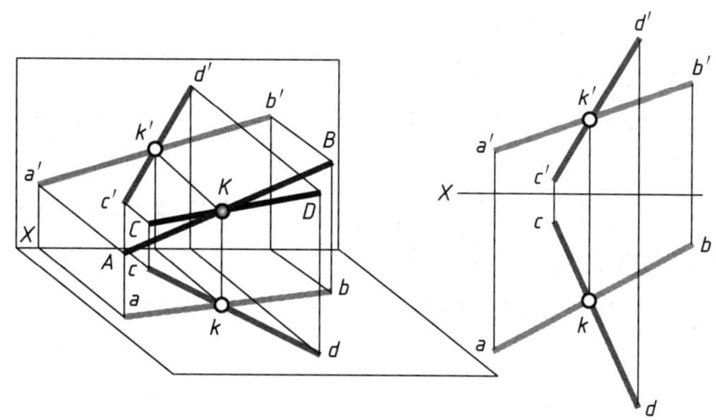

图 3.57　平行两线段之比等于其的投影之比

2. 交叉两直线

空间两直线既不平行又不相交的直线为交叉两直线，如图 3.58 所示。交叉两直线不存在共有点，在投影图中虽然有时同面投影相交，但交点不符合点的投影规律，其仅为两直线上的重影点。重影点要判断可见性。

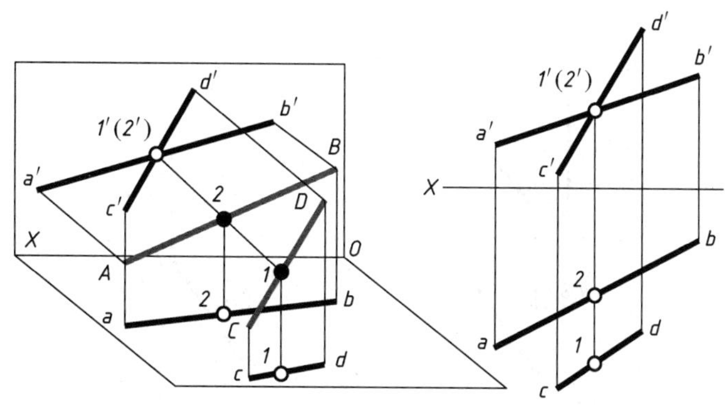

图 3.58　交叉两直线的投影

3. 交叉两直线重影点投影的可见性判断

［**例 3-8**］　判断两直线重影点的可见性，如图 3.59 所示。

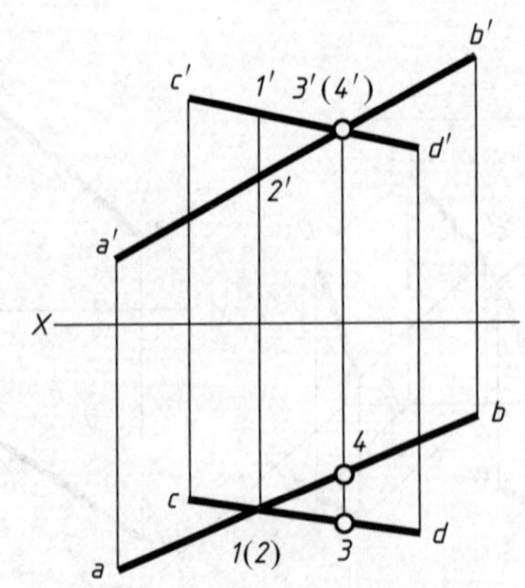

图3.59　判断重影点的可见性

从上往下看，1点可见，2点不可见。从下往上看3′可见，4′不可见。

4. 两直线垂直（直角投影定理）

1）垂直相交的两直线的投影

定理一　两直线相互垂直，其中有一条直线平行于投影面时，则两直线在该投影面上的投影仍是直角。

定理二　相交两直线在同一投影面上的投影反映直角，且有一条直线平行于该投影面，则空间两直线的夹角必是直角。

$AB \perp AC$，且 $AB /\!/ H$ 面，则有 $ab \perp ac$，如图3.60所示。

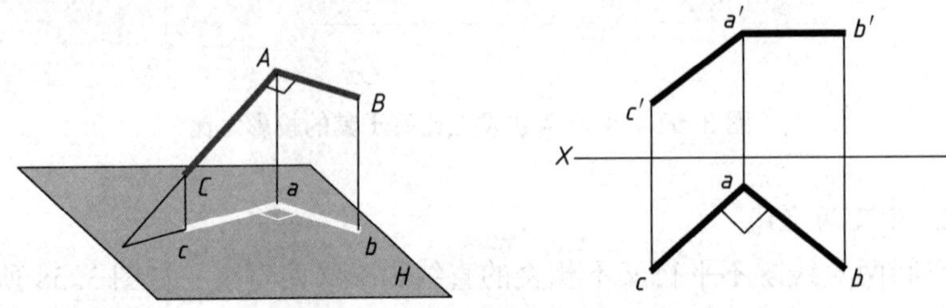

图3.60　垂直相交两直线的投影

[例3-9]　已知直线 AB、CD 的两面投影，试求 AB 与 CD 之间的距离，如图3.61所示。

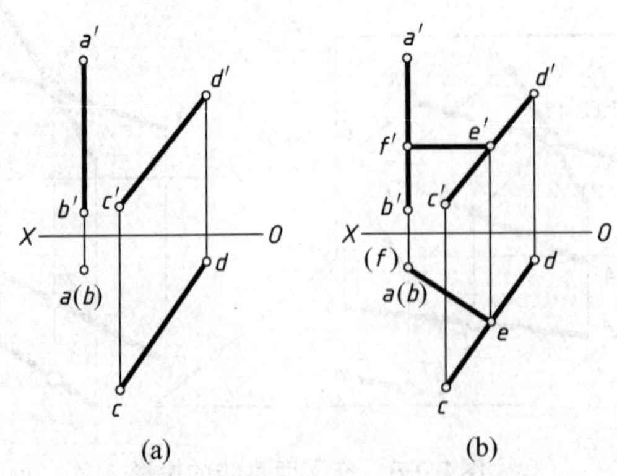

图3.61　求两直线间的距离

解：(1) 从 AB 的投影可知，AB 是铅垂线，过 AB 的水平投影作直线 $ef \perp cd$，交 cd 于 e，作出 E 点的正投影 e'。

(2) 过 e' 作 $e'f'$ 水平线，交 $a'b'$ 于 f'，EF 是 AB、CD 的公垂线，EF 的水平投影 ef 就是 AB 与 CD 的距离。

2）最大斜度线

特殊位置的平面对投影面的倾角可以通过具有积聚性的投影与坐标轴之间的夹角得到，一般位置平面对投影面的倾角必须通过辅助直线作图求得。

过平面内任一点，可以在平面上作无数条直线。它们对某一投影面的倾角各不相同。其中必有一条对投影面的倾角最大，此直线称为该平面上对某一投影面的最大倾角线。平面上对某一投影面的最大斜度线垂直于平面上的该投影面平行线，如图 3.62 所示。

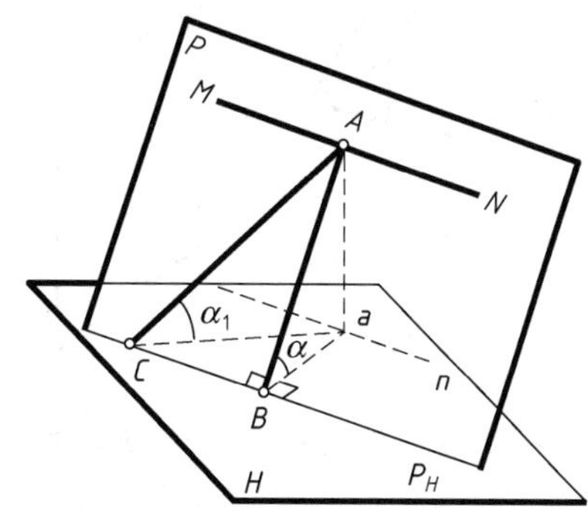

图 3.62 最大斜度线

[**例 3-9**] 求△ABC 所确定的平面对 H 面的倾角 α，如图 3.63 所示。

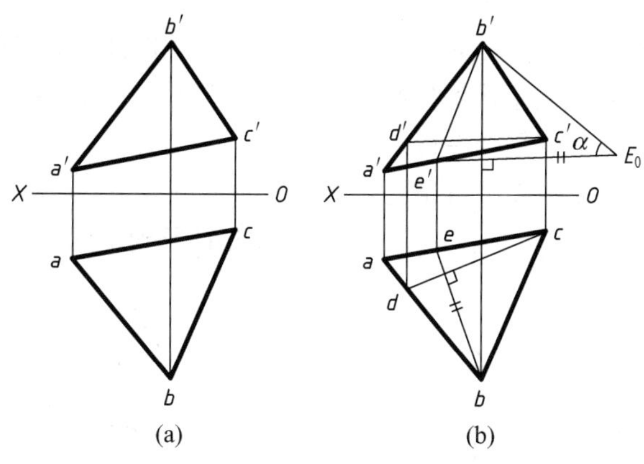

图 3.63 求平面的倾角

解：

(1) 过 c' 作水平线 $c'd'$，交 $a'b'$ 于 d'，并作出 CD 的水平投影 cd。

(2) 过 b 作 be 垂直于 cd，交 ac 于 e。

(3) 以 $b'e'$ 的 Z 坐标差为直角边，以 be 的长度为另一条直角边，该直角边是水平的，作出直角三角形。

(4) 图 3.63(b) 中水平的直角边与斜边的夹角就是倾角 α。

3.3.3 直线与平面及两平面的相对位置

直线与平面及平面与平面之间的相对位置关系可分为平行、相交、垂直三种情况。

1. 直线与平面平行

直线与平面平行的几何条件是：若一直线与平面内的某一直线平行，则该直线平行于这一平面。利用这一几何关系，可以解决下列问题：

(1) 判定直线和平面是否平行。

(2) 过定点作直线平行于已知平面。

(3) 过定点作平面平行于已知直线。

[**例 3-10**] 试判断直线 *EF* 是否平行于△*ABC* 所确定的平面，如图 3.64 所示。

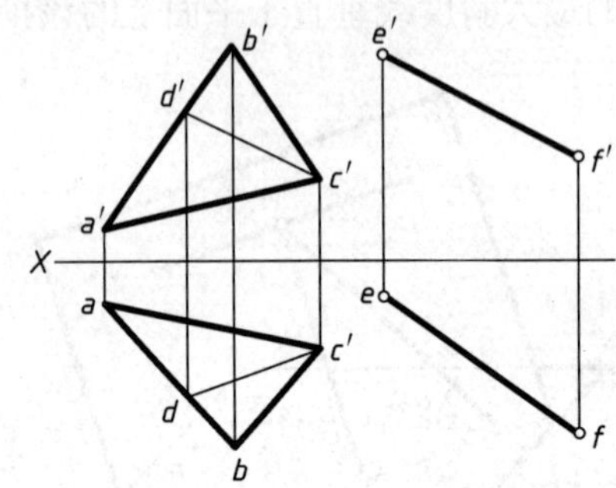

图 3.64 作直线平行于已知平面

(1) 过 c' 点作直线 $c'd' /\!/ e'f'$。交 $a'b'$ 于 d'。在 ab 上找到 d。

(2) 连接 cd，若 $cd /\!/ ef$，则直线 *EF* 平行于△*ABC* 所确定的平面。

图 3.64 中，cd 明显不平行与 ef，因此，直线 *EF* 不平行于△*ABC* 所确定的平面。

2. 平面与平面平行

平面与平面平行的几何条件是：若一个平面上的两条相交直线对应平行另一平面上的两条相交直线，则这两个平面相互平行。利用这一几何关系，可以解决下列问题：

(1) 判定两平面是否平行。

(2) 过定点作平面平行于已知平面。

[**例 3-11**] 过 *K* 点作平面平行于△*ABC* 所确定的平面，如图 3.65 所示。

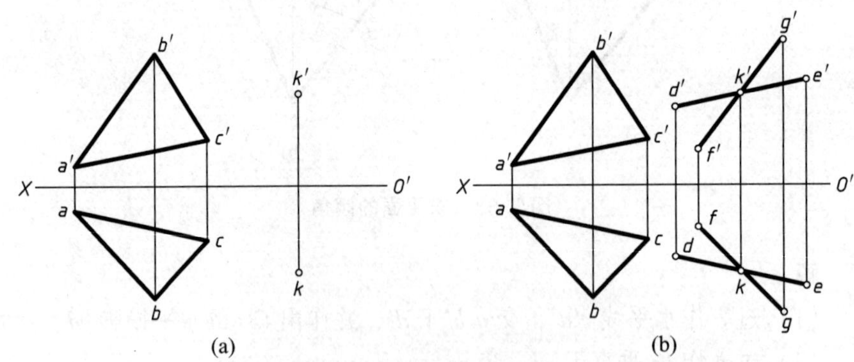

图 3.65 过固定点作平面平行于已知平面

(1) 过 *K* 点作直线 $ED /\!/ AC$。

(2) 过 *K* 点作直线 $FG /\!/ AB$。

(3) 由 *ED* 和 *FG* 组成的平面平行于△*ABC* 所确定的平面。

3. 一般位置直线与特殊位置平面相交

一般位置直线与特殊位置的平面的交点是直线与平面的公共点，特殊位置平面至少有一个投影是积聚的，可以利用其积聚性直接求出交点。

4. 一般位置平面与特殊位置平面相交

两平面相交，交线是直线。在求交线时，只需分别求得该交线上的两个点即可连成直线。

5. 一般位置直线与一般位置平面相交

一般位置直线和平面的投影都没有积聚性，它们的交点的投影不能直接得到，需要利用作辅助平面的方法求出，然后根据交点的性质求出另一个投影。

6. 一般位置平面与一般位置平面相交

7. 直线与平面垂直

直线与平面垂直的几何条件是：若一条直线垂直于平面内的任意两条相交直线，则该直线必垂直于该平面。同时该直线也垂直于平面内的所有直线，其中包括平面内的正平线和水平线。

8. 平面与平面垂直

平面与平面垂直的几何条件是：若直线与一平面垂直，则包含此直线的所有平面都垂直于该平面。由此可知，解决平面与平面垂直问题的基础是直线与平面的垂直问题。

3.4　结构要素的概念及其造型语意

万事万物都有形状。自然界一切对象的形，是宇宙母亲赋予我们以感性，让我们能够见到和触摸到各种物象，形态的本质是力的形象，是内在的动表现为外在的形。自然创造了千姿百态的物象；人类的各种活动又不断地创造新的物象。而所有的物象的形态可以大致分为三类：抽象形态、自然形态、人造形态。各种形态都是人的视觉可以感受到的形体轮廓。视觉形象无论是具象形还是抽象形，都可以解析为形态要素及其组合原则。人的视觉能感受到的点、线、面、空间、色彩、肌理等，都是构成形态的基本要素。

3.4.1　点的定义与造型语义

汉语中点表示细小的痕迹或物体。在图形学中，点表示位置的所在。几何学上的点，存在于两线相交处或线的始点或终点，只有位置而没有形态、大小。形态上的点，是指与周围的视觉要素比较相对较小的形象，可以忽略其本身的大小。比如在夜空中看到的繁星，因其遥远，肉眼看起来就是点。在产品造型中，汽车的旋钮、开关、小指示灯、文字标记；门上的钥匙；服装上的扣子都可视为点。点一般是圆形，但也可以为任意的自然形（如角点、星形点、米字点、三角点、雪花形等）。点具有高度集中的特性。在艺术设计中，点极易引导视线，使点显得很突出。图3.66所示的画面中几个零星的红点非常醒目。

图3.66　画面中的点

3.4.2 线的定义与造型语义

线是许多点的集合，或是点的运动轨迹。点的运动方位不同可以形成不同性质的直线、折线、曲线。从几何学的角度看，线是具有长度的一次元要素。概念的线，即形的边缘，是宽度与长度之比悬殊的构成元素。线比点有更强烈的心理效果。线的形式多种多样，每种线型所表现的心理状态不同。直线是点的定向运动轨迹，所以直线具有方向感和动感，给人以严谨、秩序、明快的感觉。直线象征统一、坚固、刚直。英国的设计师麦金托什设计的高背椅（图 3.67），整体造型简洁，椅背的直线带来了极大的视觉冲击力，利用直线表现了哥特式的风格，橡木椅给人以庄重、坚固、向上的力量。

图 3.67 高背椅

斜线（图 3.68）具有较强的动感，让人感到奔放自由、散射突破、不稳定。折线（图 3.69）具有连续、波动、重复的感觉，俄国艺术家康定斯基的抽象绘画有许多折线。曲线更富于变化，具有轻松、柔和、优雅、流动的感觉。图 3.70 所示的曲线是伦敦 100% 设计展上纺织品的肌理。

图 3.68 斜线

图 3.69 折线

图 3.70 曲线

3.4.3 面的定义与造型语义

面可以是点的密集，也可以是直线移动的轨迹。面的形象无限丰富，有直线形、曲线形、偶然形。直线形可以用圆规、尺子、计算机进行设计。直线形面制作方便，易复制识别记忆。它简洁、明快、有序，符合工业化、信息化时代要求。例如，现代的手机、计算机等很多电子、电器产品都是直线形面。曲线形面比直线形面复杂，变化丰富，给人温和、亲近、优雅的感觉。图3.71所示为汽车上的曲线形面。

图3.71　曲线形面

3.5　结构的形式美基本法则

在复杂的自然界中，从宏观到微观都存在“秩序感”。秩序感既存在于自然界，也存在于人的大脑。人脑具有把握混乱的外部世界、有规律的形状的能力，人们偏爱简单的秩序。秩序感对设计理论产生很大影响。形式美的基本规律在设计中应用广泛。

3.5.1　统一与变化

在设计中要变化中求统一，统一中找变化。这是一个基本的形式美法则。对视觉表现来说，秩序能够形成美感。图3.72所示为名叫“混乱”的雕塑。这个雕塑位于英国伦敦郊区的金斯顿小镇，采用了废弃的邮筒进行艺术创造，巧妙地运用统一的邮筒与变化放置，表现了一种杂乱。该雕塑的主题是表现第二次世界大战中伦敦被轰炸的景象。

图3.72　混乱“chaos”

3.5.2　对称与平衡

在设计中，对称与平衡也是很重要的形式美法则，对称与平衡的视觉效果让人产生安稳和平静的感觉。2016年米兰设计周的参展作品“回忆之森”系列艺术品就是在探索声音听觉和视觉界限的打破，追求声音的形态美感，让感人的话语同样具备美好的视觉体验。这套艺术装置在呈现这样一个场景：一位少女似乎忘记了一件重要的事情，她的思绪如同一头小鹿，正在小心翼翼地于声音之树和记忆之石之间聆听那些曾经让她心动的话语，如图 3. 73 所示。图 3. 74 所示作品也是米兰设计周的展品，名称是平衡，作者试图用简单的圆和直线条达到平衡。

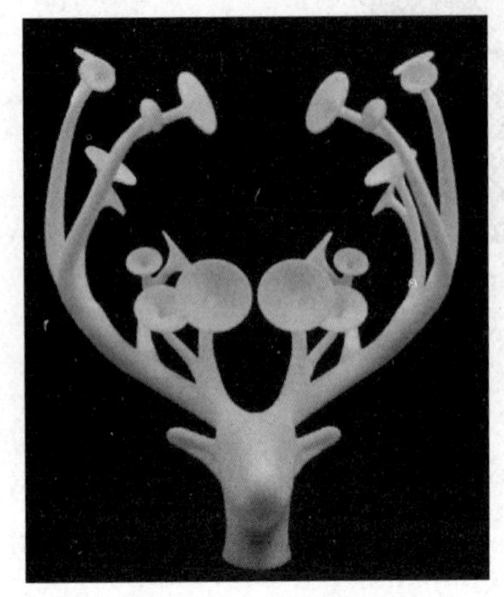

图 3. 73　对称

图 3. 74　平衡

3. 5. 3　节奏与韵律

“节奏”和“韵律”是相互结合在一起的。“节奏”是指变化起伏的规律，没有变化也就无所谓节奏。“韵”是指和谐的声音，“律”是指节律。有节奏的变化才有韵律的美，韵律即诗歌中的声韵和节奏。同样，韵律使得图形洋溢着生命的脉动，经视觉、听觉的作用，使生命的脉动与宇宙的规律协调统一，抽象的符号转变成宇宙的和谐。韵律的本质乃是反复。“节奏”较多地强调“律”的节拍，“韵律”则较多地强调“韵”的变化。图 3. 75 所示为在伦敦 100% 设计展上展出的纺织品的肌理，图案表现了节奏和韵律。

(a)

(b)

图 3. 75　节奏与韵律

习　　题

一、填空题

1. 投影的要素包括________、________和________。
2. 正投影的规律是________、________和________。
3. 两直线的相对位置________、________和________。

二、选择题

1. 直线与平面的相对位置包括（　　）。

A. 平行　B. 交叉　C. 垂直　D. 倾斜

2. 三视图包括（　　）。

A. 主视图　B. 俯视图　C. 侧视图　D. 仰视图

3. 平面上的迹线是平面与投影面的交线，包括（　　）。

A. 水平迹线　B. 正面迹线　C. 侧面迹线　D. 后面迹线

三、思考题

1. 请说出投影的定义。
2. 论述两直线垂直的定理。
3. 分析特殊位置点的投影。
4. 说出特殊位置线和平面的投影特性。
5. 阐述形式美基本法则。

四、绘图题

1. 过 E 点做直线平行于平面 ABC，且 $EF = 15\text{mm}$。

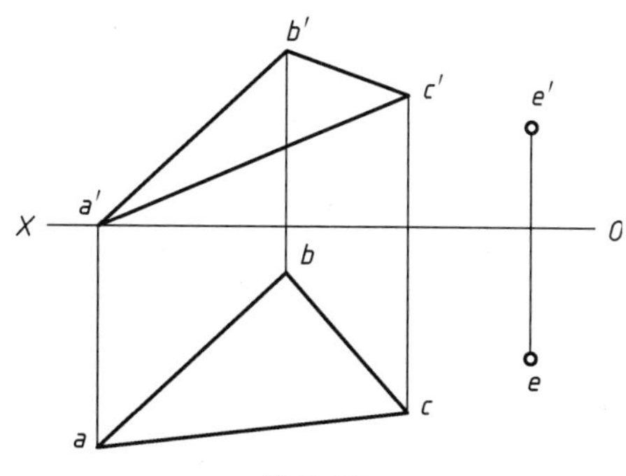

图 3.76

2. 补全所缺图线，并完成第三视图。

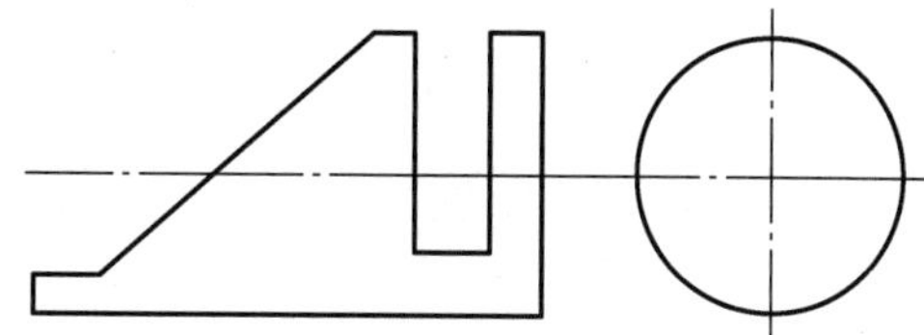

图 3.77

3. 画出物体的三视图。

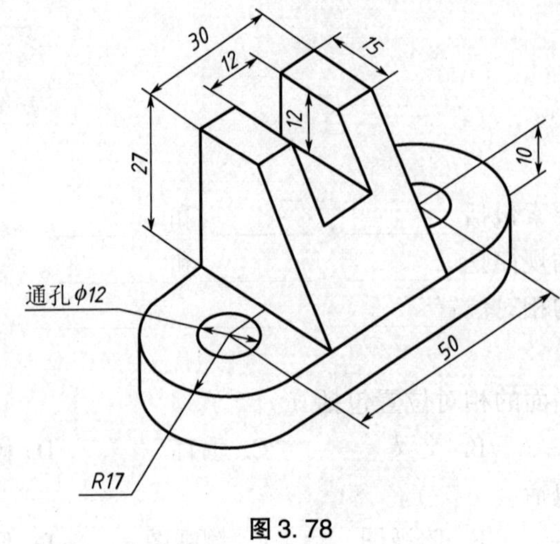

图 3.78

第 4 章　立体的投影

教学目标

◆ 掌握三视图的形成及其特性。
◆ 理解平面与立体表面的截交线，立体曲面与立体的相贯线。
◆ 学会看组合体的视图，并能画组合体的视图。
◆ 掌握读组合体视图的方法。
◆ 能够正确标注组合体的尺寸。

教学要求

知识要点	能力要求	相关知识
三视图	(1) 掌握三视图的形成 (2) 掌握三视图的特点	正投影的概念
截交线 相贯线	(1) 了解平面与立体表面的截交线 (2) 掌握立体曲面与立体的相贯线	共有线
组合体	(1) 了解组合体的类型 (2) 掌握组合体视图的绘图方法	基本几何体的三视图
组合体的尺寸标注	(1) 了解尺寸标注的基本规范 (2) 理解定形尺寸、定位尺寸、总体尺寸 (3) 掌握各个方向尺寸基准的选择	尺寸标注的基本规范

基本概念

◆ 三视图：将物体放在三面投影体系中，并尽可能使物体的各主要表面平行或垂直于其中的一个投影面，保持物体不动，将物体分别向三个投影面作正投影，就得到物体的三视图。

◆ 截交线：截平面与立体表面的交线称为截交线。

◆ 相贯线：两个曲面立体表面的共有线，相关线上的点是两个曲面表面的共有点。

◆ 组合体：由若干个基本几何体按一定的位置经过叠加或切割组成的物体。

引例

物体形态的确定

在设计中要确定一个物体的形态，必须要主视图、俯视图和侧视图三个视图共同才能确定。如图 4. 01 所示，不同形体的主视图和俯视图两个视图都相同，从第三个侧视图才可以看出形体的不同。

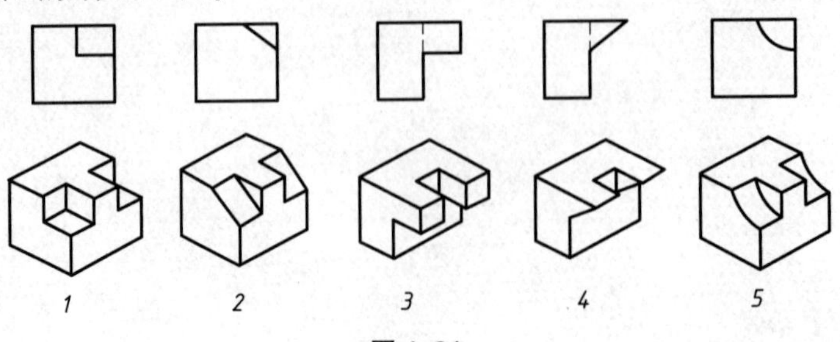

图 4. 01

从图 4. 01 可以看出，必须要将三个视图一起看，才能确定物体的形态。

4. 1　三视图的形成及投影规律

4. 1. 1　三视图的形成

将物体放在三面投影体系中，并尽可能使物体的各主要表面平行或垂直于其中的一个投影面，保持物体不动，将物体分别向三个投影面作正投影，就得到物体的三视图，如图 4. 1 所示。

（1）从前向后看，即得 *V* 面上的投影，称为主视图。

（2）从左向右看，即得在 *W* 面上的投影，称为侧视图或左视图。

（3）从上向下看，即得在 *H* 面上的投影，称为俯视图。

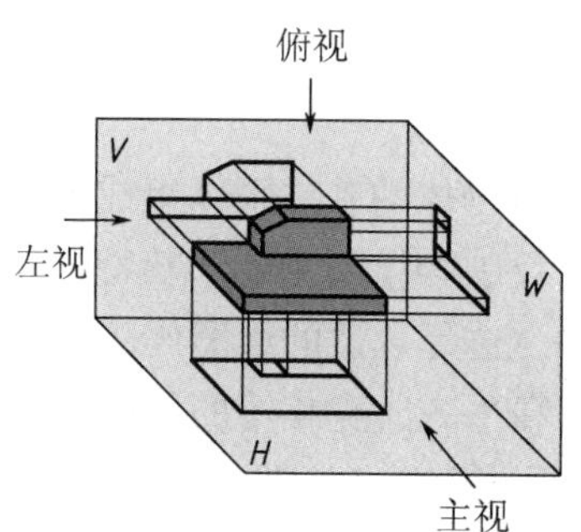

图 4. 1　三视图的形成

4. 1. 2　三视图的展开

物体投影的三视图展开，如图 4. 2 所示。

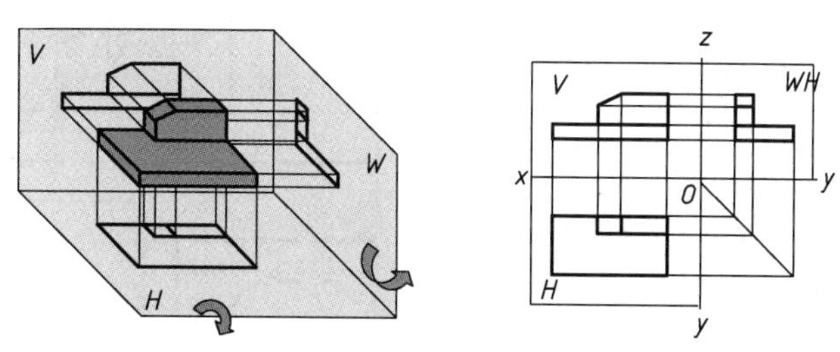

图 4. 2　三视图的展开

三视图在图纸上的摆放，如图 4. 3 所示。

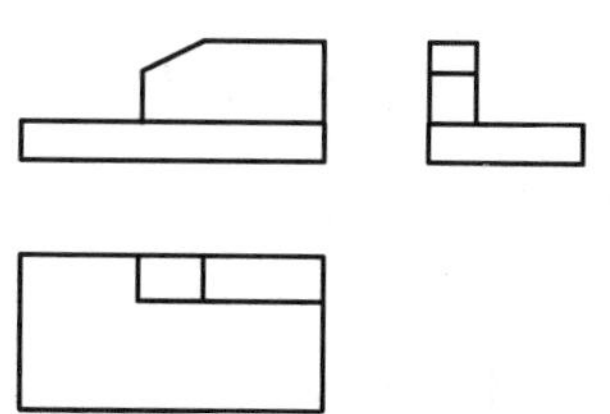

图 4. 3　三视图在图纸上的摆放

4.1.3 三视图的投影规律

三视图之间的度量对应关系，如图 4.4 所示。

同一物体的三视图和轴测图，如图 4.5 所示。

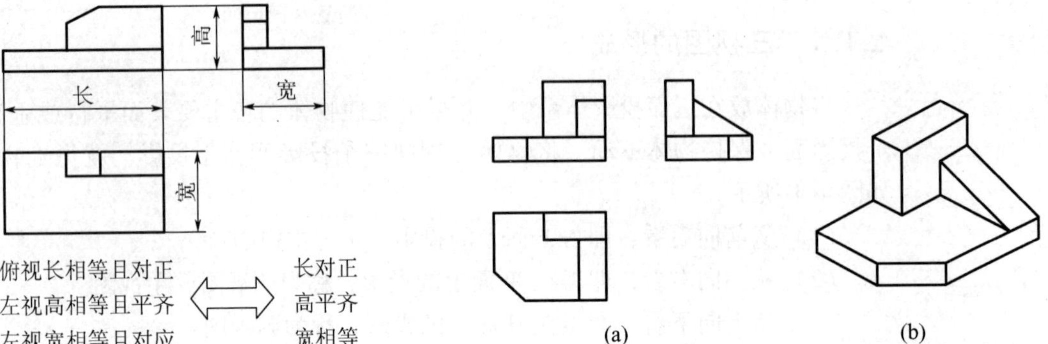

图 4.4 三视图之间度量的对应关系

图 4.5 同一个物体的三视图和轴测图

绘制三视图的基本步骤：

(1) 结构分析（分析物体的基本形体组成及其形状、大小、位置关系）。

(2) 确定主视图（反映物体的主要形状特征）。

(3) 根据模型尺寸，选择合适的绘图比例。

(4) 运用长对正、高平齐、宽相等的原则，逐个画出各个基本形体的三个视图。

绘制三视图的线形要求：

(1) 可见轮廓线——粗实线。

(2) 不可见轮廓线——虚线。

(3) 轴线、对称中心线——细点画线（轮廓线与底线粗细比例为 2:1）。

[**例 4-1**] 物体三视图的形成，如图 4.6 所示。

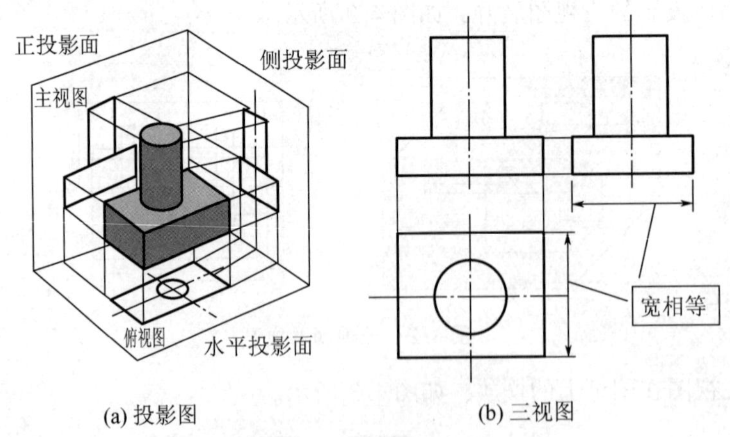

(a) 投影图　　(b) 三视图

图 4.6 物体三视图的形成

(1) 物体正投影面的投影图形成主视图。

(2) 物体水平投影面的投影图形成俯视图。

(3) 物体侧投影同的投影图形成侧视图。

[**例 4-2**] 三视图与对应的轴测图，如图 4.7 所示。

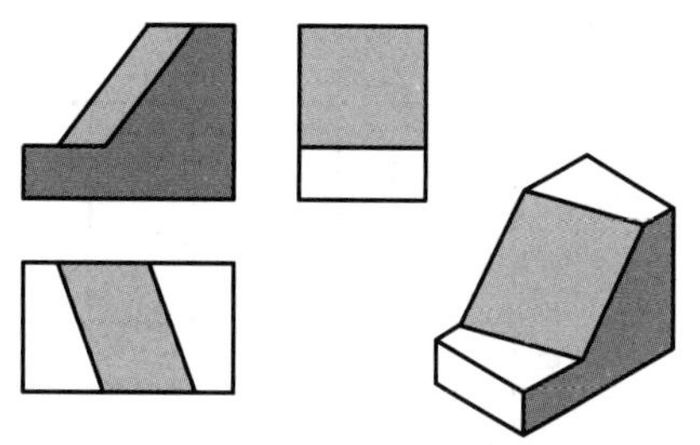

图 4.7　三视图与对应的轴测图

4.2　基本体

4.2.1　平面立体

由平面多边形围成的立体称为平面立体。绘制平面立体的投影，只要找出属于平面立体上的各棱面、棱线和顶点的投影，并判别可见性，就能绘制其投影图。实质就是绘制出平面图形、直线和点的投影。

判断可见性的方法：对于可见位置的表面和棱线用粗实线表示，而对于不可见位置的表面和棱线用虚线表示。

1. 棱柱及其投影特性

四棱柱的三视图，如图 4. 8 所示。

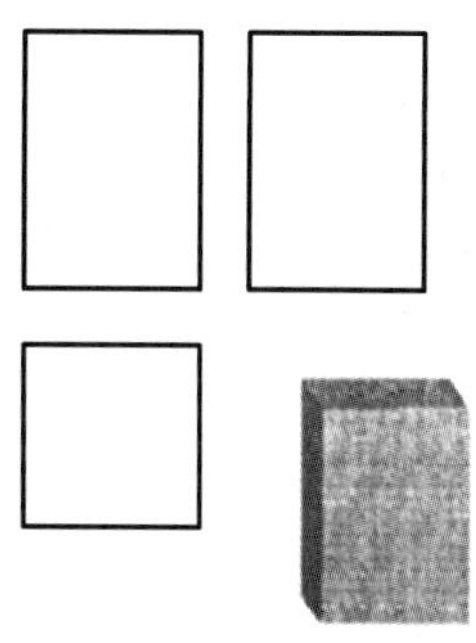

图 4.8　四棱柱的三视图

棱柱由两个底面和若干侧棱面组成。侧棱面与侧棱面的交线称为侧棱线，侧棱线相互平行。

一个投影为多边形，另外两个投影轮廓线为矩形。

六棱柱的投影图，如图 4. 9 所示。在图示位置时，六棱柱的两底面为水平面，在俯视图中反映实形。前后两侧棱面是正平面，其余四个侧棱面是铅垂面，它们的水平投影都积聚成直线，与六边形的边重合。

棱柱表面上取点，确定其在三视图的位置，如图 4. 10 所示。

2. 棱锥及其投影特性

四棱锥三视图，如图 4. 11 所示。

三棱锥三视图，如图 4. 12 所示。

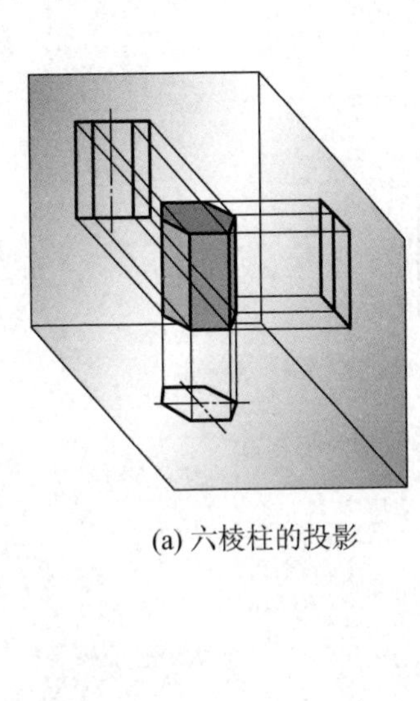

(a) 六棱柱的投影

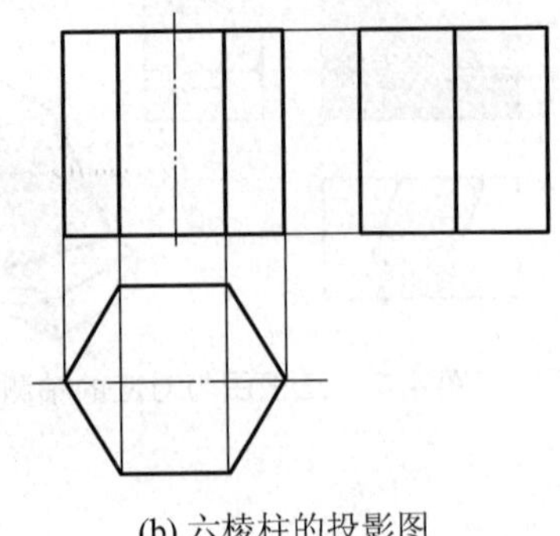

(b) 六棱柱的投影图

(c) 六棱柱的立体图

图 4.9　六棱柱

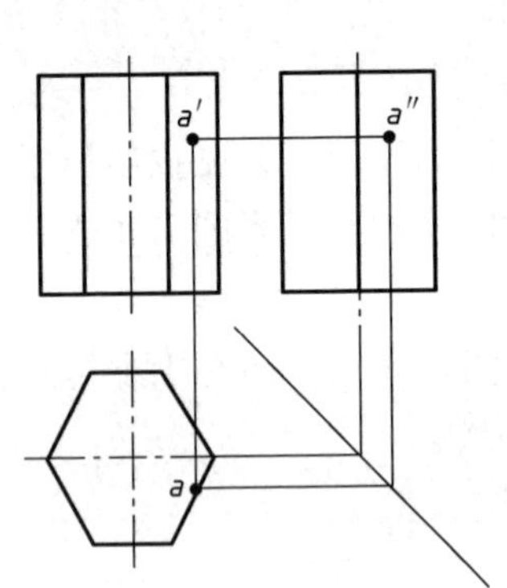

图 4.10　棱柱表面上的点

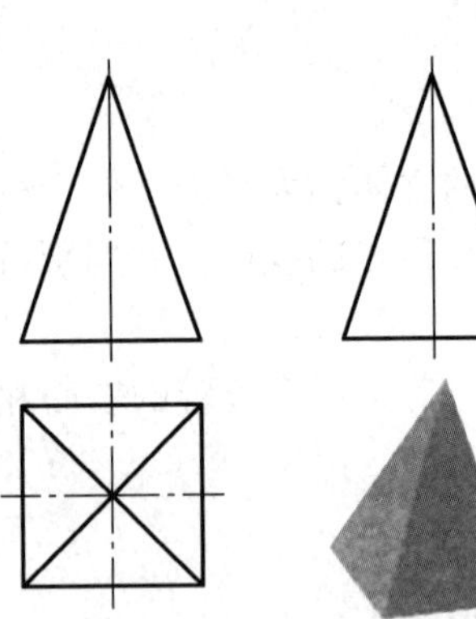

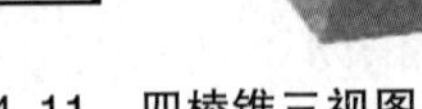

图 4.11　四棱锥三视图

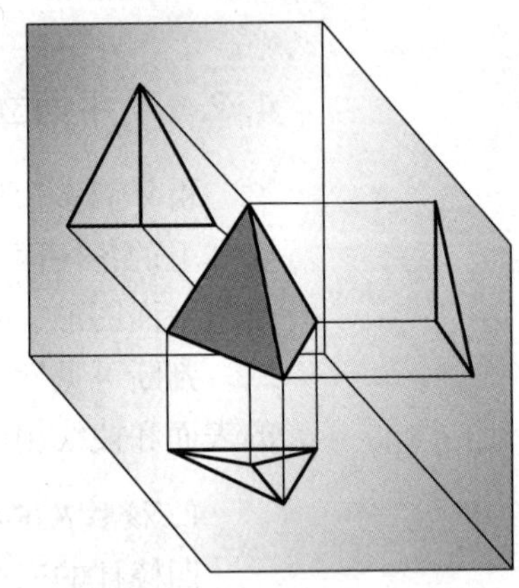

图 4.12　三棱锥的投影图

棱锥处于图示位置时，其底面 *ABC* 是水平面，在俯视图上反映实形。侧棱面 *SBC* 为侧垂面，另两个侧棱面为一般位置平面。

三棱锥表面上取点Ⅰ，如图 4.13 所示，三棱锥棱线上取点Ⅱ，如图 4.14 所示。

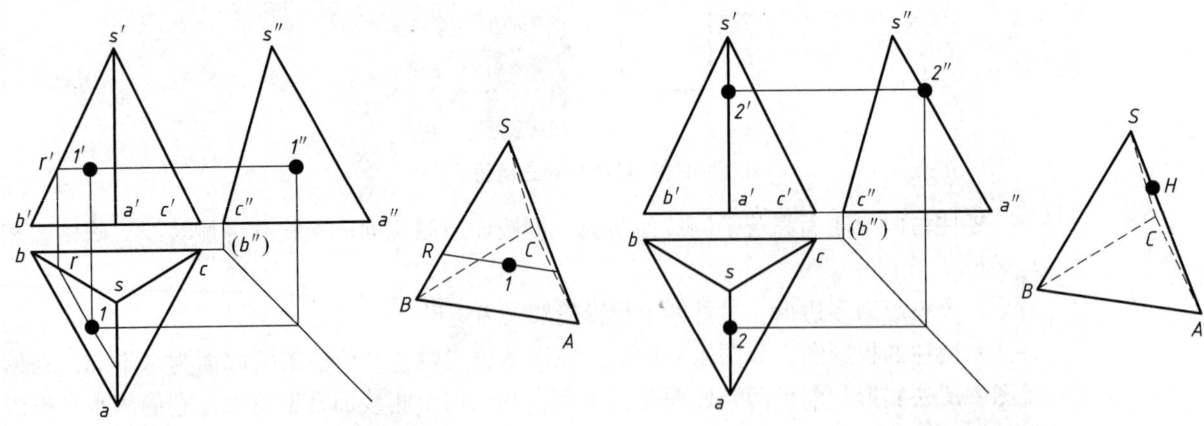

图 4.13　三棱锥表面取点

图 4.14　三棱锥棱线上取点

4.2.2　曲面立体

由曲面或曲面和平面围成的立体称为曲面立体。常见的曲面立体是回转体。

1. 圆柱的投影

1）圆柱的形成

曲面可看作由一条线按一定的规律运动所形成，运动的线称为母线，而曲面上任意位置的母线称为素线。母线绕轴线旋转，则形成回转面。

圆柱由圆柱面、顶面、底面所围成。圆柱面可看作直线绕与它相平行的轴线旋转而成，如图 4. 15 所示。

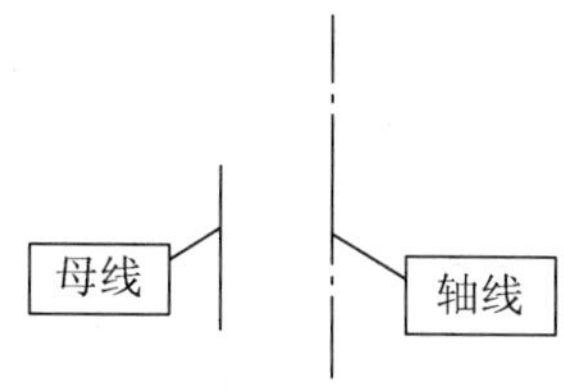

图 4. 15 圆柱的形成

2）圆柱的画法

圆柱的三视图如图 4. 16 所示。

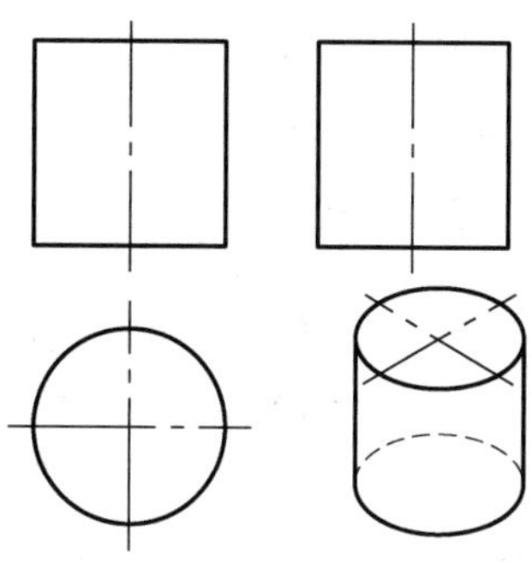

图 4. 16 圆柱的三视图

圆柱的水平投影是一个圆，这个圆既是上底圆和下底圆的重合投影，反映实形，又是圆柱面的积聚投影，回转轴的投影积聚在圆心上（通常用细点画线画出十字对称中心线）。

正面投影和侧面投影是两个相等的矩形，矩形的高度等于圆柱的高度，宽度等于圆柱的直径（回转轴的投影用细点画线来表示）。

3）圆柱的投影特点

正面投影的左、右转向轮廓线分别是圆柱最左、最右的两条轮廓素线的投影，这两条素线把圆柱分为前、后两半，它们在 *W* 面上的投影与回转轴的投影重合，如图 4. 17 所示。

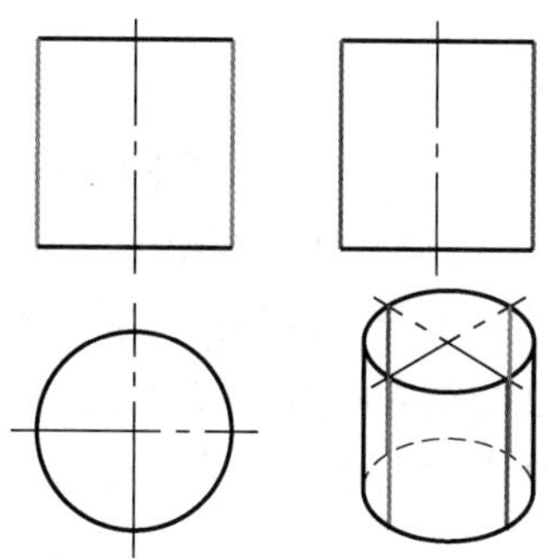

图 4. 17 圆柱的投影特点

［例4-3］ 圆柱轮廓素线的投影，如图4.18所示。

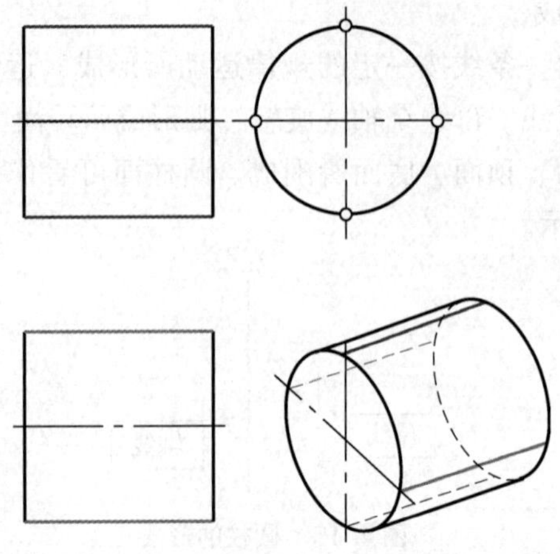

图4.18 圆柱轮廓素线的投影

（1）圆柱轮廓素线的主视图是矩形。

（2）圆柱轮廓素线的俯视图是矩形。

（3）圆柱轮廓素线的侧视图是圆。

4）圆柱表面上取点（图4.19）

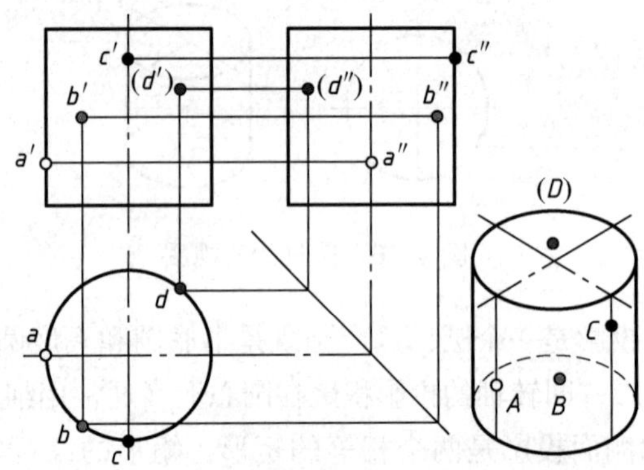

图4.19 圆柱表面取点

2. 圆锥的投影

1）圆锥的形成

圆锥由圆锥面、底面所围成。圆锥面可看作直线绕与它相交的轴线旋转而成，如图4.20所示。

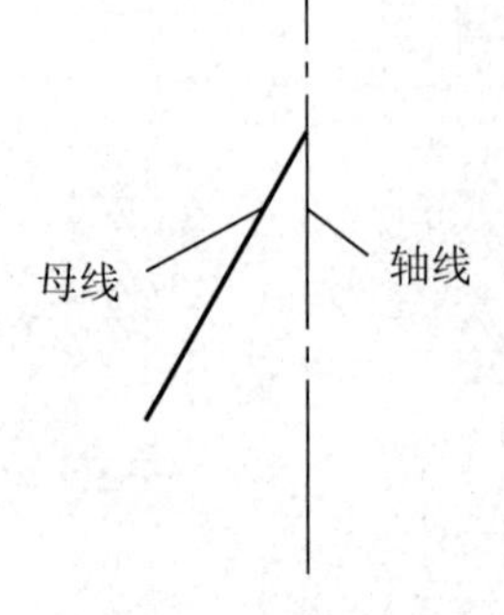

图4.20 圆锥的形成

2）圆锥的画法

水平投影是一个圆，这个圆是圆锥底圆和圆锥面的重合投影，反映底圆的实形（通常用细点画线画出十字对称中心线），正面投影和侧面投影是两个相等的等腰三角形（回转轴的投影用细点画线来表示），如图4.21所示。

3）圆锥的投影特点（图4.22）

4）圆锥表面上取点（图4.23）

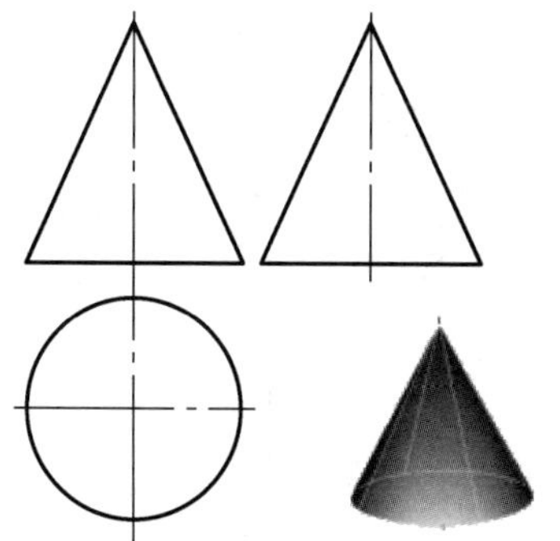

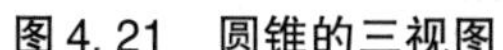
图 4.21　圆锥的三视图

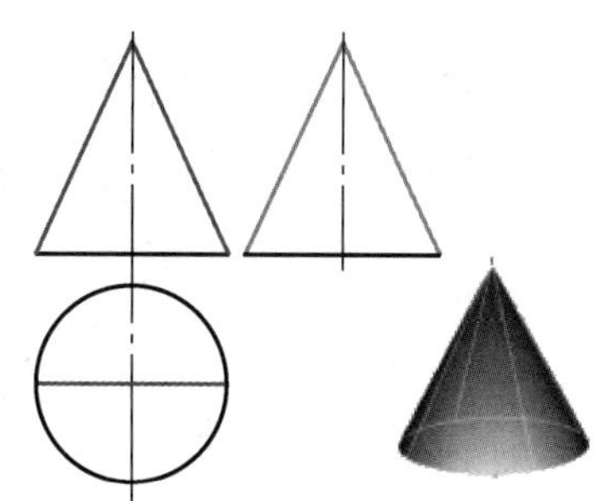
图 4.22　圆锥的投影

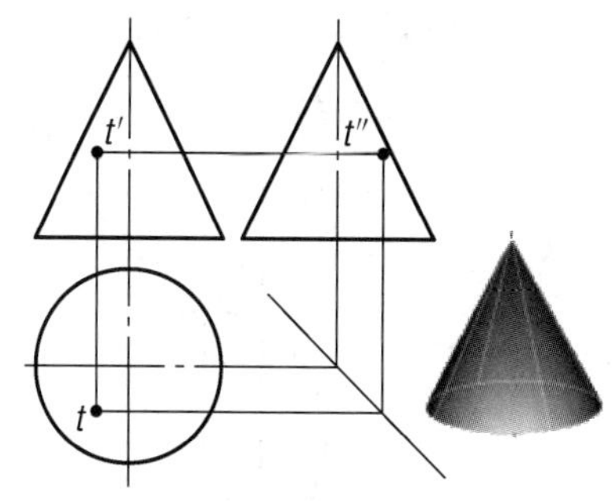

图 4.23　圆锥表面取点

3. 圆球的投影

1）圆球的形成

球是由球面围成的。球面可看作圆绕其直径为轴线旋转而成，如图 4.24 所示。

2）圆球的画法（图 4.25）

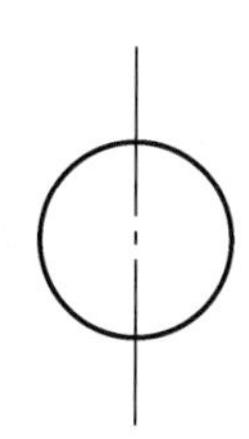
图 4.24　圆球的形成

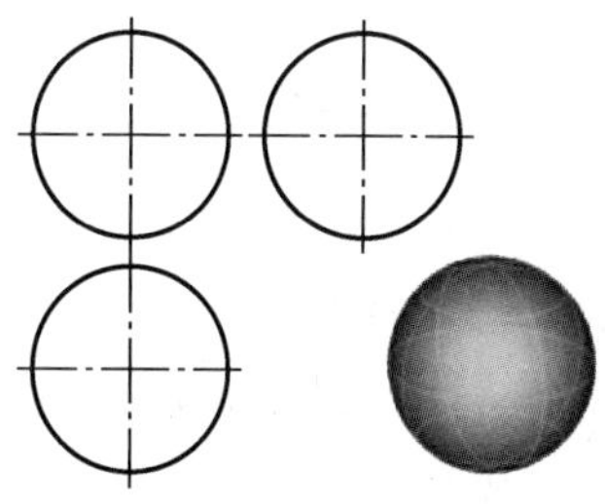
图 4.25　圆球的三视图

3）圆球的投影特点（图 4.26）

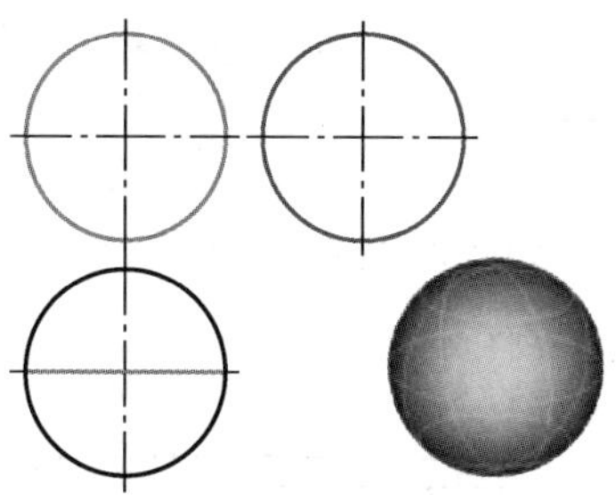
图 4.26　圆球的投影特点

4）圆球表面上取点（图 4.27）

4. 圆环的投影

1）圆环的形成

圆环可以看成以圆为母线，绕与圆在同一平面内，但不通过圆心的轴线旋转而成，如图 4.28 所示。

2）圆环的画法

圆环的水平投影由赤道圆和喉圆的水平投影组成，正面投影的左、右是两个小圆（反映母圆的实形，但有半边看不见，画成虚线），小圆的公切线分别是环面上最上和最下两个纬圆的正面投影，如图 4.29 所示。

3）圆环的投影特点（图 4.30）

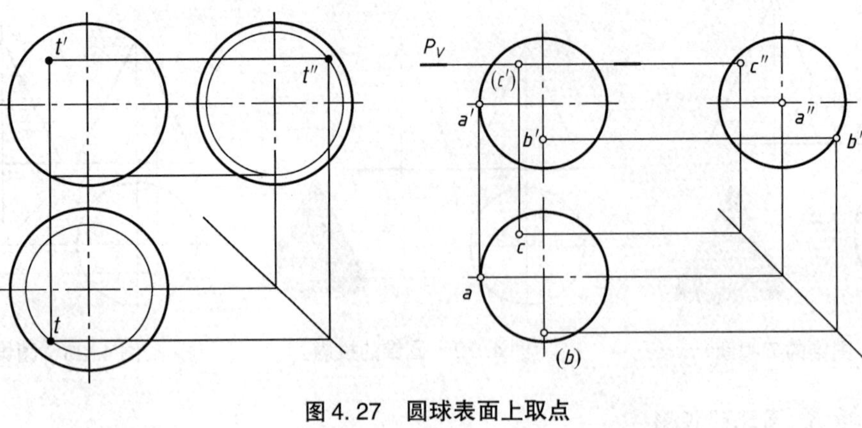

图 4.27　圆球表面上取点

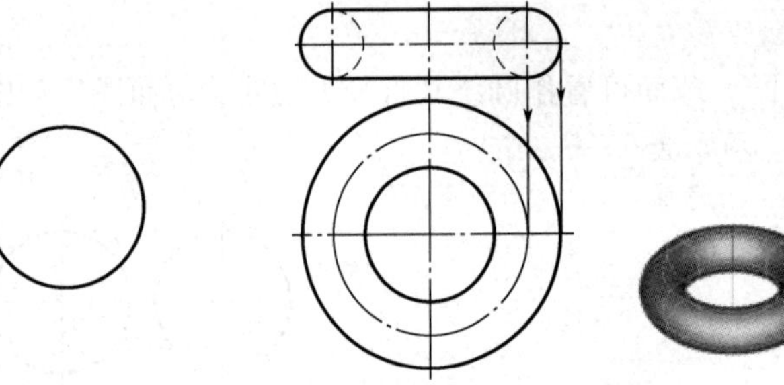

图 4.28　圆环的形成　　图 4.29　圆环的投影　　图 4.30　圆环的投影特点

4）圆环投影可见性的判别（图 4.31）

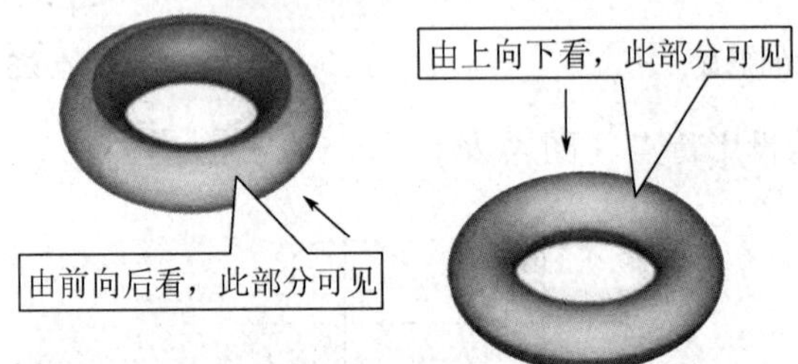

图 4.31　圆环投影可见性判别

5）圆环表面上取点（图 4.32）

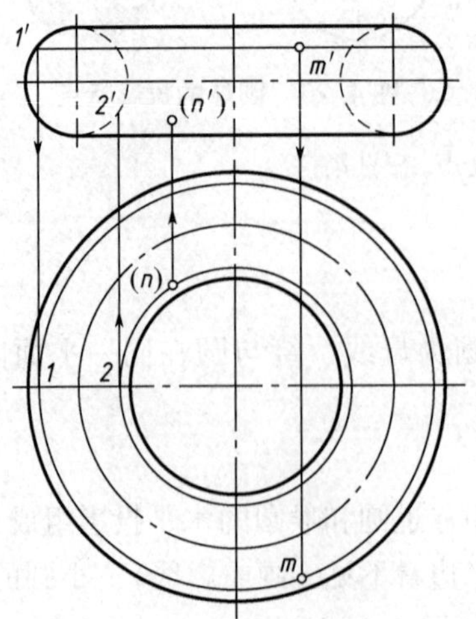

图 4.32　圆环表面取点的投影

4.3 平面与平面立体表面相交

4.3.1 平面立体的截交线

截交线：截平面与立体表面的交线称为截交线。

截平面：用以截切物体的平面。

断面：因截平面的截切，在物体上形成的平面。

1. 平面立体截交线

平面立体的截交线如图4.33所示。

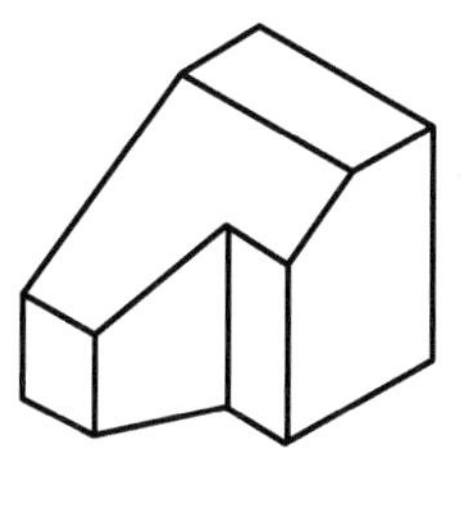
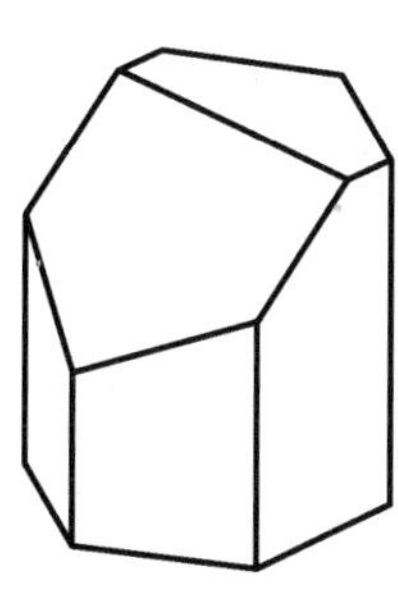
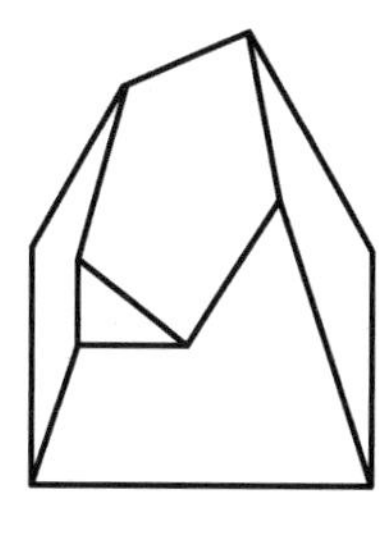

图4.33　平面与平面立体表面相交

2. 平面立体截交线的性质

(1) 截交线是截平面与被截立体表面的共有线。它既在截平面上，又在被截立体的表面上，截交线上的点是截平面与被截立体表面的共有点。

(2) 截交线是由直线、曲线或直线与曲线围成的封闭平面图形。

(3) 截交线的形状取决于两个要素，即立体的形状和截平面的相对位置；截交线投影的形状还取决于截平面和投影面的相对位置。

3. 平面立体截交线的求法

1) 棱柱上截交线的求法

分析截平面与棱柱上的几个表面相交：

(1) 求出截平面与棱柱上若干条线的交点；如立体被多个平面截割，应求出截平面间的交线。

(2) 依次连接各点。

(3) 判断可见性。

(4) 整理轮廓线。

[**例4-4**]　求立体切割后的投影，如图4.34所示。

解：(1) 截平面与棱柱上若干条线的交点。

(2) 找出截平面与六棱柱的交线分别是12，23，34，45，51。

(3) 判断在主视图上2′可见，1′不可见。3′可见，5′不可见。其余点的投影均可见。

(4) 整理各个视图的轮廓线。

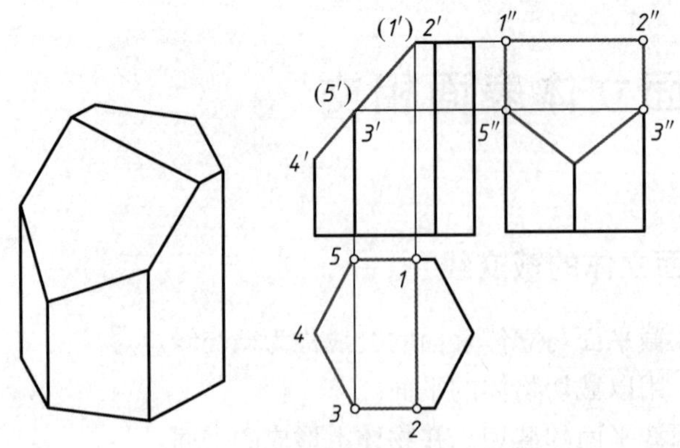

图 4.34　六棱柱切割后的投影

［**例 4-5**］　求立体被切割后的投影，如图 4.35 所示。

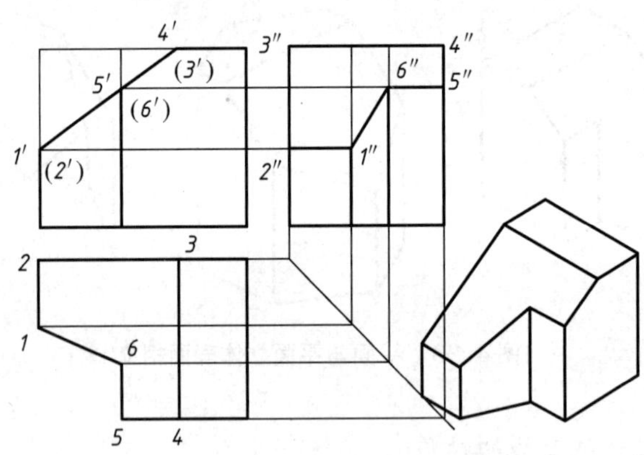

图 4.35　长方体被切割后的投影

解：(1) 找出截平面与长方体若干条线的交点 1，2，2，4，5，6。

(2) 找出截平面与长方体的交线分别是 12，23，34，45，56，61。

(3) 在主视图上 4′可见，3′不可见，5′可见，6′不可见，1′可见，2′不可见。其余点的投影均可见。

(4) 整理各个视图的轮廓线。

2) 棱锥上截交线的求法

分析截平面与棱锥上的几个表面相交：

(1) 找到截平面与棱锥上若干条棱线的交点；如立体被多个平面截割，应求出截平面间的交线。

(2) 依次各点连线。

(3) 判断可见性。

(4) 整理轮廓线。

［**例 4-6**］　求四棱锥被截切后的俯视图和左视图，如图 4.36 所示。

［**例 4-7**］　求立体被截割后的投影，如图 4.37 所示。

［**例 4-8**］　求立体被切割后的投影，如图 4.38 所示。

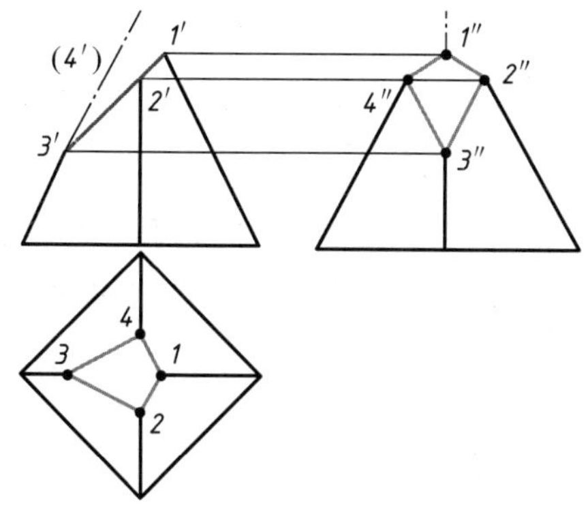

图 4. 36　四棱锥被截切后的投影图

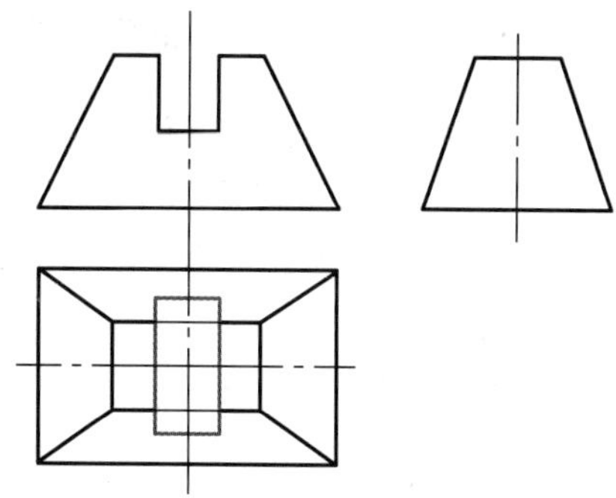

图 4. 37　立体被截切后的投影图

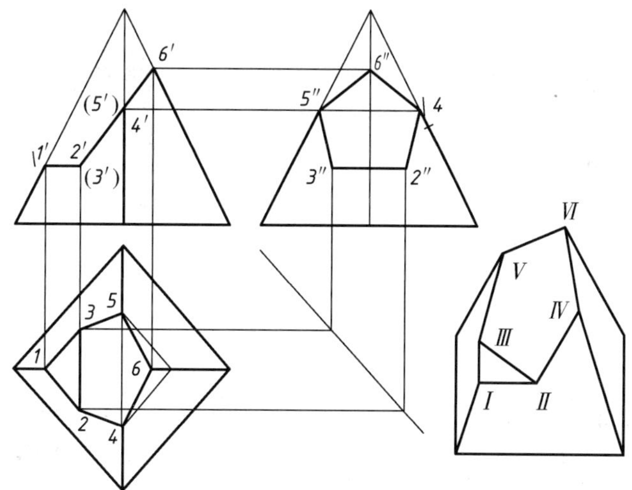

图 4. 38　四棱锥被切割后的投影

4. 4　平面与曲面立体表面相交

4. 4. 1　曲面立体截交线的性质

平面与曲面立体相交，所得截交线一般情况下是平面曲线，或是由曲线和直线围合而成的平面图形。

截交线（图 4. 39）具有闭合性和共有性的特点。

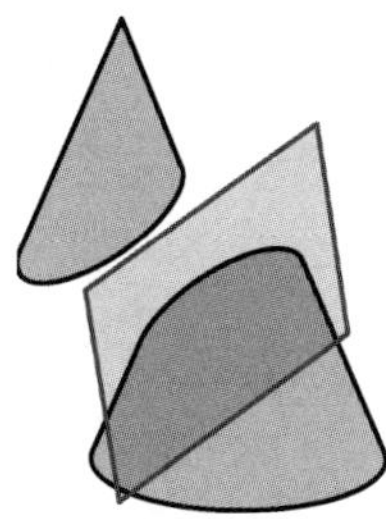

图 4. 39　截交线

4.4.2 平面与曲面截交线的求法

平面与曲面立体相交的求解步骤如下。

(1) 求特殊位置点的投影。所谓特殊位置点，是指截交线上的最高、最低、最前、最后、最左、最右，曲线的特征点，曲线立体投影轮廓上的点，以及可见和不可见分界点。

(2) 求一般位置的点的投影。

(3) 判断可见性，依次光滑连接上述各点，即截交线的投影。

1. 平面与圆柱相交（图 4.40）

截交线的形状取决于截平面与圆柱轴线的相对位置如图 4.41 所示。

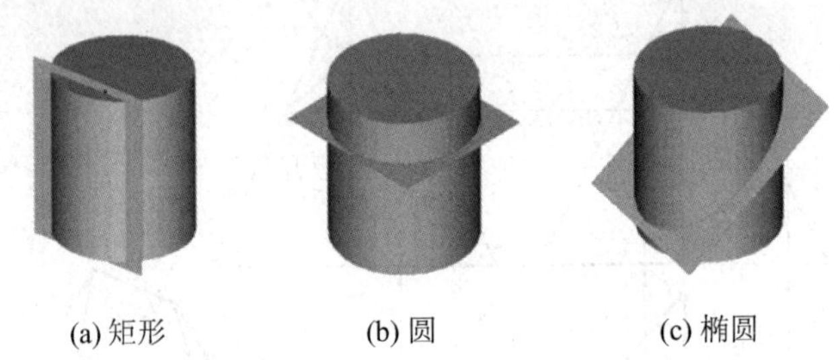

(a) 矩形　(b) 圆　(c) 椭圆

图 4.40　平面与圆柱相交

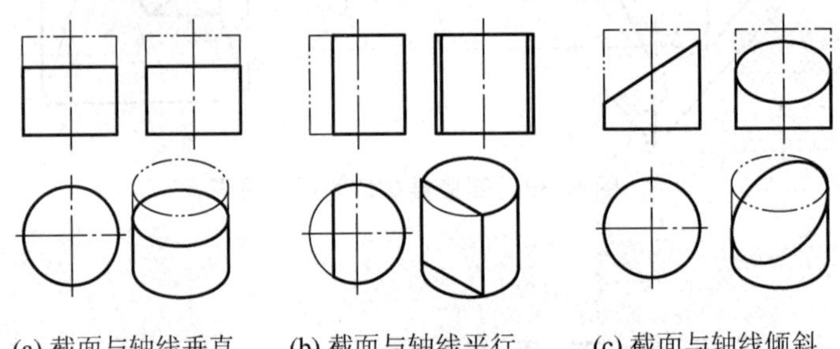

(a) 截面与轴线垂直　(b) 截面与轴线平行　(c) 截面与轴线倾斜

图 4.41　不同位置的平面与圆柱相交

[**例 4-9**]　求圆柱截交线，如图 4.42 所示。

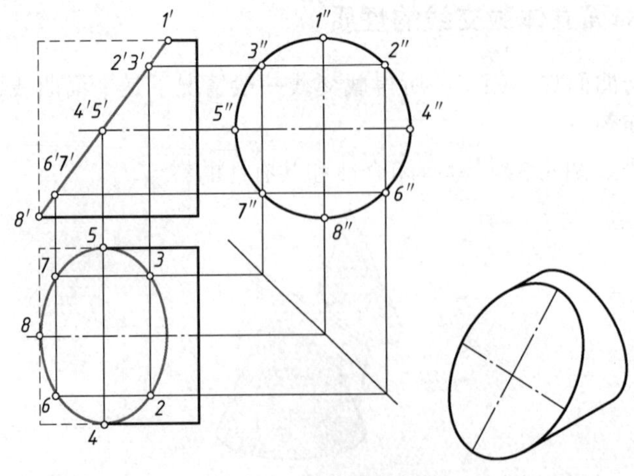

图 4.42　圆柱的截交线

求圆柱截交线作图步骤：

(1) 进行线面分析，判断截交线的形状和性质。

(2) 根据截平面和曲面立体所处的位置，决定采用什么方法求截交线。

(3) 求出特殊位置点的投影。

(4) 根据需要求出若干一般位置点的投影。

(5) 光滑且顺序地连接各点，作出截交线，并判别可见性。

(6) 整理轮廓线。

各类立体形状被平面截切的形态如图 4.43 所示。

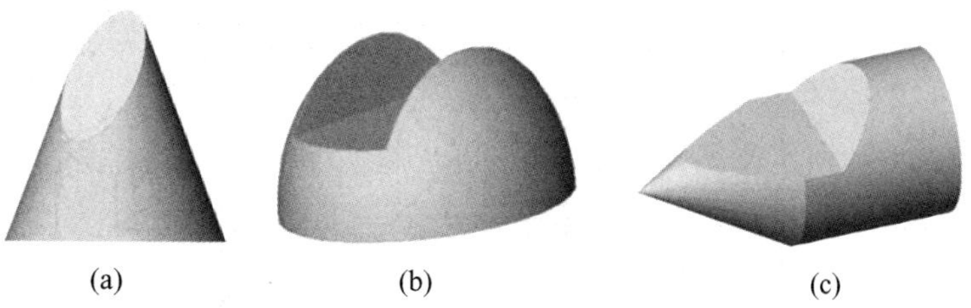

图 4.43　被平面截切的立体形态

特殊点是指绘制曲线时有影响的各种点，具体有以下几种。

(1) 极限点：确定曲线范围的最高、最低、最前、最后、最左和最右点。

(2) 转向点：曲线上处于曲面投影转向线上的点，它们是区分曲线可见与不可见部分的分界点。

(3) 特征点：曲线本身具有特征的点，如椭圆长短轴上四个端点。

(4) 结合点：截交线由几部分不同线段（曲线、直线）组成时结合处的那些点。

对于特殊点，根据现有知识凡是能求出来的都应求出来。

[**例 4-10**]　求圆柱截交线，如图 4.44 所示。

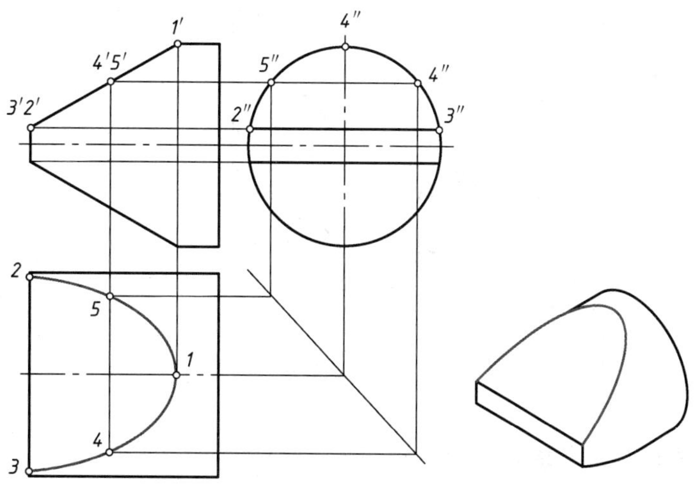

图 4.44　圆柱的截交线

解题步骤：

(1) 分析侧面投影为圆的一部分，截交线的水平投影为椭圆的一部分。

(2) 求出截交线上的特殊点 Ⅰ、Ⅱ、Ⅲ。

(3) 求出若干个一般点Ⅳ、Ⅴ。

(4) 光滑且顺次地连接各点，作出截交线，并且判别可见性。

（5）整理轮廓线。

同一立体被多个平面所截，要逐个截面分析截交线的形状和投影。

[**例 4-11**] 求圆柱截交线，如图 4.45 所示。

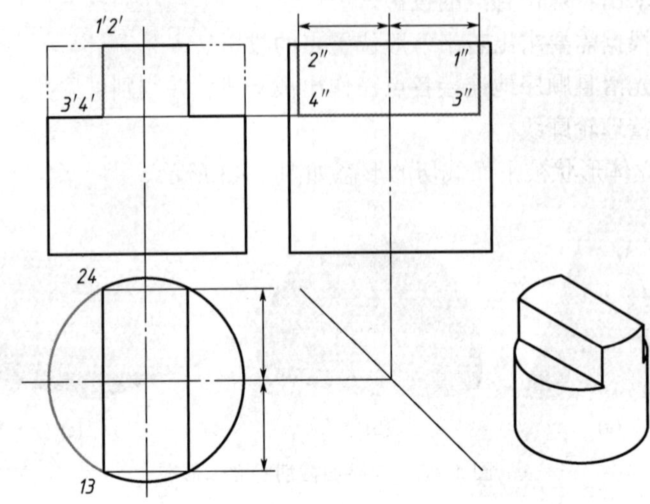

图 4.45 圆柱的截交线（截面与轴线平行）

解题步骤：

（1）分析截交线的形状、截交线的投影。

（2）求出截交线上的特殊点 Ⅰ、Ⅱ、Ⅲ、Ⅳ。

（3）顺次地连接各点，作出截交线并判别可见性。

（4）整理轮廓线。

[**例 4-12**] 求圆柱截交线，如图 4.46 所示。

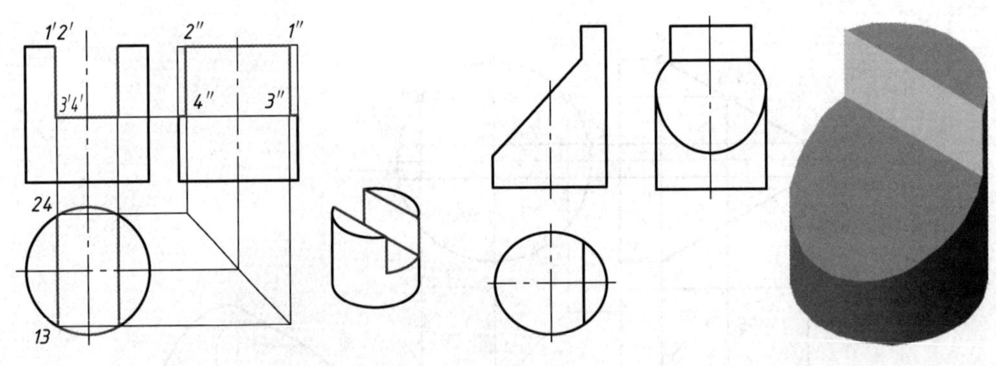

图 4.46 圆柱截交线

2. 平面与圆锥相交（图 4.47 及表 4.1）

(a) 圆

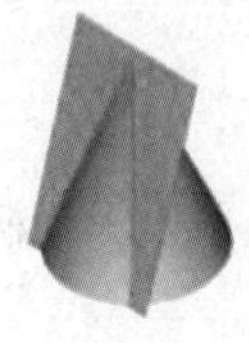
(b) 三角形

(c) 椭圆

(d) 双曲线加直线段

(e) 抛物线加直线段

图 4.47 平面与圆锥相交

表 4.1 圆锥被平面截切的截交线

截面位置	垂直于轴线	与所有素线相交	平行于一条素线	平行于轴线	过 锥 顶
截交线	圆	椭圆	抛物线	双曲线	相交二直线（连同与锥底面的交线为一个三角形）
轴测图					
投影图					

求圆锥截交线上点的方法如下。

（1）素线法：在圆锥表面取若干素线，并求出这些素线与截平面的交点。

（2）纬圆法：在圆锥表面上取若干个纬圆，并求出这些纬圆与截平面的交点。

[**例 4－13**] 求圆锥截交线，如图 4.48 所示。

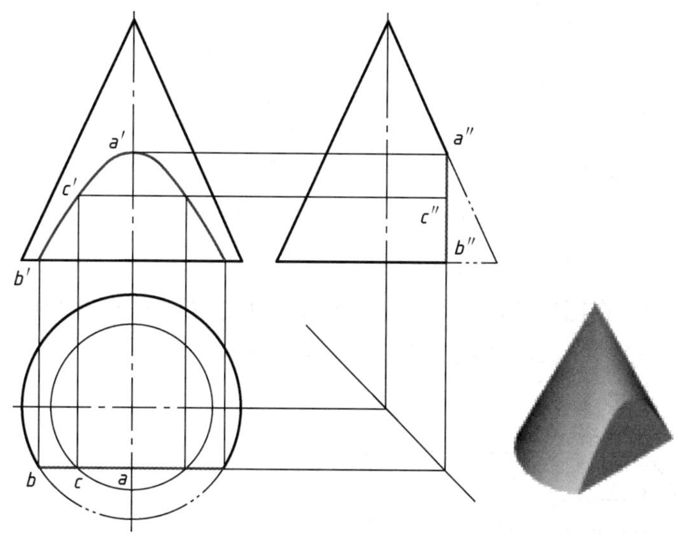

图 4.48 圆锥的截交线

解题步骤：

（1）分析：截平面为正平面，截交线为双曲线；截交线的水平投影和侧面投影已知，正面投影为双曲线并反映实形。

（2）求出截交线上的特殊点 A、B。

（3）求出一般点 C。

（4）光滑且顺次地连接各点，作出截交线，并且判别可见性。

(5) 整理轮廓线。

3. 平面与圆球相交（图 4.49 及表 4.2）

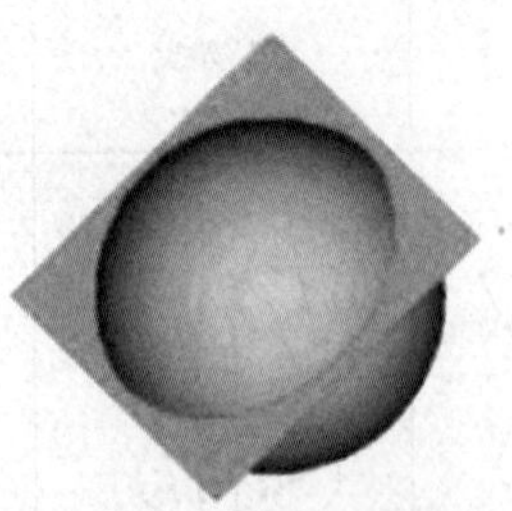

图 4.49　球体的截切

表 4.2　球体的截切

截平面位置	与 V 面平行	与 H 面平行	与 V 面垂直
轴测图			
投影图			

求圆球截交线上点的方法如下。

纬圆法：在圆锥表面上取若干个纬圆，并求出这些纬圆与截平面的交点。

[例 4－14]　求圆球截交线，如图 4.50 所示。

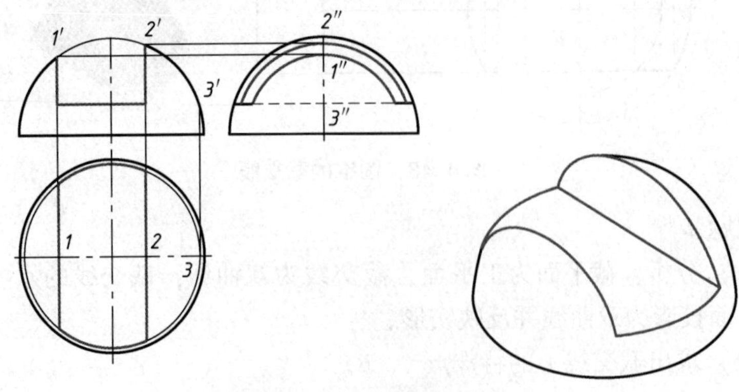

图 4.50　圆球的截交线

解题步骤：

（1）分析：截平面为两个侧平面和一个水平面，截交线为圆弧和直线的组合，截交线的水平投影和侧面投影均为圆弧和直线的组合。

（2）求出截交线上的特殊点 I 、II。

（3）求出各段圆弧。

（4）判别可见性，整理轮廓线。

[例 4-15]　分析并想象出圆球穿孔后的投影，如图 4.51 所示。

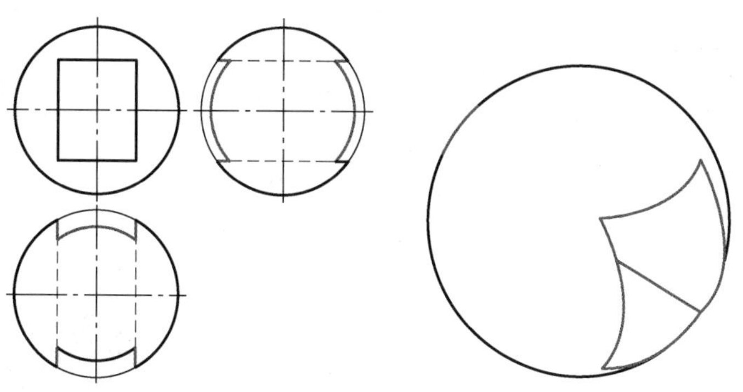

图 4.51　圆球穿孔的投影

4.5　立体与立体相交

4.5.1　相贯线的性质

相贯线是两个曲面立体表面的共有线，相贯线上的点是两个曲面表面的共有点。

不同的立体以及不同的相关位置，相贯线的形状不同。两回转体相贯，相贯线一般是封闭的空间曲线，特殊情况下为平面曲线或直线，如图 4.52 所示。

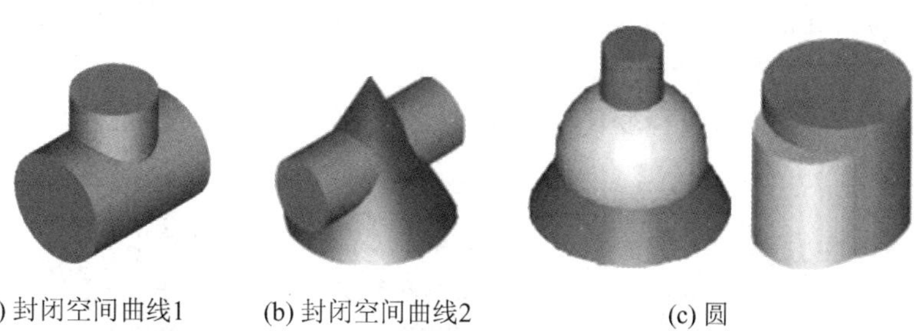

(a) 封闭空间曲线1　(b) 封闭空间曲线2　(c) 圆

图 4.52　相贯线

1. 直线和圆的组合

曲面立体相贯线的性质图例，如图 4.53 所示。

[例 4-16]　求两圆柱的相贯线，如图 4.54 所示。

空间及投影分析：小圆柱轴线垂直于 H 面，水平投影积聚为圆，根据相贯线的共有性，相贯线的水平投影积聚在该圆上。大圆柱轴线垂直于 W 面，侧面投影积聚为圆，相贯线的侧面投影应积聚在该圆上，为两圆柱面共有的一段圆弧。

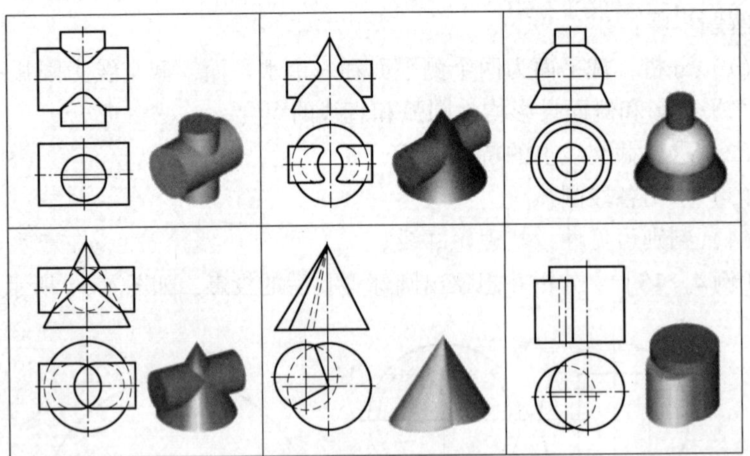

图 4.53　曲面立体的相贯线

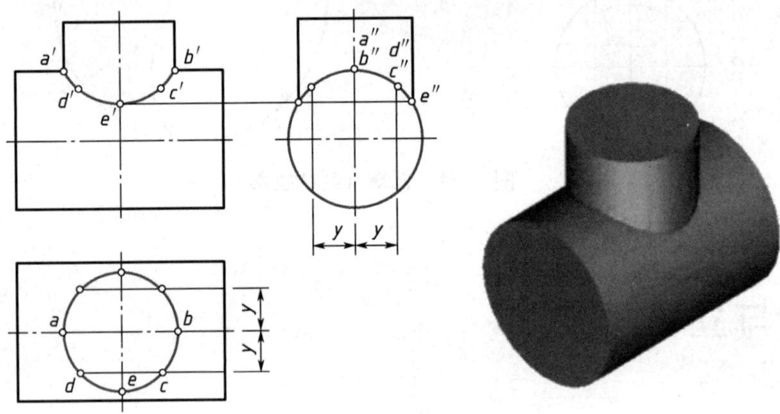

图 4.54　两圆柱相贯

解题步骤：

(1) 分析相贯线的水平投影和侧面投影已知，可利用表面取点法求共有点。

(2) 求出相贯线上的特殊点 A、B、C。

(3) 求出若干个一般点 D、E。

(4) 光滑且顺次地连接各点，作出相贯线，并且判别可见性；

(5) 整理轮廓线。

讨论：圆柱体直径变化——相贯线的变化，如图 4.55 所示。

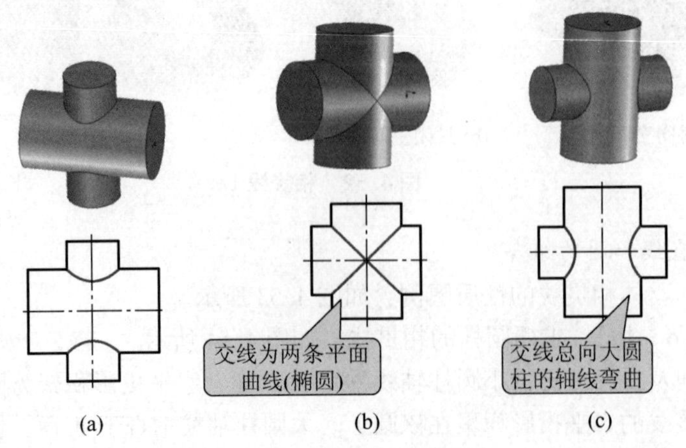

图 4.55　两圆柱的引贯线

4.5.2　曲面立体相贯的三种基本形式

（1）两外表面相交（实实相交），如图4.56(a）所示。

（2）外表面与内表面相交（实空相交），如图4.56(b）所示。

（3）两内表面相交（空空相交），如图4.56(c）所示。

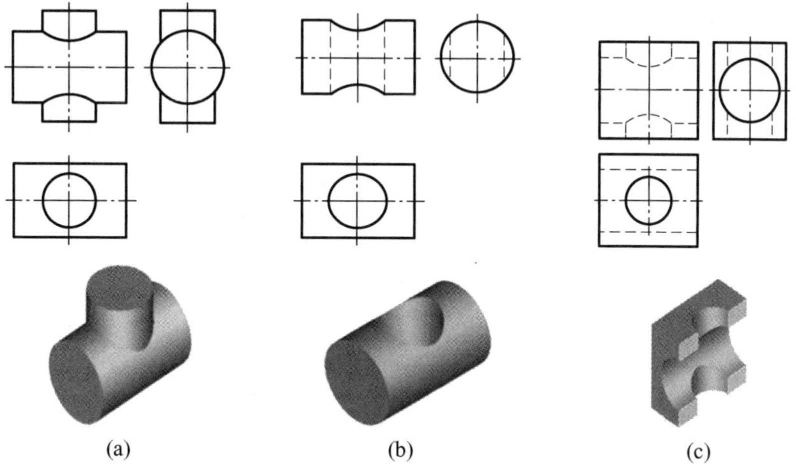

图4.56　曲面立体相贯的三种形式

4.5.3　求曲面立体相贯线的方法

求作相贯线时，应先求出适当数量的共有点，然后依次光滑连接而成。求共有点的方法如下。

（1）若相贯线有一个投影已知，可采用辅助平面法或表面取点法作出。

（2）若相贯线有两个投影已知，可采用表面取点法或由二求三的方法作出。

（3）若相贯线的三个投影均为未知，可采用辅助面法作出。

（4）若求轮廓素线上的点，有时需包括轮廓素线作辅助面。

求曲面立体相贯线的方法有三种：表面取点法、辅助平面法及辅助球面法。

1. *表面取点法*

利用表面取点法或由二求三的方法求相贯线。

［**例4－17**］　求两圆柱的相贯线，如图4.57所示。

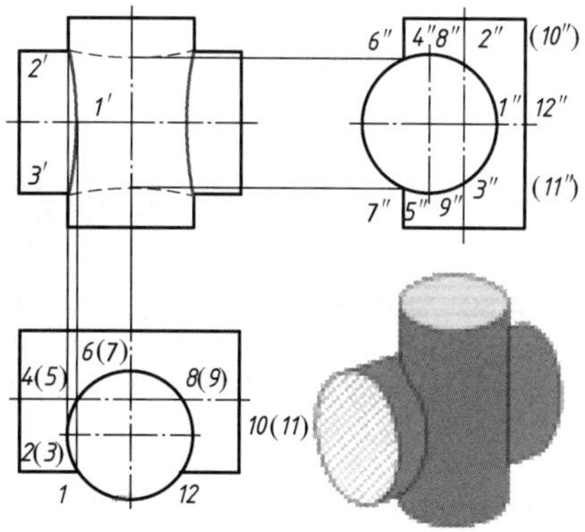

图4.57　表面取点法求相贯线

解题步骤

(1) 分析，相贯线的水平投影和侧面投影已知，可利用表面取点法求共有点。

(2) 求出相贯线上的特殊点。

(3) 求出各干一般点。

(4) 光滑且顺次连接各点，作出相贯线，并且判别可见性。

(5) 整理轮廓线。

2. 辅助平面法

[**例 4-18**]　求圆柱与圆锥的相贯线，如图 4.58 所示。

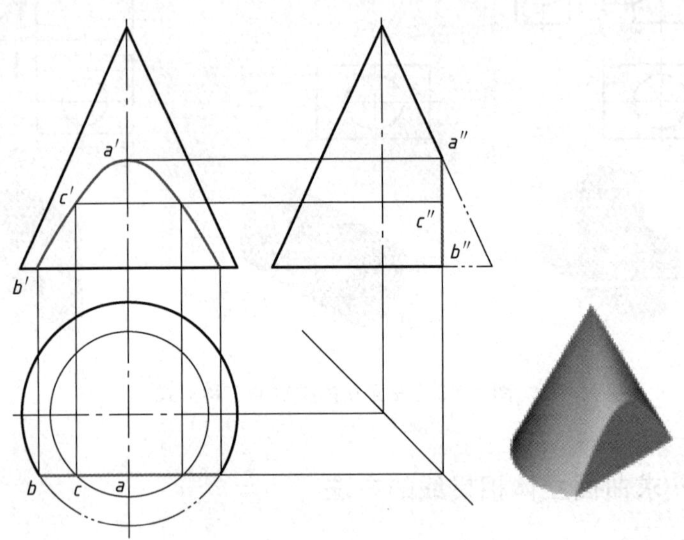

图 4.58　辅助平面法求相贯线

解题步骤：

(1) 分析：相贯线的侧面投影已知，可利用辅助平面法求共有点。

(2) 求出相贯线上的特殊点 *Ⅰ*、*Ⅱ*、*Ⅲ*。

(3) 求出若干个一般点 *Ⅳ*、*Ⅴ*。

(4) 光滑且顺次地连接各点，作出相贯线，并且判别可见性。

(5) 整理轮廓线。

用水平面作为辅助平面求共有点，如图 4.59 所示。

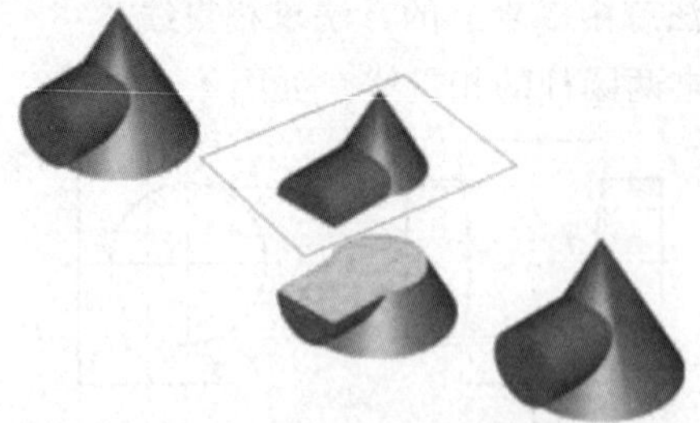

图 4.59　水平面做为辅助平面求共有点

[**例 4-19**]　求圆球与圆锥的相贯线，如图 4.60 所示。

解题步骤：

(1) 分析　相贯线的三个投影均未知，可利用辅助平面法求共有点。

(2) 求出相贯线上特殊点 *Ⅰ*、*Ⅱ*、*Ⅲ*。

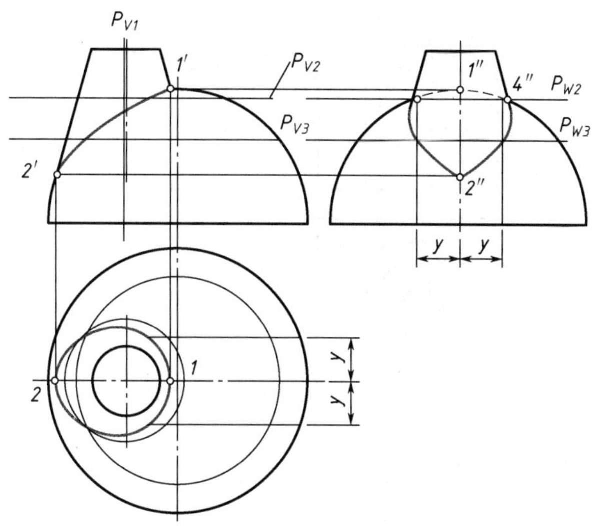

图 4.60 圆球与圆锥的相贯线

(3) 求出若干个一般点Ⅳ、Ⅴ。

(4) 光滑且顺次地连接各点，作出相贯线，并且判别可见性。

(5) 整理轮廓素线。

用水平面作为辅助平面求共有点，如图 4.61 所示。

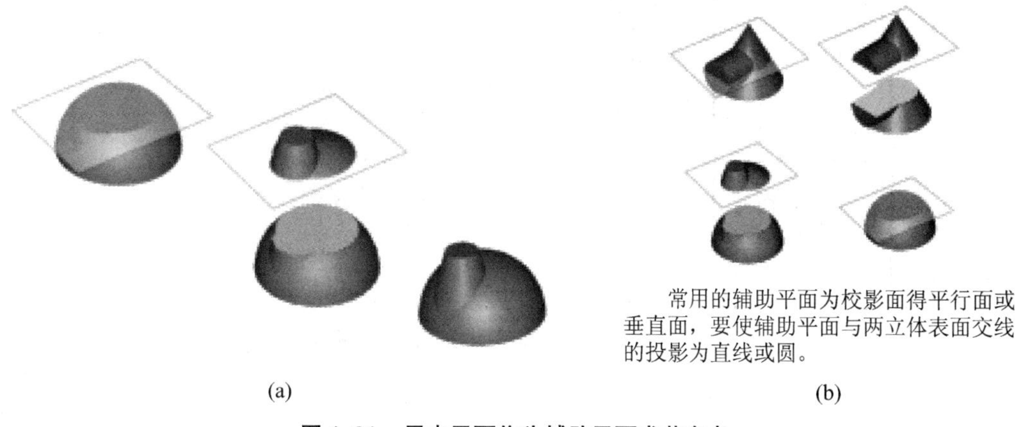

图 4.61 用水平面作为辅助平面求共有点

辅助面的选用原则如下。

(1) 辅助平面：常用的辅助平面为投影面的平行面或垂直面，要使辅助平面与两立体表面交线的投影为直线或圆。

(2) 辅助球面（同心球面法为主）：辅助球面法的使用必须符合以下条件：①相交两曲面都必须是回转曲面；②回转体的轴线必须相交；③回转体的轴线平行于投影面（但相交的两回转体轴线不一定同时平行于一个投影面）。若两回转体轴线同时平行于某一投影面，则可在该投影面上直接求得相贯线上点的投影，连之即得相贯线的一个投影；然后利用在曲面上求点的方法，可求得相贯线在其与投影面上的投影。

必须指出：一个求相贯线的题目，往往可以采用几种辅助面，作图时须灵活运用。

[例 4-20] 求圆柱与圆锥的相贯线，如图 4.62 所示。

解题步骤：

(1) 分析：相贯立体是圆柱和圆锥，轴线正交。相贯线是一段封闭的空间曲线，且

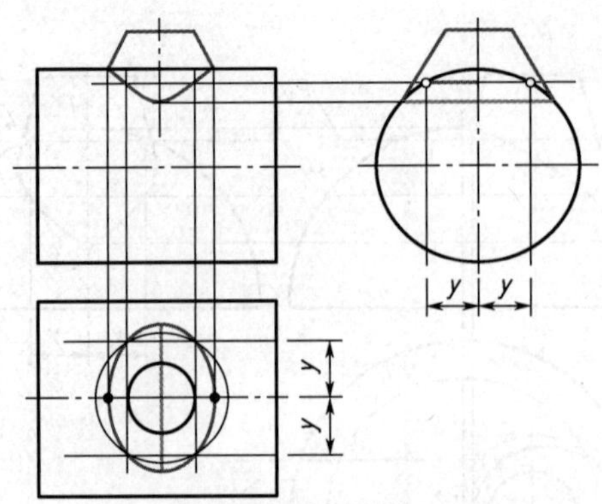

图 4. 62　圆柱与圆锥的相贯线

前后对称。相贯线的侧面投影已知。

（2）求特殊点。

（3）用辅助平面法求中间点。

（4）光滑连接各点并整理。

假想用水平面 P 截切立体，P 面与圆柱体的截交线为两条直线，与圆锥面的交线为圆，圆与两直线的交点即为交线上的点，如图 4. 63 所示。

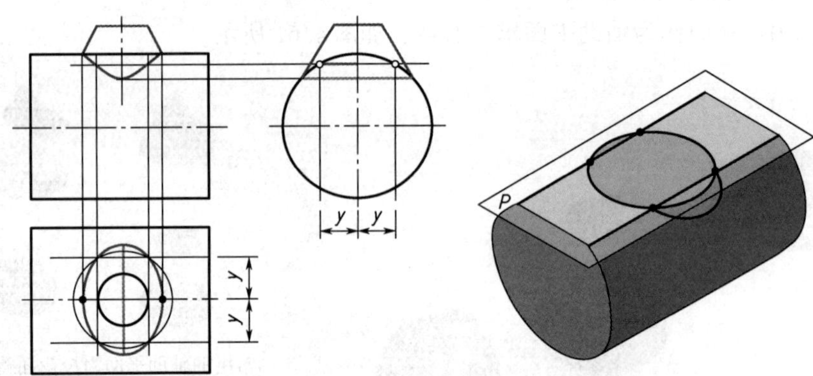

图 4. 63　用辅助平面求圆柱与圆锥的相贯线

4. 5. 4　正交圆柱相贯线的近似画法

图 4. 64 所示为正交圆柱相贯线的近似画法：

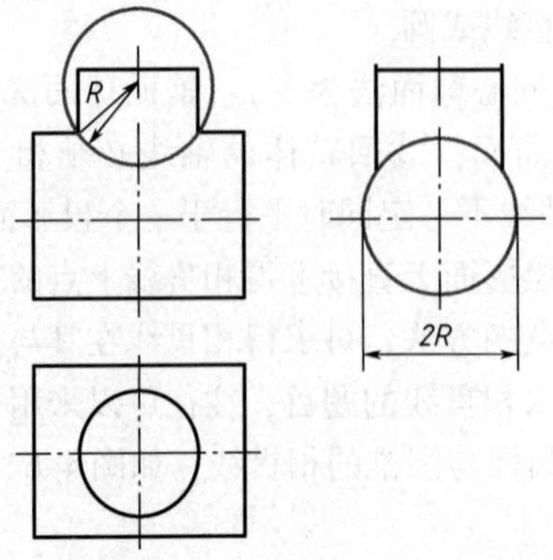

图 4. 64　正交圆柱相贯线的近似画法

（1）大圆柱的半径为半径。

（2）转向轮廓线的交点为圆心画弧。

（3）两段弧的交点为圆心画出相贯线。

4.5.5　相贯线的特殊情况

（1）两个回转体具有公共轴线时，其表面的相贯线为圆，并且该圆垂直于公共轴线。

当公共轴线处于投影面垂直位置时，相贯线有一个投影反映圆的实形，其余投影积聚为直线。

当两个回转体具有公共轴线时，其表面的相贯线为圆，如图4.65所示。

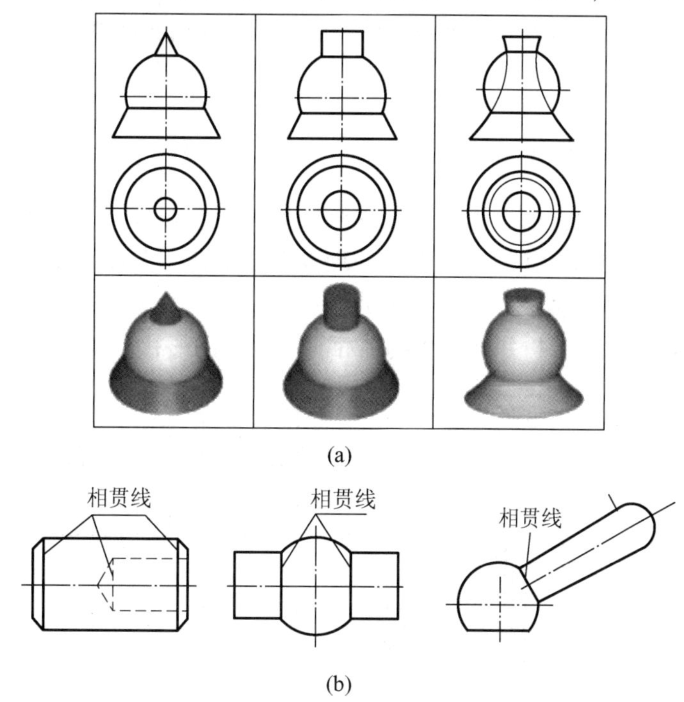

(a)

相贯线　相贯线　相贯线

(b)

图4.65　具有公共轴线回转体的相贯线

（2）外切于同一球面的圆锥、圆柱相交时，其相贯线为两条平面曲线——椭圆。

当两立体的相交两轴线同时平行于某一投影面时，则此两椭圆曲线在该投影面上的投影，为相交两直线，如图4.66所示。

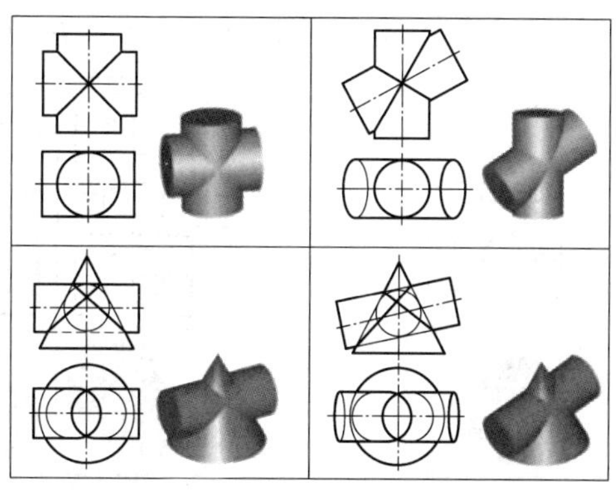

图4.66　相交两轴线的立体相贯线

外切于同一球面的圆锥、圆柱相交时，其相贯线为两条平面曲线——椭圆。

轴线相互平行的两圆柱相贯，或共锥顶的两圆锥相贯，相贯线为直线，如图 4. 67 所示。

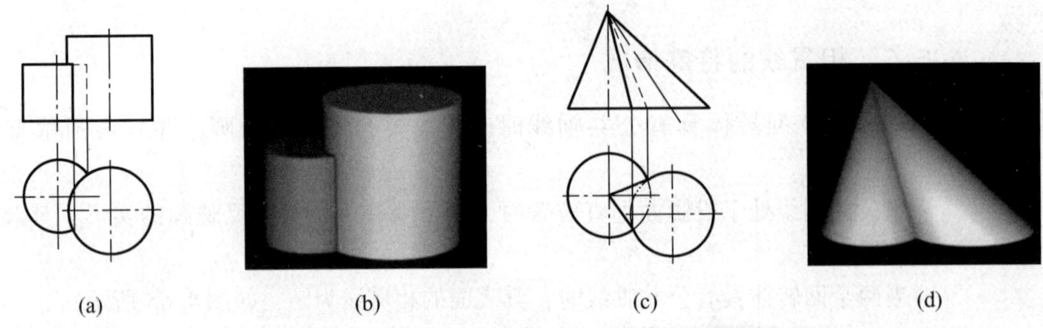

图 4. 67　轴线平行的两圆柱、共锥顶的两圆锥相贯

4. 5. 6　复合相贯线

三个或三个以上的立体相交在一起，称为复合相贯。这时相贯线由若干条相贯线组合而成，结合处的点称为结合点。处理复合相贯线，关键在于分析，找出有几个两两曲面立体相贯，从而确定其有几段相贯线组成。

［**例 4 - 21**］　分析并想象出物体相贯线投影的形状，如图 4. 68 所示。

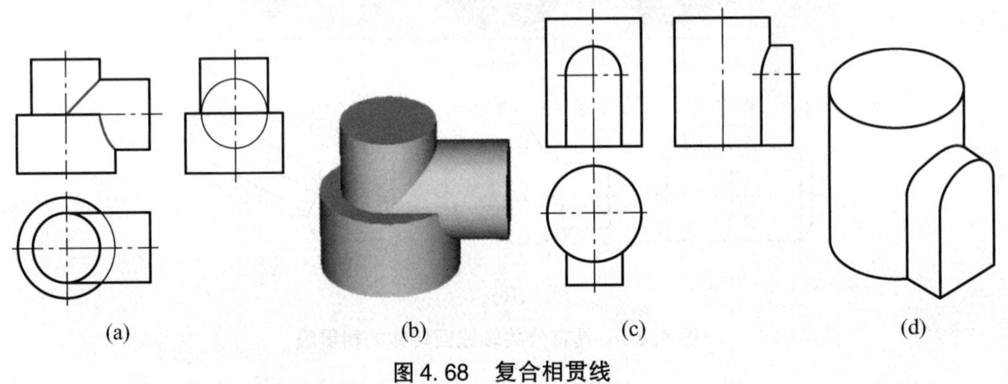

图 4. 68　复合相贯线

4. 5. 7　相贯线的变化趋势

(1) 两圆柱相贯线的变化趋势如图 4. 69 及图 4. 70 所示。

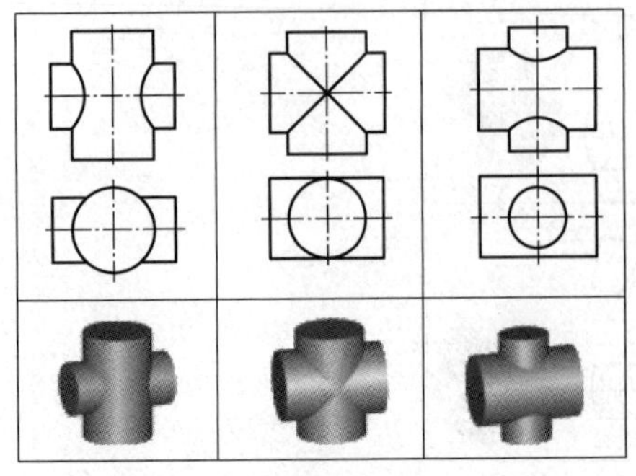

图 4. 69　两圆柱的相贯线（Ⅰ）

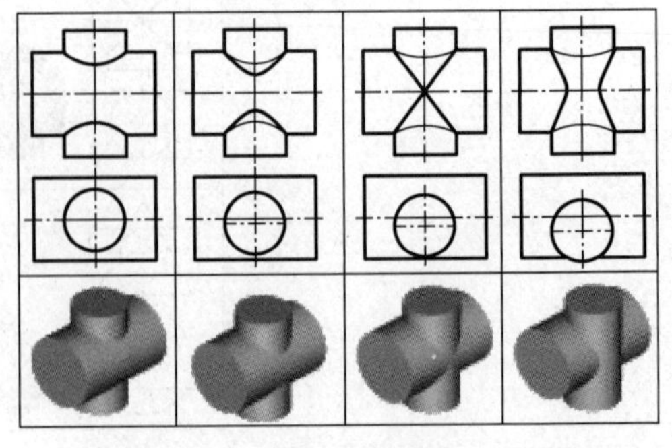

图 4. 70　圆柱的相贯线（Ⅱ）

（2）圆柱与圆锥相贯线的变化趋势图 4. 71 及图 4. 72 所示。

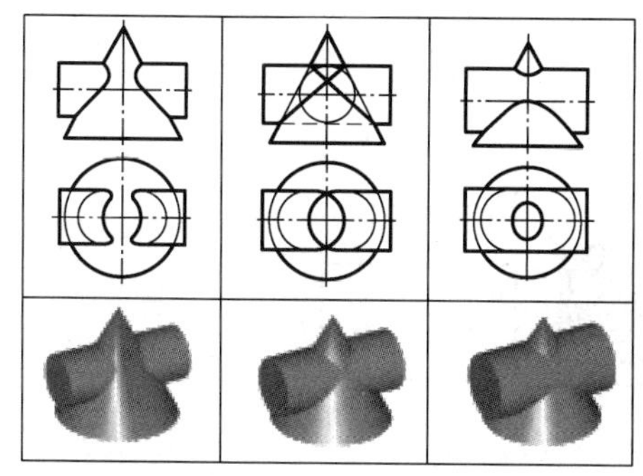

图 4. 71　圆柱与圆锥相贯线（Ⅰ）

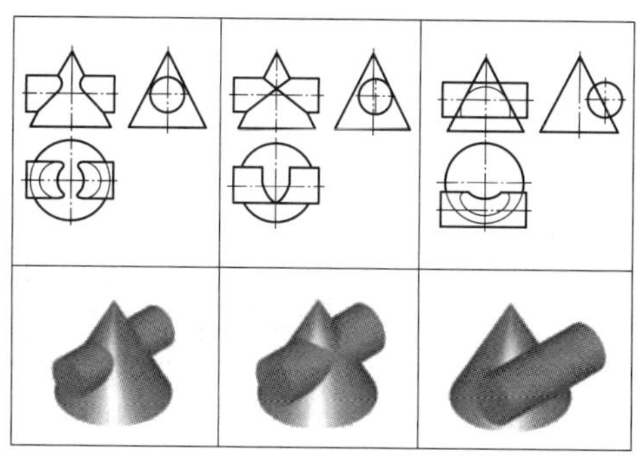

图 4. 72　圆柱与圆锥相贯线（Ⅱ）

4. 6　组合体的三视图

4. 6. 1　组合体的组合形式

组合体按其形成方式，通常分为叠加型组合体和挖切型组合体，如图 4. 73 所示。

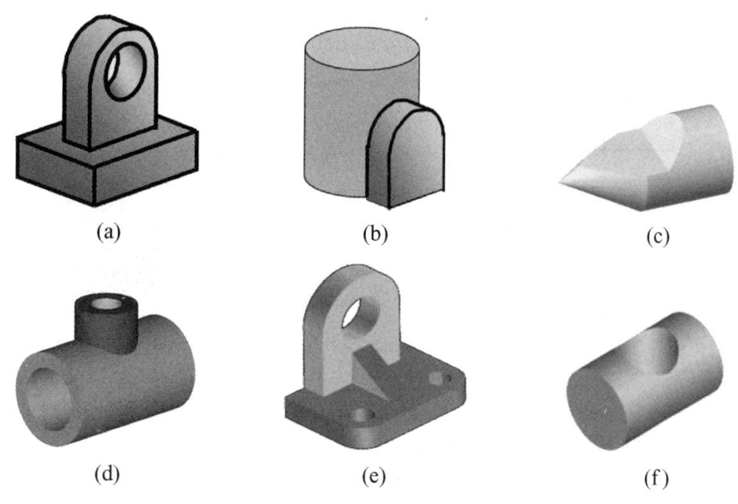

图 4. 73　组合体的组合形式

4. 6. 2　组合体相邻表面的连接方式

组合体相邻表面的连接方式，分为平齐、相交、相切 3 种，如图 4. 74 所示。

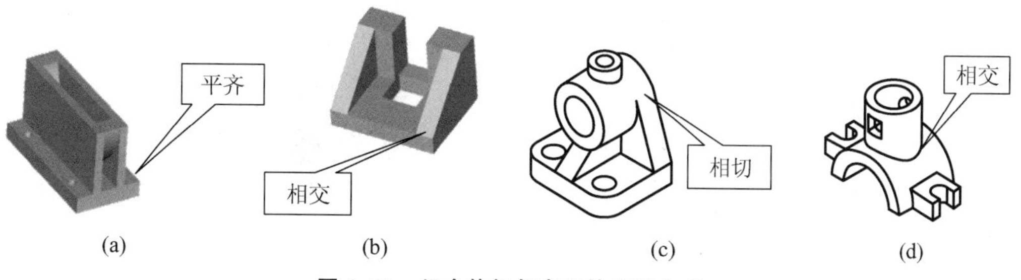

图 4. 74　组合体相邻表面的连接方式

（1）两形体叠合时的表面平齐的情况，如图 4.75 所示。

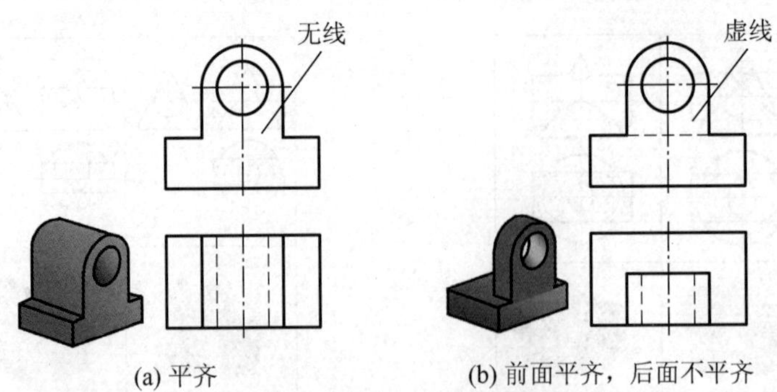

(a) 平齐　　(b) 前面平齐，后面不平齐

图 4.75　两形体叠合时表面平齐

（2）两形体表面相切时，相切处无线，如图 4.76 所示。

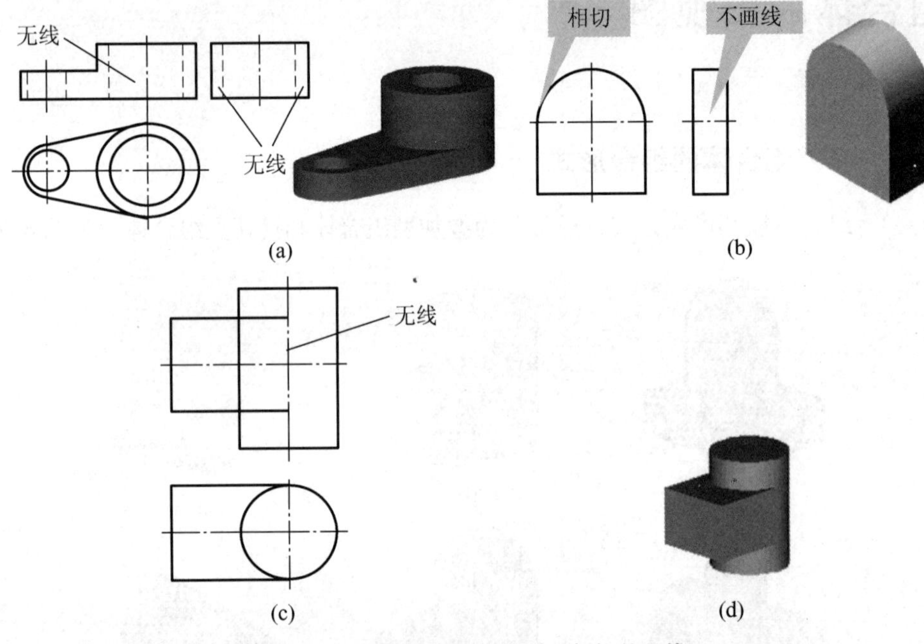

(a)　(b)　(c)　(d)

图 4.76　两形体表面相切时，相切处无线

（3）两形体相交时，在相交处应画出交线，如图 4.77 所示。

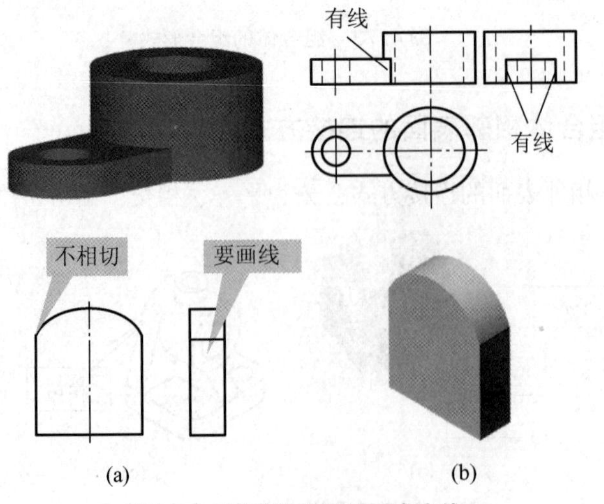

(a)　(b)

图 4.77　两形体相交时画出交线

形体邻接表面产生交线的情况，如图 4.78 所示。

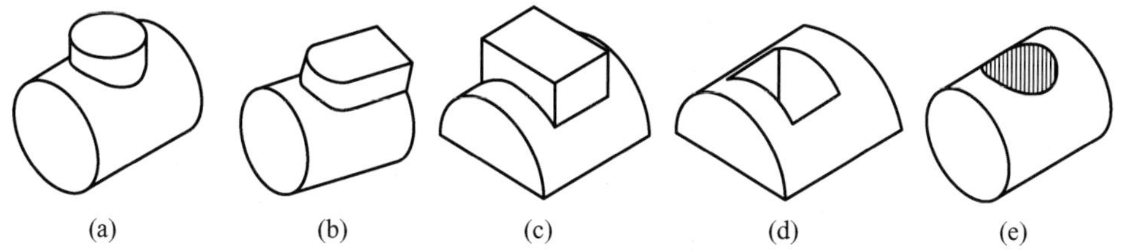

图 4.78 形体邻接表面产生交线

圆柱表面交线的情况，如图 4.79 所示。

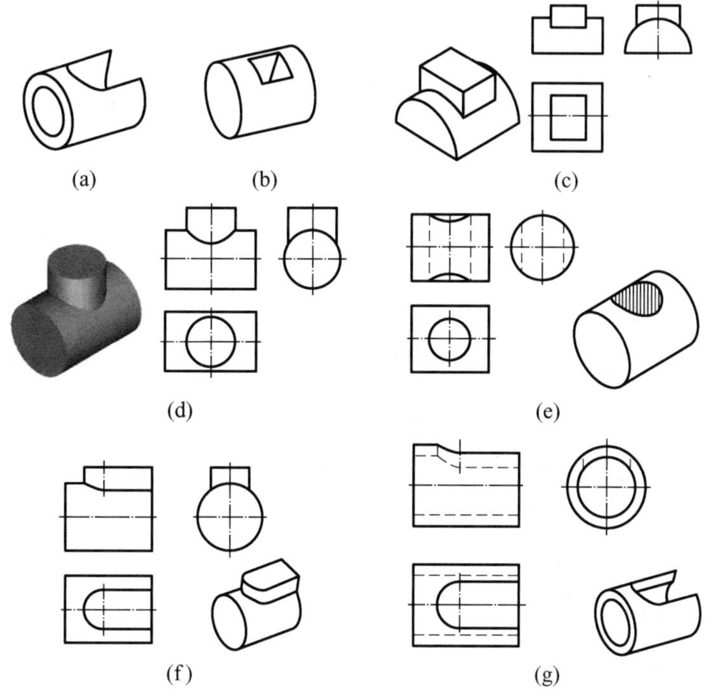

图 4.79 圆柱表面交线

交线情况举例，如图 4.80 所示。

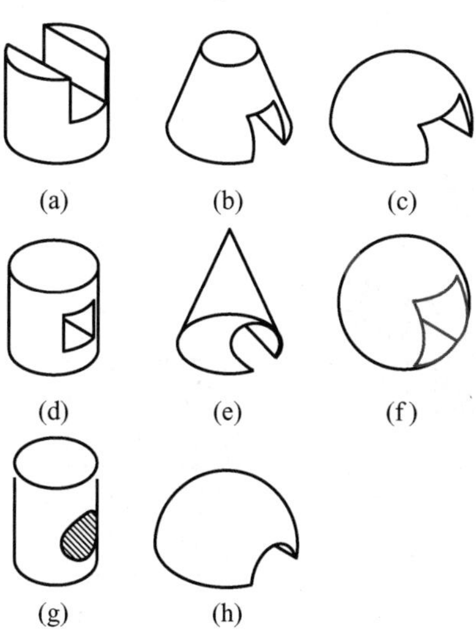

图 4.80 交线情况举例

[例 4－22] 圆柱、锥台、圆球切方孔情况，如图 4.81 所示。

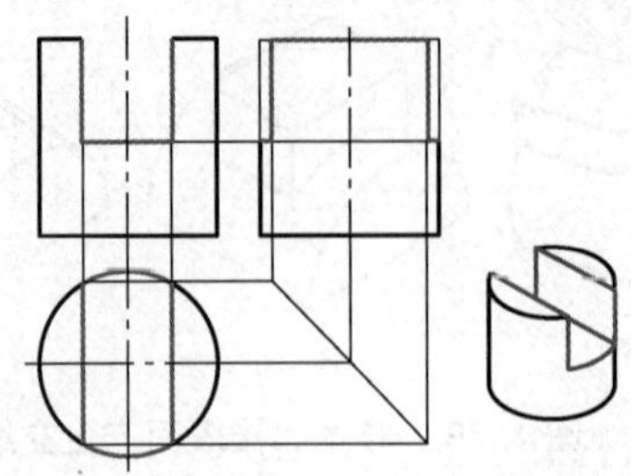

(a) 圆柱切方孔的投影

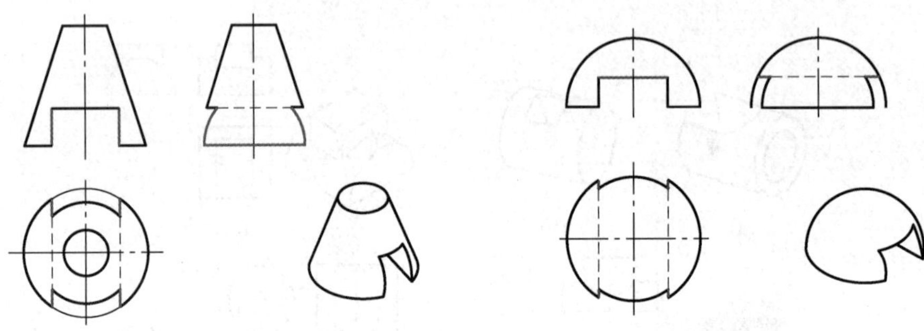

(b) 圆锥台切方孔的投影图　　(c) 半圆球切方孔的投影

图 4.81　圆柱、锥台、圆球切方孔情况

4.6.3　画组合体视图的方法与步骤

（1）进行形体分析。

（2）确定主视图。

（3）选比例、定图幅。

（4）布图、画基准线。

（5）逐个画出各形体三视图。

（6）检查、描深。

[例 4－23] 画出下面组合体的三视图（图 4.82）。

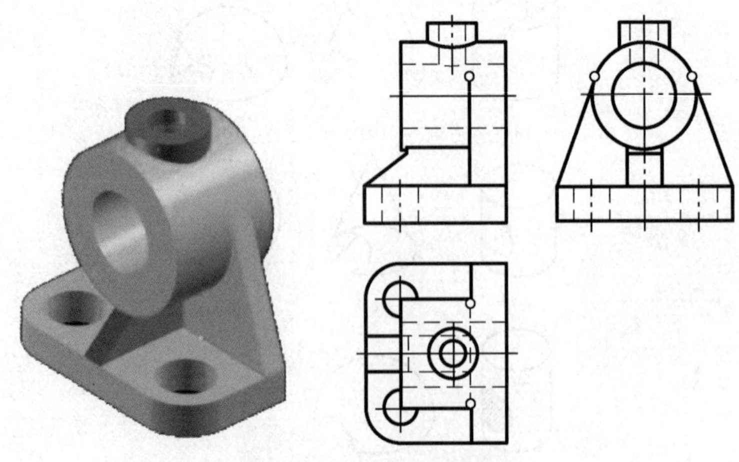

图 4.82　组合体的三视图

［例4－24］　由立体轴测图画三视图（图4.83）。

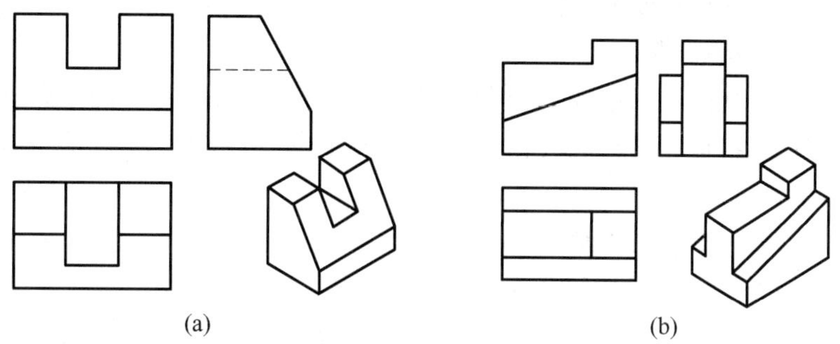

图4.83　由立体轴测图画三视图

4.6.4　读组合体的视图

读图就是根据视图想象立体的空间形状。

1. 读图需要准备的基础知识

（1）要熟悉线、面、基本形体的投影特点。

（2）要掌握常见组合体的投影特点。

2. 读图的基本要领

（1）要将几个视图联系起来看。

（2）要善于构思物体的空间形状。

（3）要找出特征视图。

（4）要弄清视图中“图线”“线框”的含义

联系的方法就是：长对正、高平齐、宽相等，如图4.84所示。

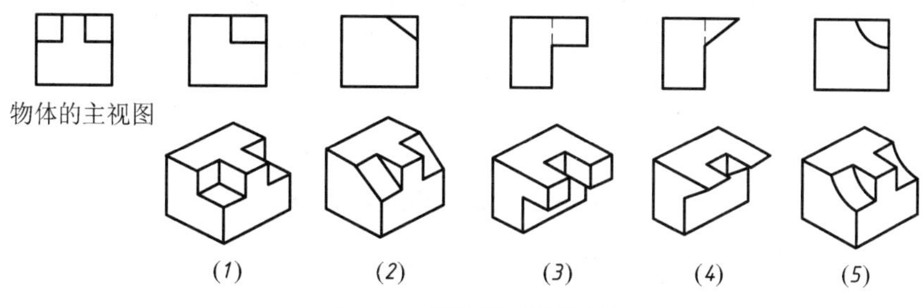

图4.84　视图对应地读图

3. 读图的方法和步骤

1）读图的方法

（1）形体分析法：形体分析法是看组合体视图的基本方法。把比较复杂的视图，按线框分成几个部分，运用三视图的投影规律，分别想象各形体的形状及相互连接方式，最后综合起来想象出整体。

（2）线面分析法：运用线、面的投影规律，分析视图中图线和线框所代表的意义和相互位置，从而看懂视图的方法，称为线面分析法。这种方法主要用来分析视图中的局部复杂投影。

看图时要注意物体上投影面平行面的投影具有实形性和积聚性，投影面垂直线的投影具有实长性和积聚性，投影面垂直面和一般位置面的投影具有类似性。

看视图抓特征形体分析法

2）读图的步骤

（1）看视图：以主视图为主，配合其他视图，进行初步的投影分析和空间分析。

（2）抓特征：找出反映物体特征较多的视图，在较短的时间里，对物体有大概的了解。

（3）分解形体对投影

① 分解形体：参照特征视图，分解形体。

② 对投影：利用“三等”关系，找出每一部分的三个投影，想象出它们的形状。

（4）综合起来想整体：在看懂每部分形体的基础上，进一步分析它们之间的组合方式和相对位置关系，从而想象出整体的形状。

（5）面形分析攻难点：一般情况下，形体清晰的零件，用上述形体分析方法看图就可以解决。但对于一些较复杂的零件，特别是由切割体组成的零件，单用形体分析法还不够，需采用面形分析法。

4. 组合体读图举例

1）叠加式组合体（图4.85）

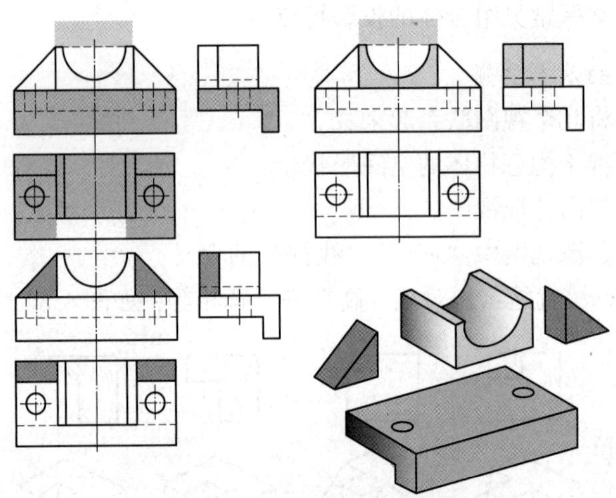

图4.85　叠加式组合体三视图

2）切割式组合体读图举例（图4.86）

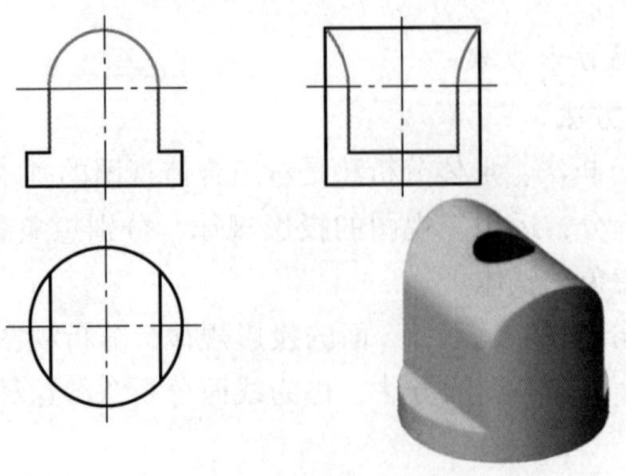

图4.86　切割式组合体三视图

4.7　组合体的尺寸标注

4.7.1　组合体尺寸标注的基本要求

（1）尺寸表主要完整，要能完全确定出物体的形状和大小，不遗漏，不重复。

（2）尺寸标注符合国家标准的规定，即严格遵守国家标准（GB/T 16675.2—1996）《机械制图》的规定。

（3）尺寸标注要合理，安排要清晰。

4.7.2　组合体尺寸分类和尺寸基准

1. 尺寸分类

进行形体分析，将组合体分解为若干个基本体和简单体，在形体分析的基础上标注三类尺寸。

（1）定形尺寸：确定各基本体形状和大小的尺寸。

（2）定位尺寸：确定各基本体之间相对位置的尺寸。

（3）总体尺寸：零件长、宽、高三个方向的最大尺寸。

2. 尺寸基准

要标注定位尺寸，必须先选定尺寸基准。产品有长、宽、高三个方向的尺寸，每个方向至少要有一个基准。通常以产品的底面、端面、对称面和轴线作为基准，如图4.87所示。

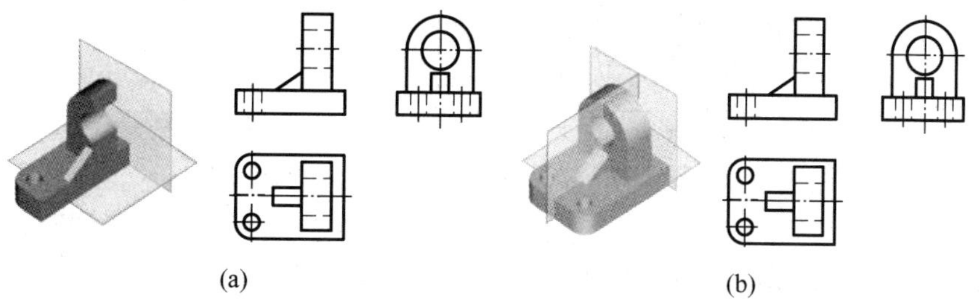

图4.87　尺寸基准

常见形体的定位尺寸标注，如图4.88所示。

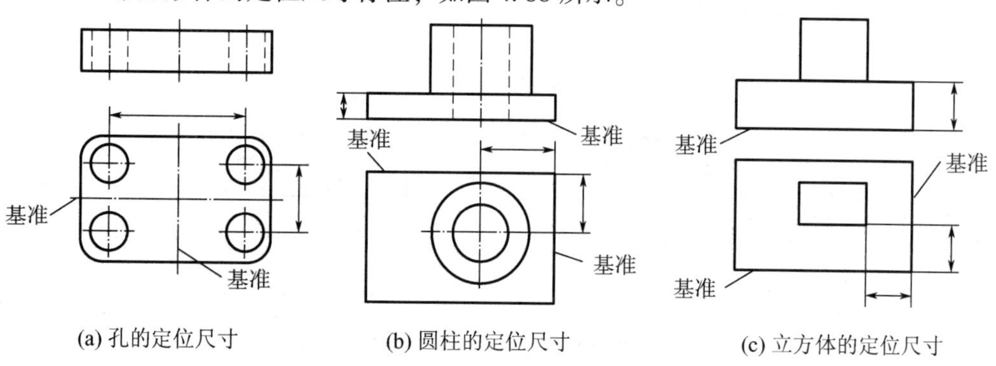

图4.88　常见形体的定位尺寸标准

4.7.3 组合体尺寸标注规则

(1) 组合体端面是回转面时，总体尺寸标至回转面轴线。

(2) 总体尺寸、定位尺寸、定形尺寸可能重合，这时需作调整，以免出现多余尺寸。

(3) 不应出现封闭尺寸链。

4.7.4 常见板状组合体的尺寸标注

常见板状组合体的尺寸标注，如图 4.89 所示。

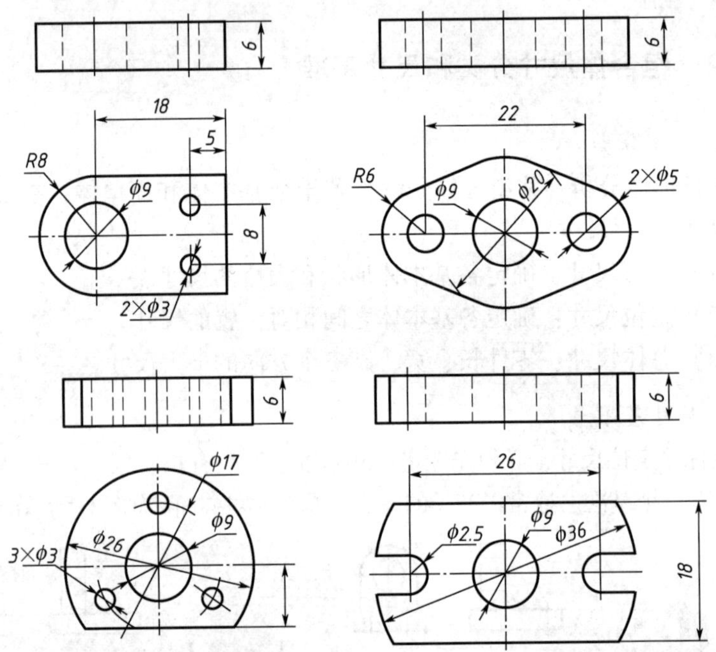

图 4.89 常见板状组合体的尺寸标注

4.7.5 标注尺寸应注意的问题

(1) 尺寸应该尽可能标注在轮廓线外面，应该尽量避免在虚线上标注尺寸。图 4.90 (a) 所示尺寸标注正确，图 4.90(b) 所示尺寸标注错误。

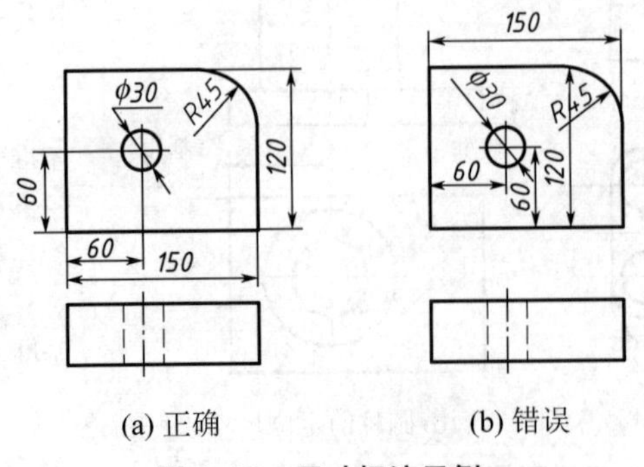

(a) 正确　　(b) 错误

图 4.90 尺寸标注示例

(2) 交线上不应标注尺寸，如图4.91所示。

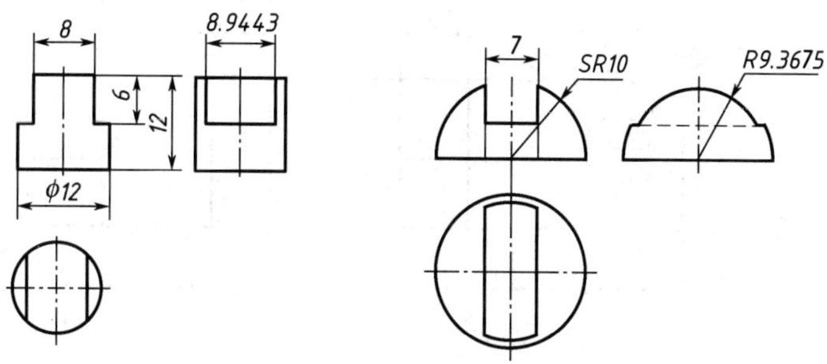

图4.91　交线上不标注尺寸

(3) 同一形体的尺寸应该尽量集中标注在反应形体特征的视图，如图4.92所示。

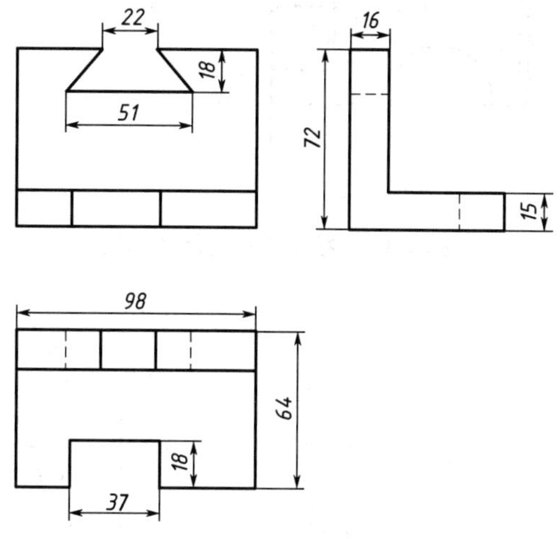

图4.92　同一形体的尺寸标注

(4) 同轴回转体的直径，应尽量标注在非圆视图上，如图4.93所示。

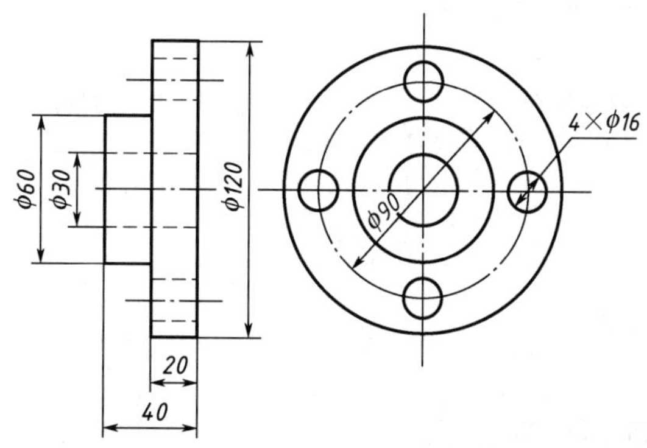

图4.93　同轴回转体的直径标注

(5) 相互平行的尺寸，要使小尺寸靠近图形，大尺寸依次向外排列，避免尺寸线和尺寸线或尺寸界线相交，如图4.94所示。

(6) 同一个方向上连续标注的几个尺寸应该尽量配置在少数几条线上，避免标注封闭尺寸，如图4.95所示。

(7) 内形尺寸与外形尺寸最好分别注在视图的两侧，如图4.96所示。

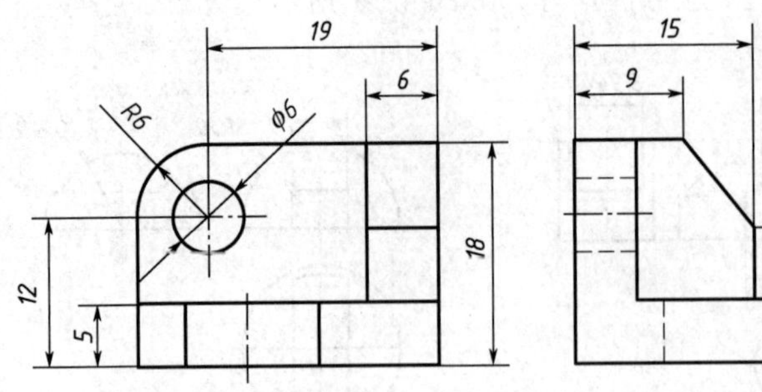

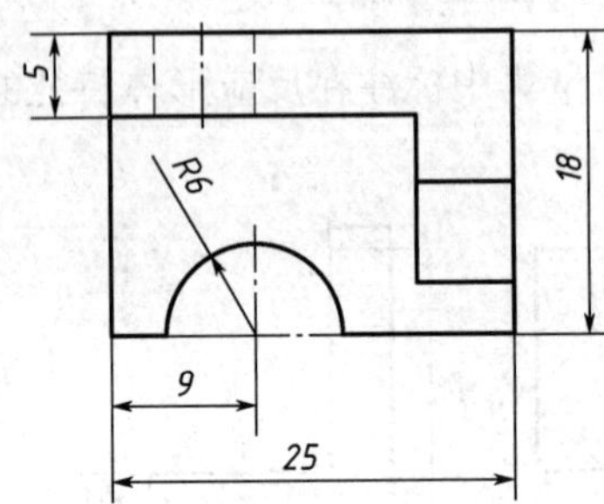

图 4. 94　相互平行的尺寸标注

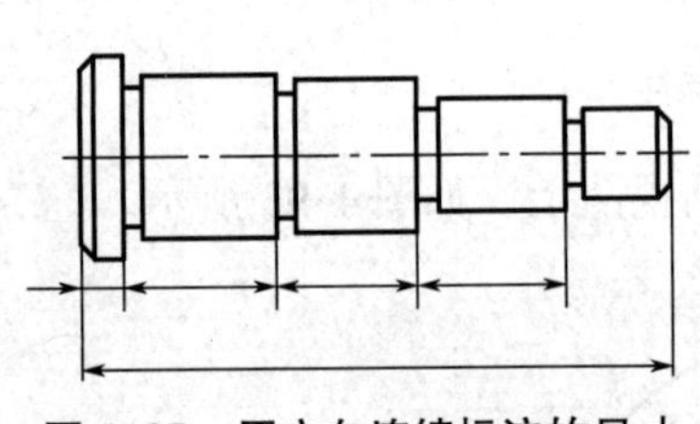

图 4. 95　同方向连续标注的尺寸

图 4. 96　内形尺寸与外形尺寸的标注在视图两侧

习　题

一、填空题

1. 组合体尺寸分成三类包括________、________和________。

2. 三视图的投影规律是长________、宽________、高________。

3. 截交线具有________和________的特点。

二、选择题

1. 求相贯线的方法比较多，包括（　　）。

A. 平面取点法　　B. 辅助平面法　　C. 辅助球面法　　D. 经纬法

2. 组合体的组合形式有（　　）。

A. 叠加法　　B. 挖切法　　C. 融合法　　D. 混合法

3. 平面与立体相交时，截交线上有一些特殊点包括（　　）。

A. 极限点　　B. 转向点　　C. 特征点　　D. 结合点

三、思考题

1. 请论述截交线的性质。
2. 说明画组合体三视图的方法和步骤。
3. 分析选择尺寸基准的基本要求。
4. 说明组合体尺寸标注的基本要求。

四、根据投影关系，将图 4. 97 及图 4. 98 中的主视图、俯视图和侧视图对应起来。

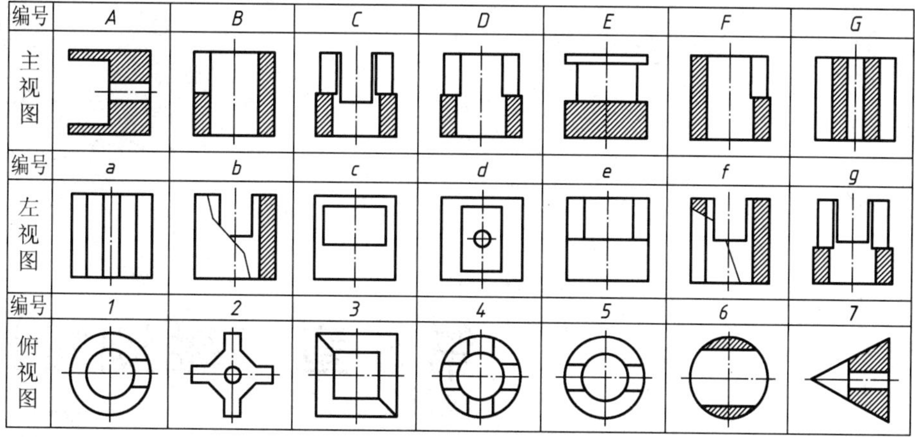

图 4. 97

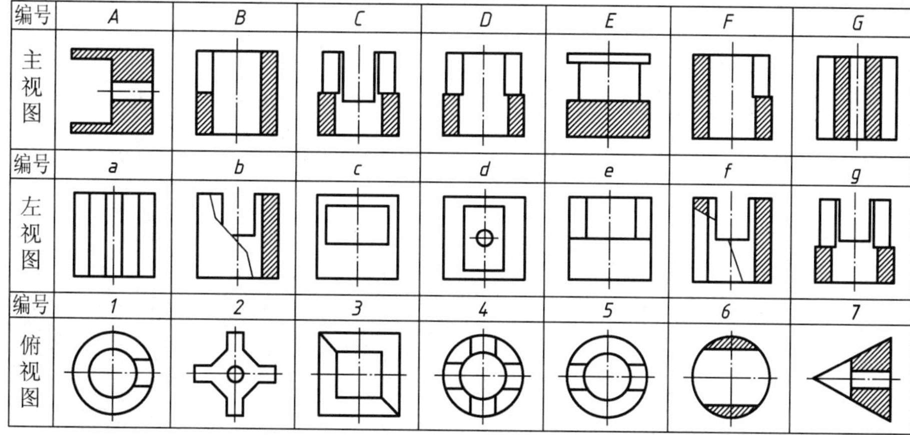

图 4. 98

第 5 章　轴测投影图

教学目标

◆ 理解轴测图的概念。
◆ 掌握正等轴测图的画法。
◆ 掌握斜二等轴测图的画法。
◆ 了解轴测图在实际中的应用。

教学要求

知识要点	能力要求	相关知识
轴测图的基本概念	(1)了解轴测图的形成 (2)掌握轴测图的分类 (3)掌握轴测图的投影特性	轴测轴 轴间角 轴向伸缩系数
正等轴测图画法	(1)了解正等轴测图的轴间角和轴向伸缩系数 (2)掌握平面立体的正等轴测图画法 (3)掌握回转体的正等轴测图画法 (4)掌握组合体的正等轴测图画法	坐标法、切割法、叠加法 圆的正等轴测图画法 圆角的正等轴测图画法
斜二等轴测图画法	(1)了解斜二等轴测图的轴间角和轴向伸缩系数 (2)掌握斜二等轴测图的画法	
轴测图的实际应用	(1)了解轴测图的实际应用	

基本概念

◆ 轴测图：将物体连同其参考直角坐标系，沿不平行于任一坐标面的方向，用平行投影法将其投射在单一投影面上所得到的图形。

◆ 轴测轴：坐标轴在轴测投影面上的投影称为轴测投影轴，简称轴测轴。

◆ 轴间角：每两根轴测轴之间的夹角，称为轴间角。

◆ 轴向伸缩系数：直角坐标轴上单位长度的轴测投影长度与对应直角坐标轴上单位长度之比，称为轴向伸缩系数。

引例

厨房橱柜设计轴测图

许多产品的图样采用轴测图的形式绘制，既能作图方便快捷，也能让生产者或者客户直接看到产品的立体形态，直观易懂。甚至在生活中的家具如橱柜都用轴测图表达，让客户直接看到厨房的布置形式，方便交流。轴测图成为现代作图的一种常用手法，也是专利申请的作图方法之一。

轴测图是一种单面投影图，在一个投影面上能同时反映出物体三个坐标面的形状，并接近于人们的视觉习惯，形象、逼真、富有立体感。但是轴测图一般不能反映出物体各表面的实形，因而度量性差，同时作图较复杂。因此，在工程上常把轴测图作为辅助图样，来说明机器的结构、安装、使用等情况。在设计中，用轴测图帮助构思、想象物体的形状，以弥补正投影图的不足。

5.1 轴测图的基本概念

5.1.1 轴测图的形成

轴测图是将物体连同其参考直角坐标系，沿不平行于任一坐标面的方向，用平行投影法将其投射在单一投影面上所得到的图形。它同时反应出物体长、宽、高三个方向的尺度，富有立体感，但不能反应物体的真实大小，度量性差。

轴测图的形成一般有两种形式，一种是改变物体相对于投影面的位置，而投射线仍垂直于投影面，所得到轴测图称为正轴测图；另一种是改变投射线使其倾斜于投影面，而不改变物体对投影面的相对位置，所得投影图为斜轴测图。

如图5.1所示，改变物体相对于投影面的位置后，用正投影法在P面上作出物体及其参考直角坐标系的平面投影，得到一个能同时反映物体长、宽、高三个方向的富有立体感的轴测图。其中P平面称为轴测投影面；坐标轴OX、OY、OZ在轴测投影面上的投影O_1X_1、O_1Y_1、O_1Z_1称为轴测投影轴，简称轴测轴；每两根轴测轴之间的夹角$\angle X_1O_1Y_1$、$\angle X_1O_1Z_1$、$\angle Y_1O_1Z_1$称为轴间角；直角坐标轴上单位长度的轴测投影长度与对应直角坐标轴上单位长度之比，称为轴向伸缩系数。X、Y、Z方向的轴向伸缩系数分别用p、q、r表示。

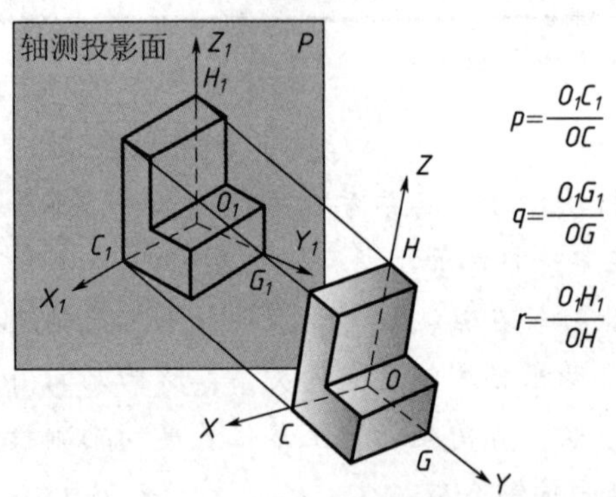

图5.1 轴测图的概念

5.1.2 轴测图的分类

根据投射线的方向，轴测图分为两类：正轴测图和斜轴测图。根据轴向伸缩系数不同，每一类轴测图可以分为三类：三个轴向系数相等，称为等测轴测图；只有两个轴向伸缩系数相等的，称为二测轴测图；三个轴向伸缩系数均不等的，称为三测轴测图。以上得到六种轴测图：正等测、正二测、正三测、斜等测、斜二测、斜三测。工程上使用较多的是正等测轴测图和斜二测轴测图。

5.1.3 轴测图的投影特性

(1) 两线段平行，它们的轴测投影也平行。

(2) 两平行线段的轴测投影长度与空间长度的比值相等。

凡是与坐标轴平行的线段，就可以在轴测图上沿轴向进行度量和作图，这就是轴测的含义。注意：与坐标轴不平行的线段其伸缩系数与之不同，不能直接度量与绘制，只能根据端点坐标，作出两端点后连线绘制。

5.2 正等轴测图的画法

5.2.1 轴间角和轴向伸缩系数

在正投影的情况下，当 $p=q=r$ 时，三个坐标轴与轴测投影面倾角相等，均为 35°16′。轴间角均为 120°，三个轴向伸缩系数为：$p=q=r=\cos35°16'\approx0.82$。如图 5.2 所示，在实际画图时，为了作图方便，一般将 O_1Z_1 轴取代为铅垂位置。各轴向伸缩系数采用简化系数 $p=q=r=1$。这样沿各轴向长度都被放大了 $1/0.82\approx1.22$ 倍。轴测图也就比实际物体大，但对形状没有影响。

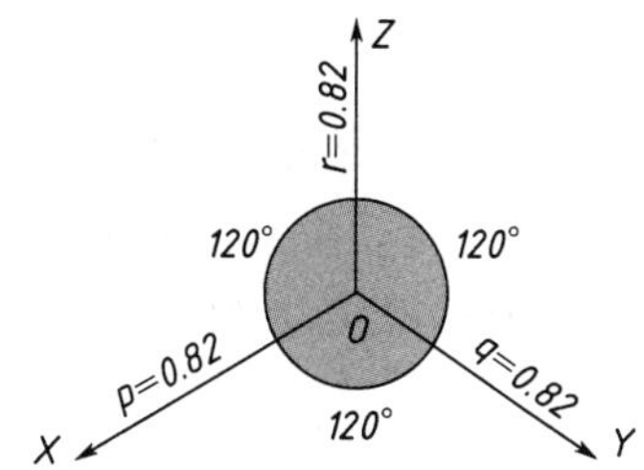

图 5.2 正等轴测图的轴间角和轴向伸缩系数

5.2.2 平面立体的正等轴测图

画平面立体正等轴测图的方法有坐标法、切割法和叠加法三种。

1. 坐标法

使用坐标法时，先在视图上选定一个合适的直角坐标系 $OXYZ$ 作为度量基准，然后根据物体上每一点的坐标，定出它的轴测投影。

[**例 5-1**] 画正六棱柱的正等轴测图，如图 5.3 所示。

首先将直角坐标系原点 O 放在顶面的中心位置，并确定坐标轴；再作轴测轴，并在其上采用坐标量取的方法，得到顶面各点的轴测投影；接着从顶面各点沿 Z 轴方向向下量取 h 高度，得到底面的对应点；分别连接底面各点；再用粗实线画出物体的可见轮廓，即得到六棱柱的轴测投影。在轴测图中，为了使图形明确，通常不画物体的不可见轮廓。

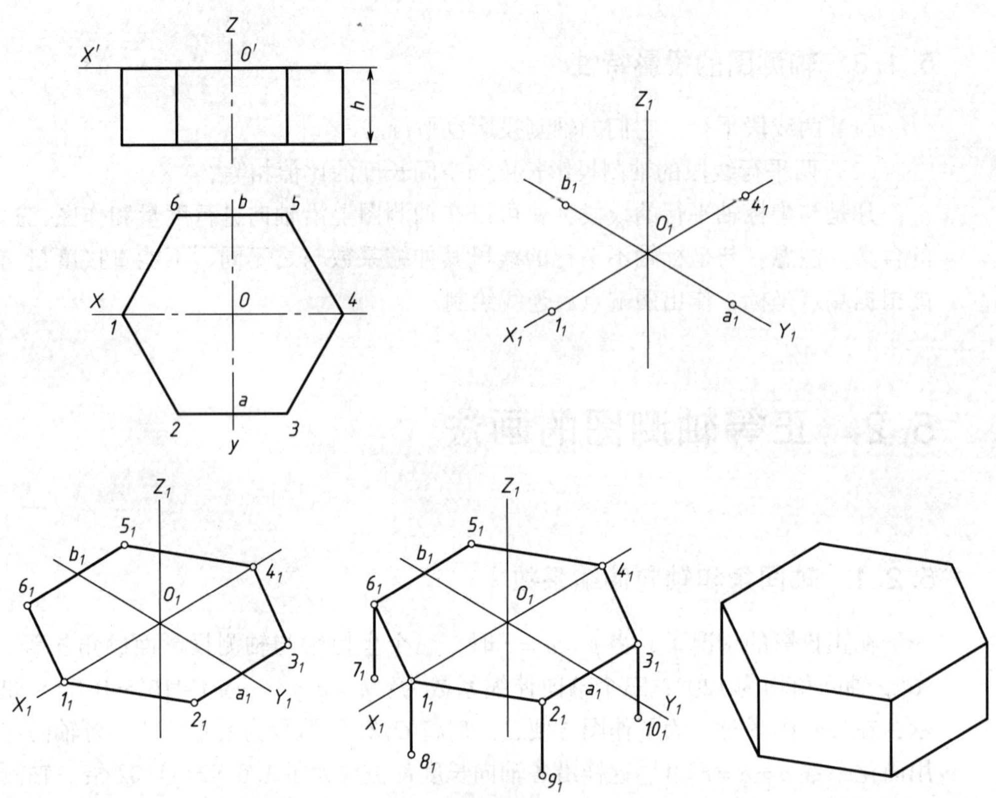

图 5.3　坐标法画正等轴测图

2. 切割法

切割法又称方箱法，适用于画由长方体切割而成的轴测图，它是以坐标法为基础，先用坐标法画出完整的长方体，然后按形体分析法逐块切去多余部分。

[例 5-2]　画出图 5.4 所示垫块三视图的正等轴测图。

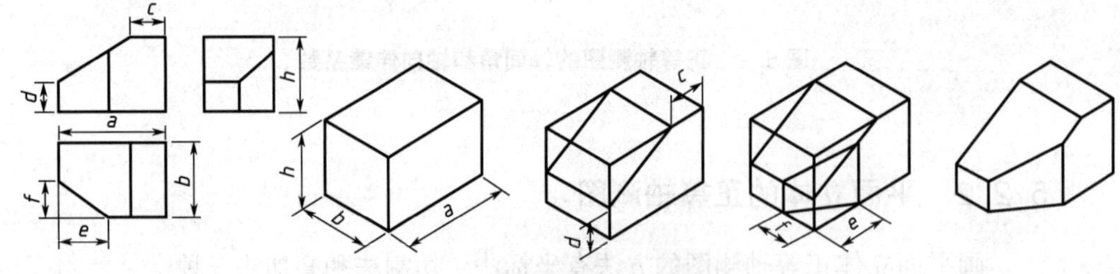

图 5.4　切割法画正等轴测图

首先，根据尺寸画出完整的长方体，再用切割法分别切去左上方的三棱柱、左前方的三棱柱；最后擦去作图线，描深可见部分即得到垫块的轴测投影。

3. 叠加法

叠加法是先将物体分成几个简单的组成部分，再将各部分的轴测图按照它们之间的相对位置叠加起来，并画出各表面之间的连接关系，最终得到物体轴测图的方法。

[例 5-3]　画出物体三视图的正等轴测图，如图 5.5 所示。

首先，用形体分析法将物体分解为底板 *I*、竖板 *II* 和肋板 *III* 三部分；再分别画出各部分的轴测投影图，擦去作图线，描深后即得到物体的正等轴测图。

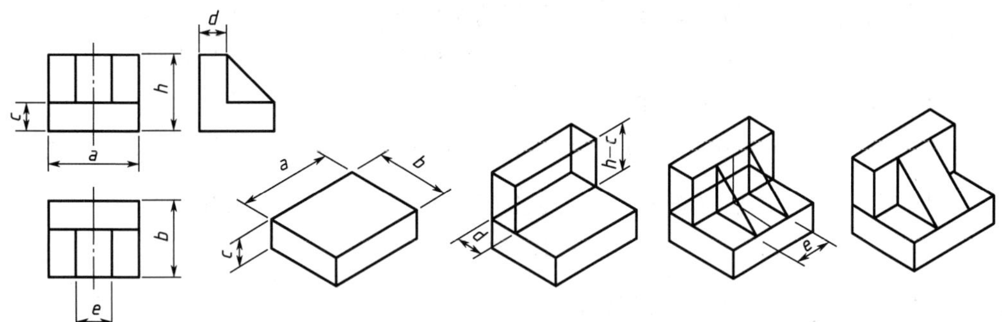

图 5.5　叠加法画正等轴测图

5.2.3　回转体的正等轴测图

1. 平行于坐标面圆的正等轴测图画法

常见的回转体有圆柱、圆锥、圆球、圆台等。在作回转体的轴测图时，首先要解决圆的轴测图画法。圆的正等轴测图是椭圆，三个坐标面或其平行面上圆的正等测图是大小相等、形状相同的椭圆，只是长短轴方向不同，如图 5.6 所示。在实际作图中，一般不要求准确地画出椭圆曲线，而经常采用“菱形法”进行近似作图，将椭圆用四段圆弧连接而成。

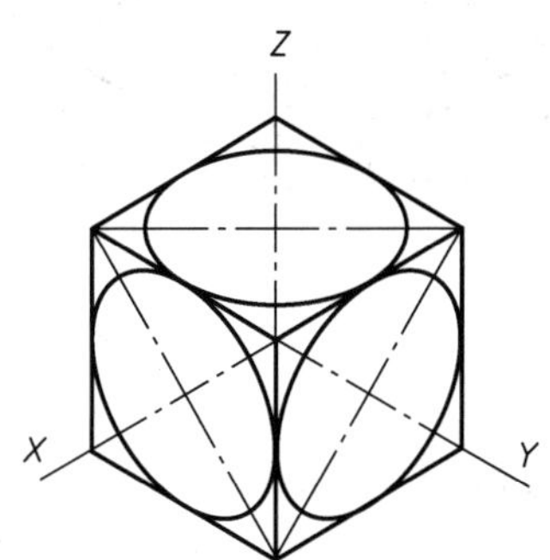

图 5.6　平行于坐标面圆的正等轴测图

[例 5－4]　画水平面上圆的正等轴测图，如图 5.7 所示。

(1) 通过圆心 O 作坐标轴 OX 和 OY，再作圆的外切正方形，切点为 1、2、3、4。

(2) 作轴测轴 O_1X_1、O_1Y_1，从点 O_1 沿轴向量得切点 1_1、2_1、3_1、4_1，过这四点作轴

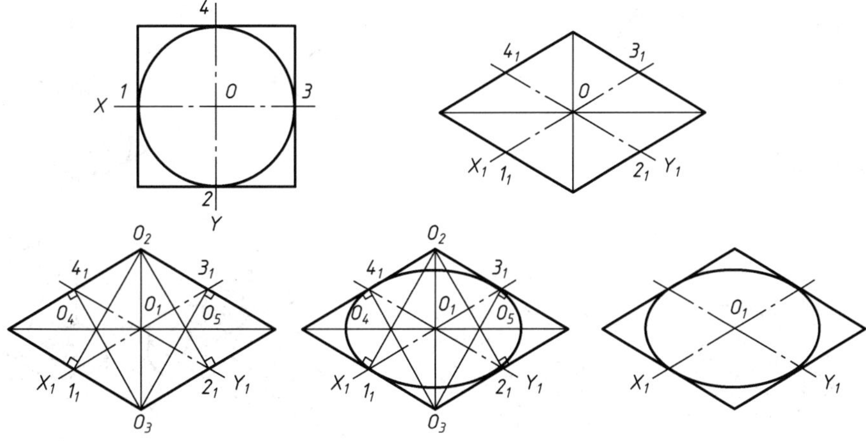

图 5.7　菱形法求近似椭圆

测轴的平行线，得到菱形，并作菱形的对角线。

（3）过 1_1、2_1、3_1、4_1 各点作菱形各边的垂线，在菱形的对角线上得到四个交点 O_2、O_3、O_4、O_5，这四个点就是代替椭圆弧的四段圆弧圆心。

（4）分别以 O_2、O_3 为圆心，O_21_1、O_33_1 为半径画圆弧 $\widehat{1_12_1}$、$\widehat{3_14_1}$，再以 O_4、O_5 为圆心，O_41_1、O_52_1 为半径画圆弧 $\widehat{2_13_1}$、$\widehat{1_14_1}$，即得到近似椭圆。

（5）加深四段圆弧，完成全图。

2. 圆角的正等轴测图画法

在产品设计中，经常遇到四分之一圆柱面形成的圆角轮廓，画图时需要画出由四分之一圆周组成的圆弧，这些圆弧在轴测图上正好是近似椭圆的四段圆弧中的一段。因此，这个圆角画法可由菱形法画椭圆演变而来。

［**例 5-5**］ 根据已知圆角半径 R，找出切点 1_1、2_1、3_1、4_1，过切点作切线的垂线，两垂线的交点即为圆心。以此圆心到切点的距离为半径画圆弧，即得圆角的正等轴测图。顶面画好后，采用移心法将 O_1、O_2 向下移动 h，即得下底两圆弧的圆心 O_3、O_4。画弧后描深即完成全图，如图 5.8 所示。

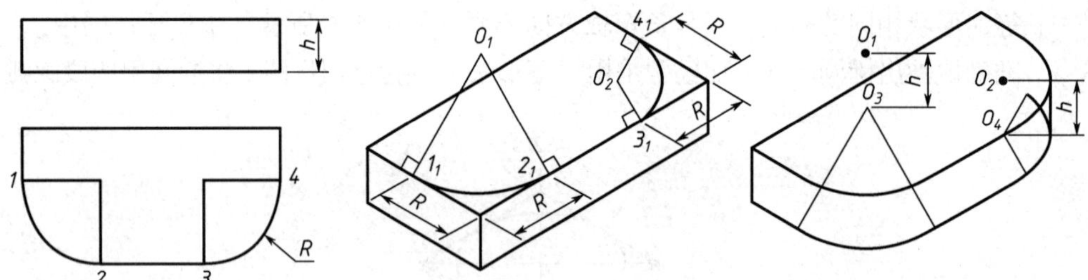

图 5.8 圆角的正等轴测图

5.2.4 组合体的正等轴测图的画法

组合体是由若干个基本形体叠加、切割、相切或相贯连接组合而成。因此，在画正等测时，应先用形体分析法，分析组合体的组成部分、连接形式和相对位置，然后逐个画出各组成部分的正等轴测图，最后按照它们的连接形式，完成全图。

［**例 5-6**］ 画出所示组合体的正等轴测图，如图 5.9 所示。

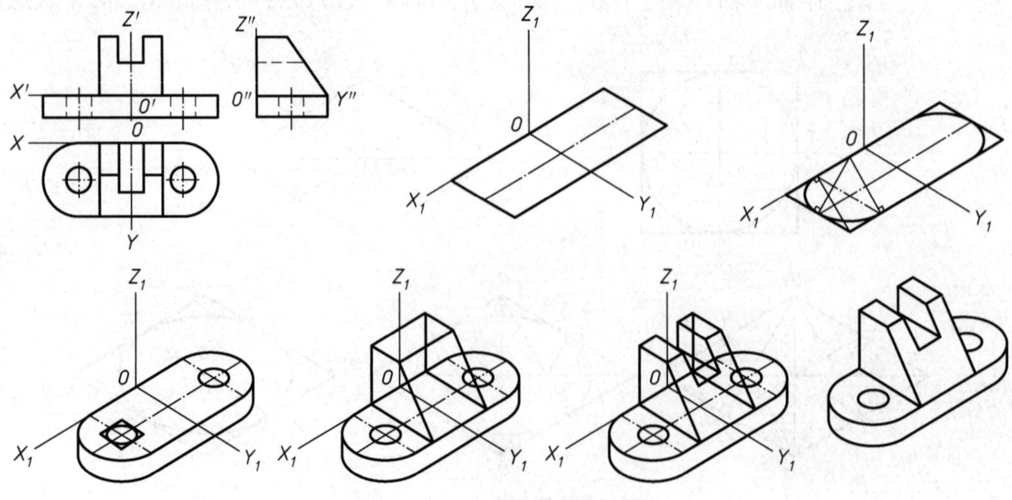

图 5.9 组合体的正等轴测图

5.3　斜二等轴测图画法

5.3.1　轴间角和轴向伸缩系数

由于空间的坐标轴与轴测投影面的相对位置不同，投影线对轴测投影面倾斜角度也可以不同，所以斜轴测投影可以有许多种。最常采用的斜轴测图是使物体的 XOZ 坐标面平行于轴测投影面，称为正面斜轴测图。

在斜二等轴测图中，如图5.10所示，轴测轴 X_1 和 Z_1 仍为水平方向和铅垂方向，即轴间角 $\angle X_1O_1Z_1 = 90°$，物体上平行于坐标面 XOZ 的平面图形都能反应实形，轴向伸缩系数 $p = r = 2q = 1$。为了作图简便，并使斜二等轴测图立体感增强，通常取轴间角 $\angle X_1O_1Y_1 = \angle Y_1O_1Z_1 = 135°$。由于斜二等轴测图能如实表达物体正面形状，因而它适合表达某一方向的复杂形状或只有一个方向圆的物体。

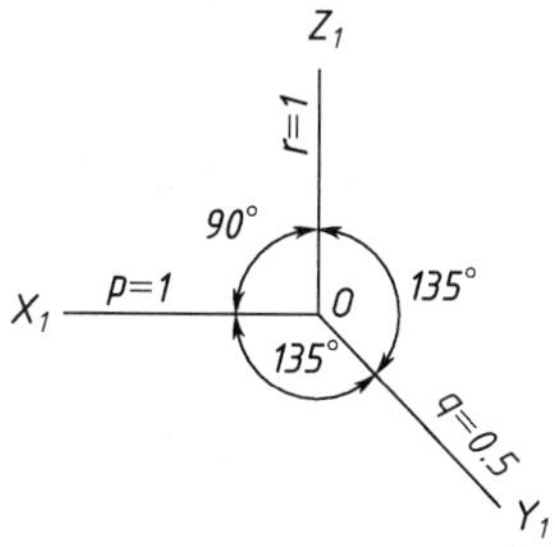

图5.10　斜二等轴测图的轴间角和轴向伸缩系数

［**例5－7**］　画出图5.11所示零件的斜二等轴测图。

零件上平行于 XOZ 面的图形都是同心圆，其他面图形很简单，所以采用斜二等轴测图。作图时，先进行形体分析确定坐标轴；再作轴测轴，并在 Y_1 轴上根据 $q = 0.5$ 定出各圆的圆心位置 O_1、A_1、B_1；然后画出各个端面圆的投影、通孔的投影，并作圆的公切线；再用同样的方法做出四个小孔的投影；最后，擦去多余的图线，加深完成。

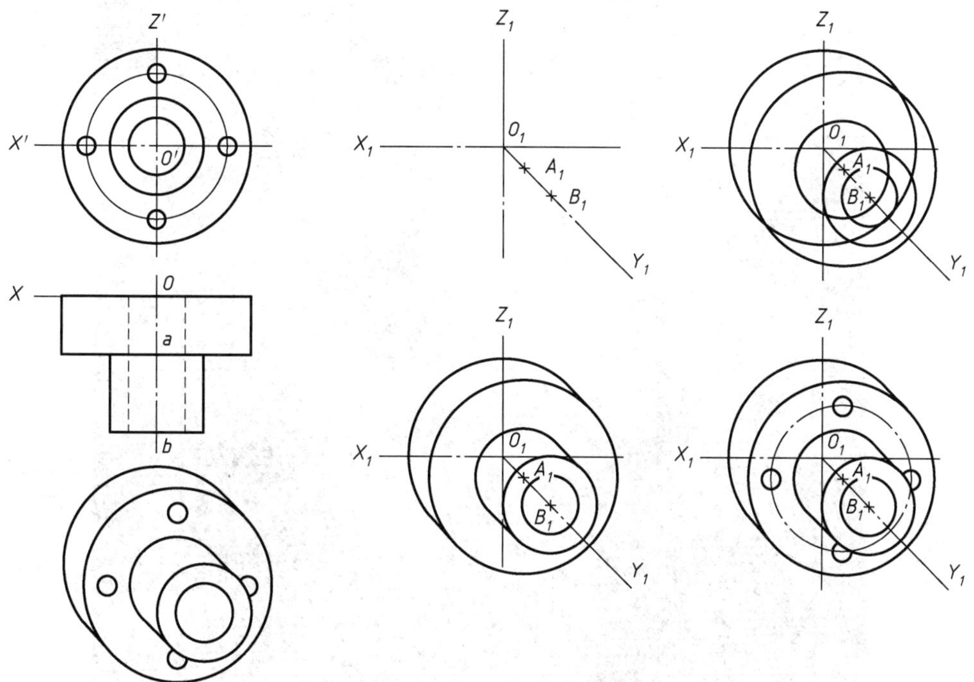

图5.11　零件的斜二等轴测图

5.4　轴测图的实际应用

5.4.1　轴测图的实际应用

轴测图一般用于产品和建筑的表现，应用实例如图 5.12 ~ 图 5.14 所示。

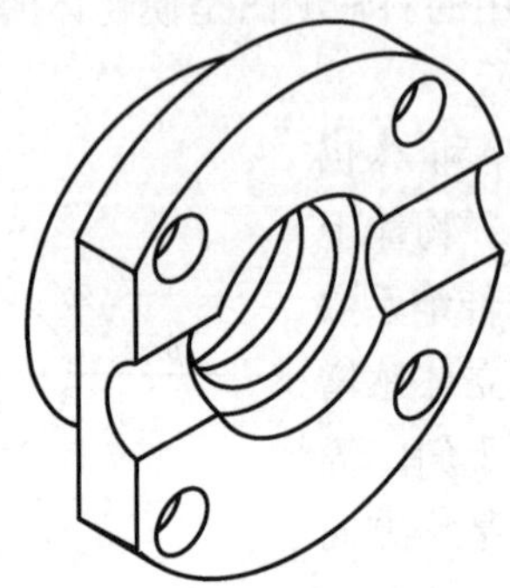

图 5.12　零件轴测图

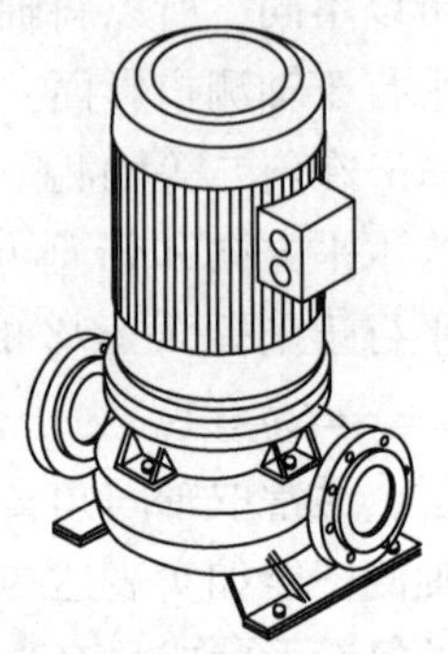

图 5.13　单级离心立式泵轴测图

图 5.14　室内设计轴测图

习　　题

一、填空题

1. 正等轴测图的轴间角是________；斜二等轴测图的轴间角是________。

2. 轴测图的形成一般有两种形式，一种是改变物体相对于投影面的位置，而投射线任垂直于投影面，所得到轴测图称为________；另一种是改变投射线使其倾斜于投影面，而不改变物体对投影面的相对位置，所得投影图为________。

二、问答题

1. 轴测投影图与正投影图各有什么优缺点？

2. 什么是正等轴测图？它们的轴间角和轴向伸缩系数各是多少？它们的简化系数是多少？

3. 什么是斜二等轴测图？它们的轴间角和轴向伸缩系数各是多少？什么情况下适合采用斜二等轴测图？

4. 在正等轴测图中怎样用近似画法画椭圆？

5. 在画正等轴测图时，圆角的作图可以采用什么有效方法？

三、作图题

1. 根据图 5. 15 所示物体的视图画出其正等轴测图。

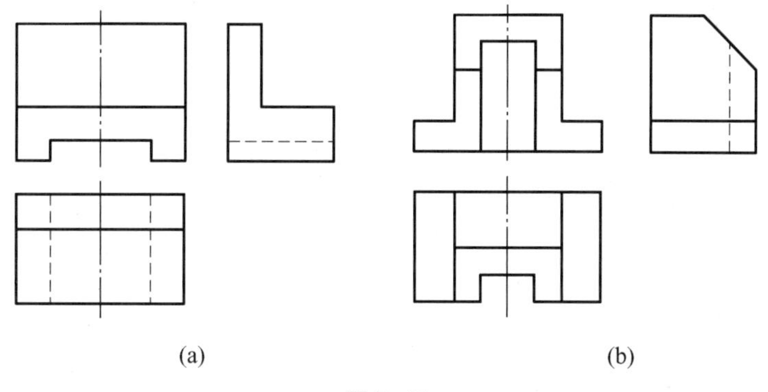

(a)　　(b)

图 5. 15

2. 根据图 5. 16 所示物体的视图画出其斜二等轴测图。

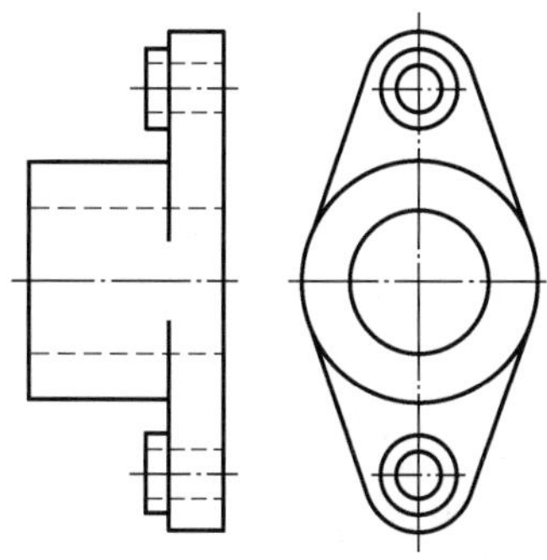

图 5. 16

第 6 章　立体的表面展开与包装展开

教学目标

◆ 明确立体表面展开的概念及基本方法；
◆ 掌握立体表面展开图的画法；
◆ 掌握包装展开图的基本画法。

教学要求

知识要点	能力要求	相关知识
展开图	（1）掌握展开图的概念 （2）了解展开图的应用	展开图
立体表面的展开	（1）了解立体表面的展开方法 （2）掌握可展曲面与不可展曲面	简单几何立体的表面展开
包装展开图	（1）了解各种包装盒的展开 （2）掌握包装盒的展开画法	包装展开图

基本概念

◆ 展开图：将立体表面按实际大小，依次连续平摊在同一平面上，称为立体的表面展开。展开后得到的图形称为展开图。

◆ 可展曲面：立体的表面分为可展和不可展两种。平面立体的表面都是平的，是可展平面。曲面立体只有直纹面（即由直线运动所产生的曲面）的柱面、锥面和切线曲线是可展曲面。柱面、锥面及切线曲面属于单面，其上相邻两素线为相交或平行两直线，这相邻的两素线可构成一微平面，整个曲面由无数个微平面组成。其他都是不可展曲面。

◆ 不可展曲面：立体的表面不是平的，不能由相邻的素线构成一位平面，就是不可展曲面。例如球体就是不可展曲面。

引例

产品的包装盒

大多数产品都需要包装盒，精美的包装盒能使消费者产生购买产品的欲望，同时包装盒也能保护产品在运输和销售过程中不受损坏。产品是批量生产的，因此包装盒也要批量生产。在批量加工包装盒之前，要画出精确的包装盒的展开图，才能对包装材料精确下料，并裁剪加工。比如经常用到的婚礼喜糖的包装盒，喜糖的包装盒要用包装盒的造型来体现喜庆的心情，大多数都采用大红色的包装盒，设计师需要设计出包装盒的整体造型，然后画出包装盒的展开图，继而才能批量加工。喜糖的包装盒及展开图如图6.01所示。

在工业生产中，有一些零件或设备是由板材加工制成的，制造时需要先画出展开图，称为放样，然后下料成型，最后用咬合或焊接连接。

另外，很大一部分产品在销售过程中，需要设计特定的外包装，产品的包装是产品个性、功能和品质的重要体现。包装设计的基本内容——包装盒设计，也是展开设计的重要一环。展开图的绘制就是包装设计的一个基本内容。

展开图在造船、机械、电子、建筑、包装等行业广泛应用。

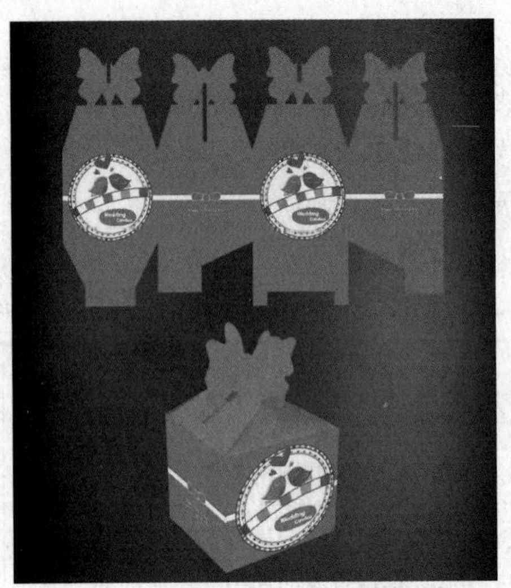

图 6.01 喜糖的包装盒及展开图

6.1 立体表面展开

将立体表面按实际大小，依次连续平摊在同一平面上，称为立体的表面展开。展开后得到的图形称为展开图。画立体表面展开图，就是通过图解法或计算法画出立体表面摊平后的图形。立体的表面，按其几何性质的不同，展开图的画法也不同。例如，把圆管看作圆柱面，就是圆柱的展开，如图 6.1 所示。

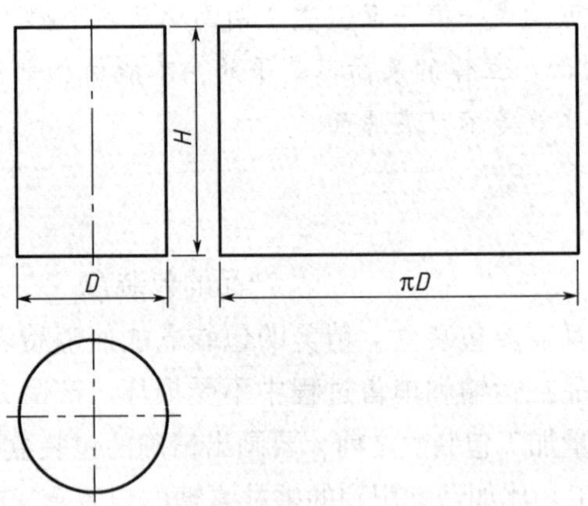

图 6.1 圆柱的两面投影和展开图

6.1.1 平面立体的表面展开

物体表面由若干个多边形组成，表面展开问题就是求得若干多边形平面的实形。例如，药品的包装盒和包装盒的展开图分别如图 6.2(a) 及图 6.2(b) 所示。

［**例 6-1**］ 画矩形渐缩管的展开图（图 6.3）。

矩形渐缩管的两面投影如图 6.3 所示。棱线延长后交于一点 S，形成四棱锥，可见此

(a) 平面立体图　　(b) 展开图

图 6.2　药品包装盒

渐缩管是四棱台。四凌锥的四条棱线真长相同，可用直角三角形法求实长。然后按已知边长作三角形，顺次作出各三角形棱面的真形，拼得四棱锥的展开图。截去延长的上端各棱面，就是渐缩管的展开图。

作展开图的步骤如下。

(1) 求棱线真长：以 sa 之长作水平线 OA_1。作铅垂线 OS_1，等于四棱锥之高 H，S_1A_1 即为棱线 SA 真长。在 OS_1 上，量渐缩管的高 H_1，并作水平线，与 S_1A_1 交于 E_1，则 S_1E_1 为延长的棱线真长。

(2) 作展开图：以棱线和底边的真长依次作出三角形 SAB、SBC、SCD、SDA，得四棱锥的展开图。再在各棱线上，截去延长的棱线的真长，得点 E、F、G、H、E，顺次连接，即得到这个矩形渐缩管的展开图，如图 6.3 所示。

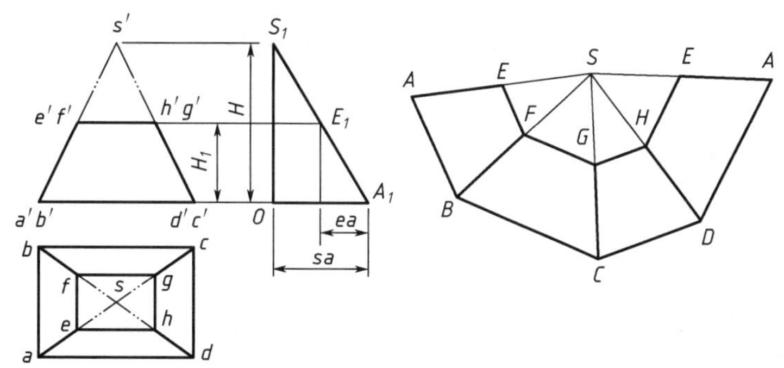

图 6.3　矩形渐缩管的投影图和展开图

[例 6－2]　画矩形吸气罩的展开图（图 6.4）。

矩形吸气罩的四条棱线的长度相等。但延长后不交于一点，因此，这个矩形吸气罩不是四棱台。

作展开图的步骤如下。

(1) 把前面和右边的梯形分成两个三角形。用直角三角形法求出 BD、BC、BE 的真长。

(2) 按已知边长拼花三角形，作出前面和右边的两个梯形。由于后面和左面两个梯

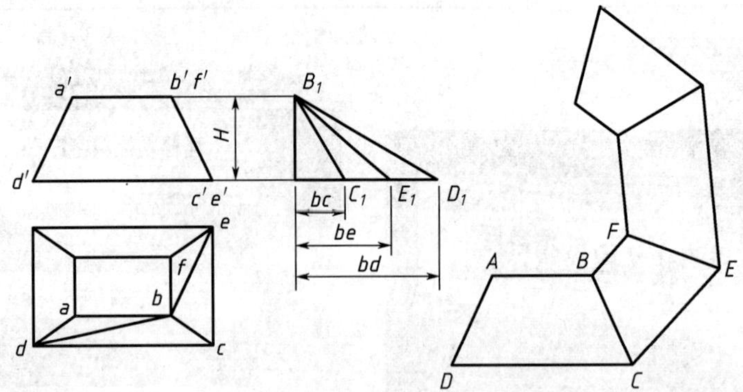

图 6.4　矩形吸气罩的投影图及展开图

形分别是它们的全等图形，同样作出，即得矩形吸气罩的展开图，如图 6.4 所示。

6.1.2　可展曲面展开

立体的表面分为可展和不可展两种。平面立体的表面都是平的，是可展平面。曲面立体只有直纹面（即由直线运动所产生的曲面）的柱面、锥面和切线曲线是可展曲面。柱面、锥面及切线曲面属于单面，其上相邻两素线为相交或平行两直线，这相邻的两素线可构成一微平面，整个曲面由无数个微平面组成。其他都是不可展曲面。

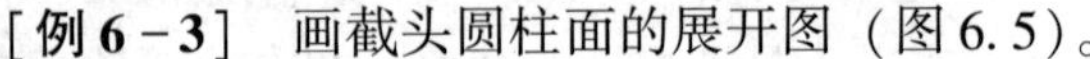

[**例 6-3**]　画截头圆柱面的展开图（图 6.5）。

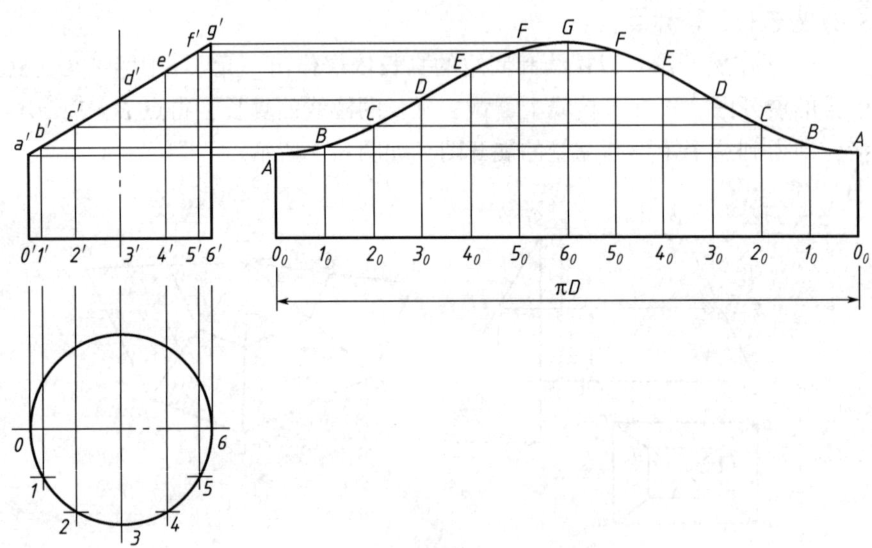

图 6.5　截头圆柱的两面投影图及展开图

（1）把底圆分成若干等份（如 12 等分），并作出相应素线的正面投影。如：$1b'$、$2c'$、…$5f'$。

（2）展开底圆得到一水平线，长度为 πD。在水平线上，从 O_0 起按分段数目计算各分段长度，量得 1_0、2_0、…点。由各点 O_0、1_0、2_0、…作铅垂线，在其上量取各素线真长，得到端点 A、B、C、D…。

（3）以光滑曲线连接 A、B、C、D…点，即得截头圆柱的展开图，如图 6.5 所示。

6.1.3　不可展曲面的近似展开

扭曲面及单叶双曲回转面，其相邻的两素线成交叉两直线，不能构成一微平面，故属不可展开曲面。另外，曲纹曲面（球面）的素线为曲线，相邻两素线同样不能构成微平面，也不能展开。这样的曲面只能近似展开，其方法是将不可展曲面分成若干较小部分，使每一部分形状接近于某一可展曲面。

例如，球面的表面展开，采用柱面法，用通过球心的铅垂面将球面切成若干等份，则每份均成柳叶状，故又称柳叶法。每片柳叶的展开方法如图 6.6 所示。

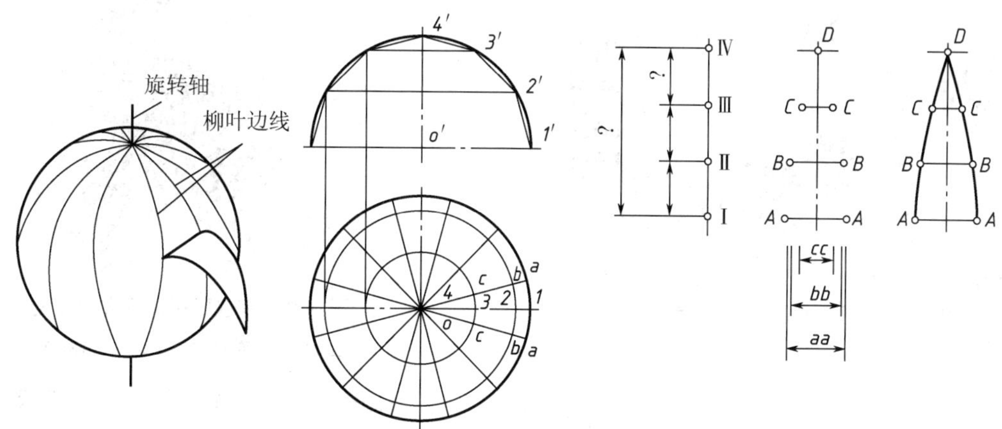

图 6.6　球面的展开图（柳叶法）

6.2　包装展开图

由于产品包装是产品特征、品质的体现，因此包装的设计是产品设计的一项任务。包装盒的设计经常需要进行展开放样。

包装盒的设计要点如下。

（1）从功能角度来说，包装盒应方便产品储运，形态便于码放；产品的包装同时也是产品性能特征说明的载体，因此盒面上应有足够的空间印制相关 LOGO、说明文字及必要的装饰图案。

（2）从制造与成本控制角度来说，包装盒展开后应是一张完整的纸面，以方便下料。同时，形态经济不至于造成太多切割废料。

（3）从美学角度来说，包装盒应是与产品个性相吻合，新颖的。

包装盒的各构成面一般为平面或可展曲面，其基本构成面的展开，可以采用前面形体展开的方法。但包装盒的展开又不同于一般的产品展开，因为包装盒要保护产品，其基本构造是一张纸，通过折、割、接或折叠成型。因此，包装盒的展开图应包括：包装盒基本面展开与粘接重叠部分展开。另外，包装盒的展开，应体现各种折线的结构特点（外凸或内凹），展开图上可以采用不同的线形加以说明。一般点画线表示凸折线，虚线表示凹折线。

如图 6.7 所示为图片浏览器的包装展开图。

为了使产品引人注目，需要趣味性和怪异性的包装体现设计的个性。构造变化的手段有以下几种。

（1）由壁面折线形态的变化来使褶带位置及盒体形态产生变化，如图 6.8 所示。

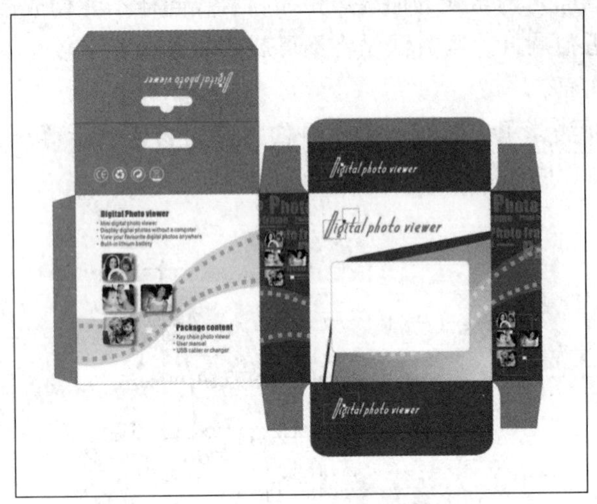

图 6.7　图片浏览器包装盒

图 6.8　有壁面折线形态变化的包装体（摘自 buzzzfeed. com）

（2）由壁面部分折线位置、数量的变化，来改变纸盒形态，如图 6.9 所示。

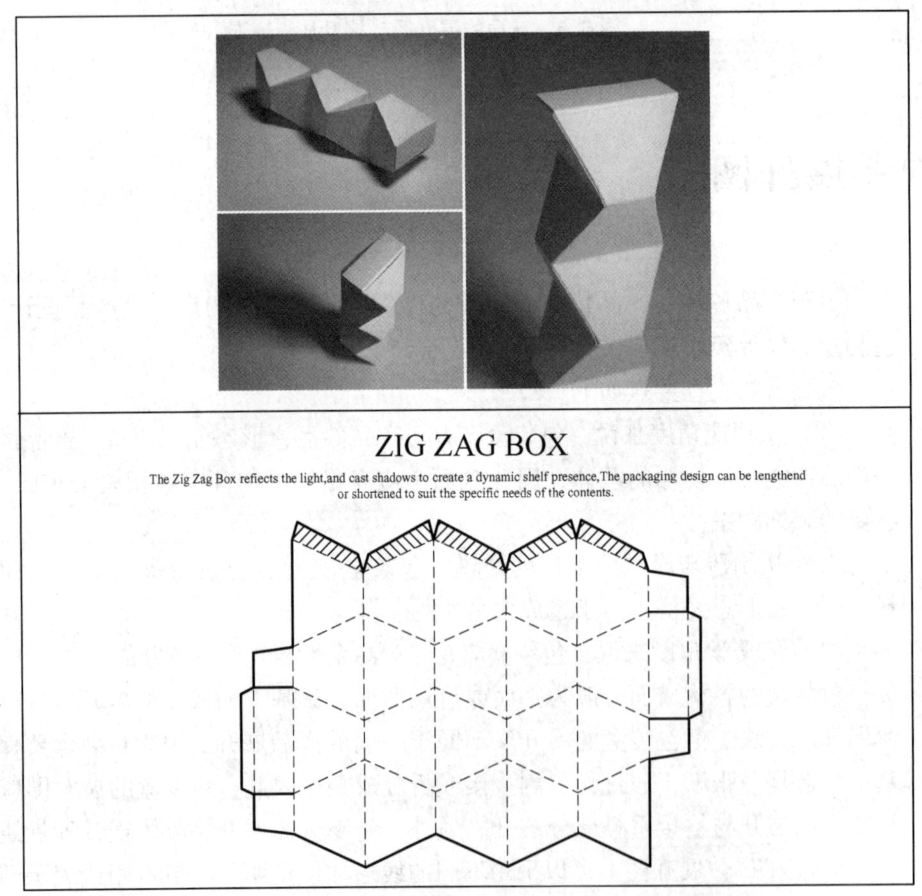

图 6.9　有壁面折线位置、数量变化的包装盒（摘自 yaplakal. com）

（3）改变纸盒的基本形态，采用圆弧壁面的筒状纸盒，加以适当变化，如图6.10所示。

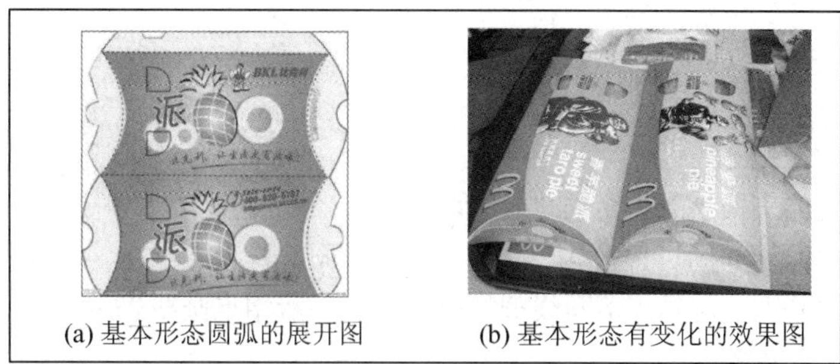

(a) 基本形态圆弧的展开图　　(b) 基本形态有变化的效果图

图6.10　基本形态有变化的包装盒

（4）改变盒体的封闭方式，如图6.11所示。

图6.11　改变盒体封闭方式的包装盒（摘自 pinthemall. net）

（5）考虑产品的包装还要满足携带的方便，如图6.12所示。

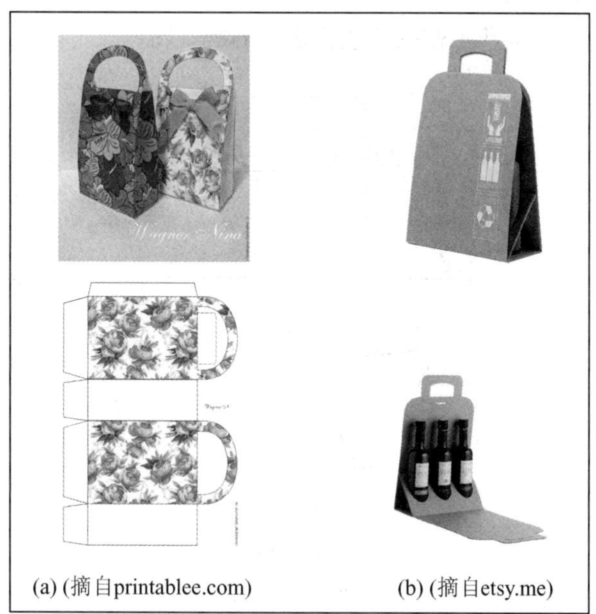

(a) (摘自printablee.com)　　(b) (摘自etsy.me)

图6.12　便于携带的包装盒

习　题

一、填空题

1. 立体表面展开图的方法包括________和________。
2. 曲面展开图可以分为________和________。
3. 展开图上可采用不同线型加以说明，一般用点画线表示______，虚线表示______。

二、思考题

1. 请总结展开图的用途。
2. 说明立体表面展开图。
3. 说明包装展开图。

三、绘图题

1. 画出图 6.13 所示穿孔截头圆锥表面的展开图。

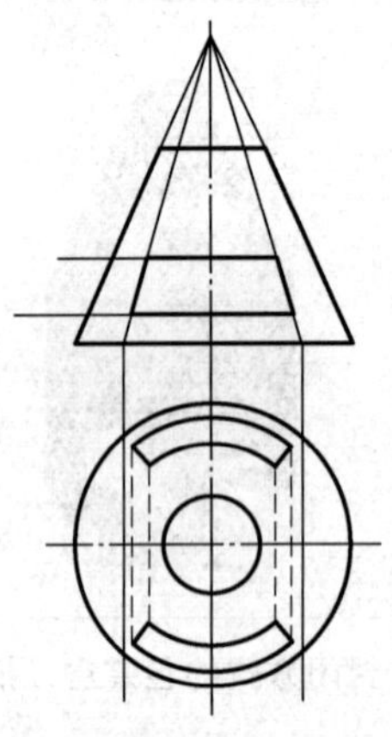

图 6.13

2. 画出图 6.14 所示截头三棱锥表面的展开图。

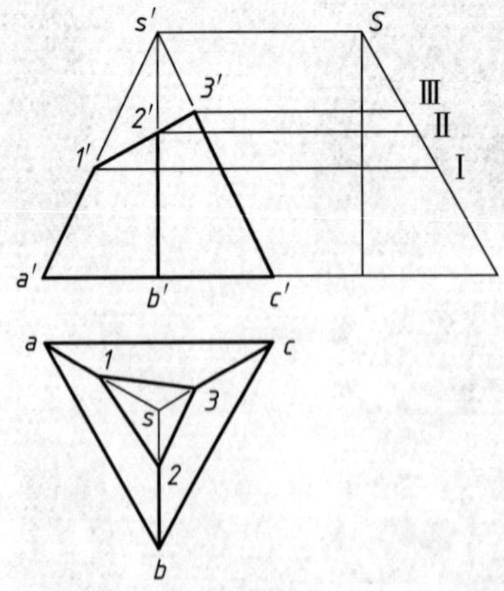

图 6.14

3. 设计并制作一个糖果的包装盒。

第 7 章　工程样图的基本表达方法

教学目标

◆ 掌握基本视图的规则和画法。
◆ 了解剖视图的作用和画法。
◆ 了解断面图的作用和画法。
◆ 掌握局部放大图、简化画法。

教学要求

知识要点	能力要求	相关知识
基本视图	(1) 掌握正投影的特点 (2) 了解六视图的特点	三视图 六视图
剖视图	(1) 了解剖视图的定义 (2) 掌握剖视图的应用和画法	剖视图的概念
断面图	(1) 了解断面图的定义 (2) 掌握断面图的应用和画法	断面图
局部放大图	(1) 了解局部放大图的特点 (2) 理解局部放大图的应用 (3) 掌握局部放大图的画法	局部放大图
简化画法	(1) 了解简化画法 (2) 掌握简化画法的应用	简化画法

基本概念

◆ 基本视图：物体向基本投影面投影所得的视图，称为基本视图。

◆ 剖视图：假想用剖切面把机件剖开、移去观察者和剖切面之间的部分，将余下部分向投影面投影，所画的图形称为剖视图。

◆ 断面图：假想用剖切平面把机件的某处切断，仅画出断面的图形称为断面图。

◆ 局部放大图：将物体的部分结构，用大于原图形所采用的比例放大画出的图形称为局部放大图。

引例

剖视图的作用

有的物体内部比较复杂，如果按照常规的方法将物体的投影图画出来，物体的内部结构和被遮盖的外部投影用虚线表示，则视图上的虚线很多，有些虚线和其他线条交错重叠，影响视图的清晰，不利于标注尺寸，不能将物体的内部结构表达清楚，如果用一个假想的平面将物体剖开，移去观察者和剖切面之间的部分，将余下部分向投影面投影，就可以清楚地将物体的内部结构，如图 7. 01 所示。

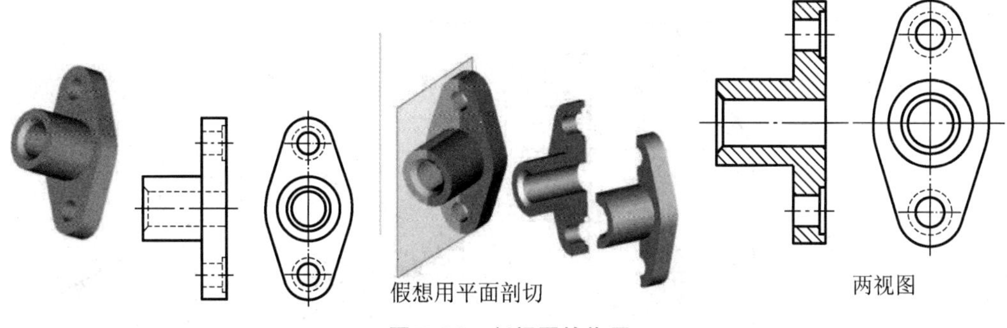

图 7.01　剖视图的作用

7.1　基本视图

7.1.1　六视图的概念

（1）六个视图的形成：机件向基本投影面投影所得的视图，称为基本视图。国家标准中规定正六面体的六个面为基本投影面。将机件放在六面体中，然后向各基本投影面进行投影，即得到六个基本视图，如图 7.1 所示。

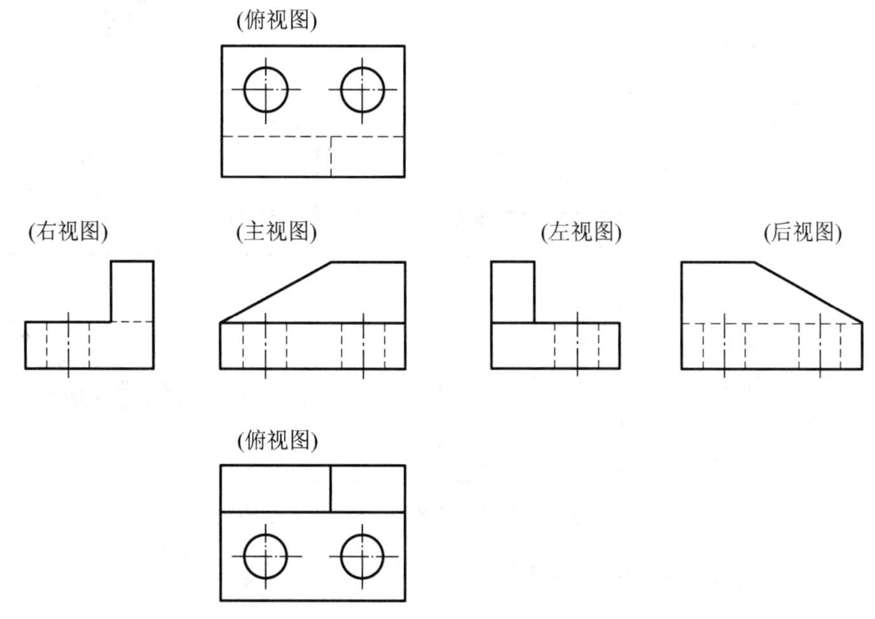

图 7.1　机件的基本视图

（2）基本投影面的展开方法：V 面不动，其他各投影面按图 7.2 所示箭头所指方向转至与 V 面共面位置。

（3）六个基本视图的投影规律：主、俯、后、仰四个视图长对正；主、左、后、右四个视图高平齐；俯、左、仰、右四个视图宽相等。

（4）六个基本视图之间的方位关系，如图 7.3 所示。

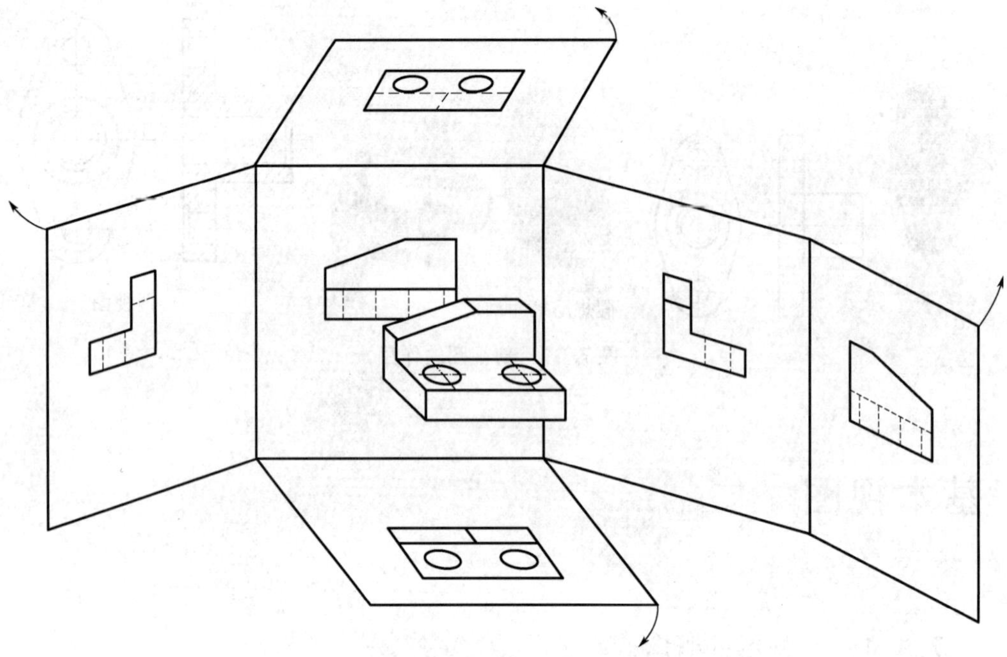

图 7.2 基本投影面的展开方法

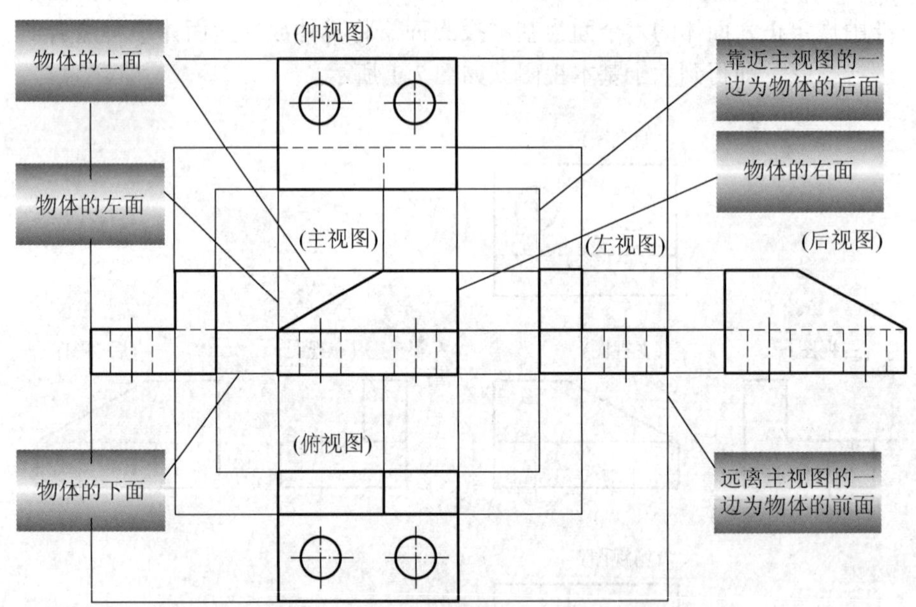

图 7.3 六个基本视图之间的方位关系

（5）按投影关系配置的视图一律不标注视图名称。

7.1.2 向视图

当六个基本视图自由配置时，称为向视图，如图 7.4 所示。向视图必须标注视图名称或投射方向。

向视图的标注方法：在向视图的上方标注“X”，（“X”为大写拉丁字母），在相应视图的附近用箭头指明投射方向。

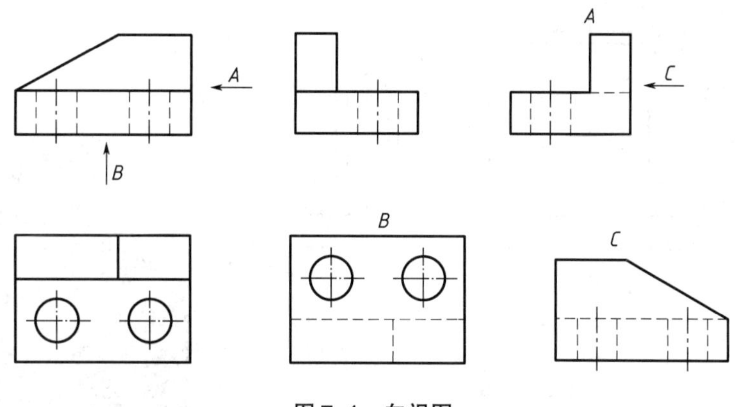

图 7.4　向视图

国家标准规定：在完整、清晰地表达机件各部分形状的前提下，力求制图简便；视图一般只画出机件的可见部分，必要时才画出其不可见部分，如图 7.5 所示。

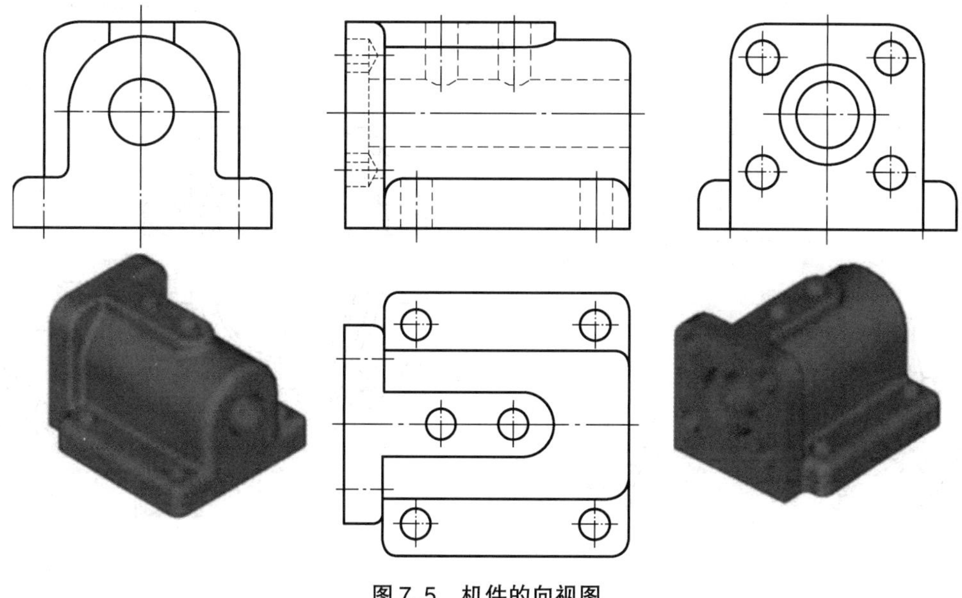

图 7.5　机件的向视图

7.1.3　局部视图

（1）定义：将物体的局部结构形状向基本投影面投射而得到的视图。

（2）画法：局部视图的断裂边界以波浪线表示；当表示的局部结构外形轮廓线呈完整封闭图形时，波浪线可省略。注意：波浪线不应超出轮廓线。

（3）配置及标注：为了看图方便，可按基本视图的配置形式配置；有时为了合理布图，也可按向视图的配置形式配置。

用带字母的箭头标明所要表示的部位和投射方向，并在局部视图的上方标注相应的视图名称。图 7.6(a) 所示为局部视图。图 7.6(b) 所示为机件的轴测图。

图形对称时，可画略大于一半，也可只画出一半或 1/4，并在对称中心线的两端画出两条与其垂直的二平行细实线，如图 7.7 所示。

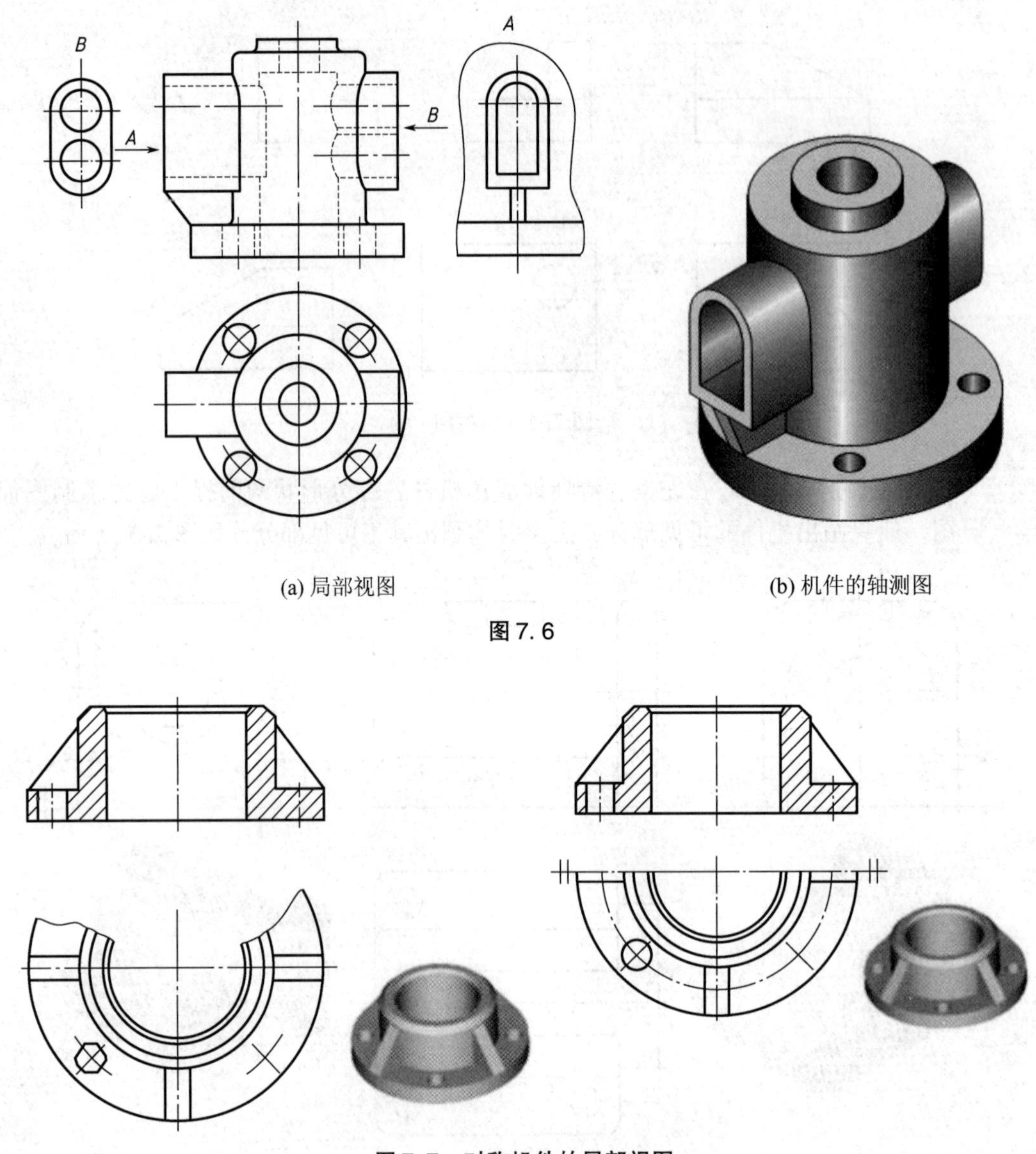

(a) 局部视图　　(b) 机件的轴测图

图 7.6

图 7.7　对称机件的局部视图

7.1.4　斜视图

（1）定义：当物体具有倾斜结构，其倾斜表面在基本视图上既不反映实形，又不便于标注尺寸。为了表达倾斜部分的真实形状，可按换面法的原理，选择一个与物体倾斜部分的结构形状平行的辅助投影面投影得到的视图，称为斜视图。

（2）斜视图的画法：斜视图一般只表达物体倾斜部分的实形，常画成局部斜视图，其断裂边界一般用波浪线表示。图 7.8(a) 所示为机件的投影图。图 7.8(b) 所示为是斜视图。

（3）斜视图的配置及标注：斜视图通常按投影关系配置和标注，如图 7.9 所示。

有时为了画图方便允许将斜视图旋转，旋转角度要小于 90°，旋转后必须标注旋转符号，表示该视图名称的字母靠近箭头端，箭头与旋转方向一致，如图 7.10(a) 所示。也可将旋转角度标注在字母之后，如图 7.10(b) 所示。

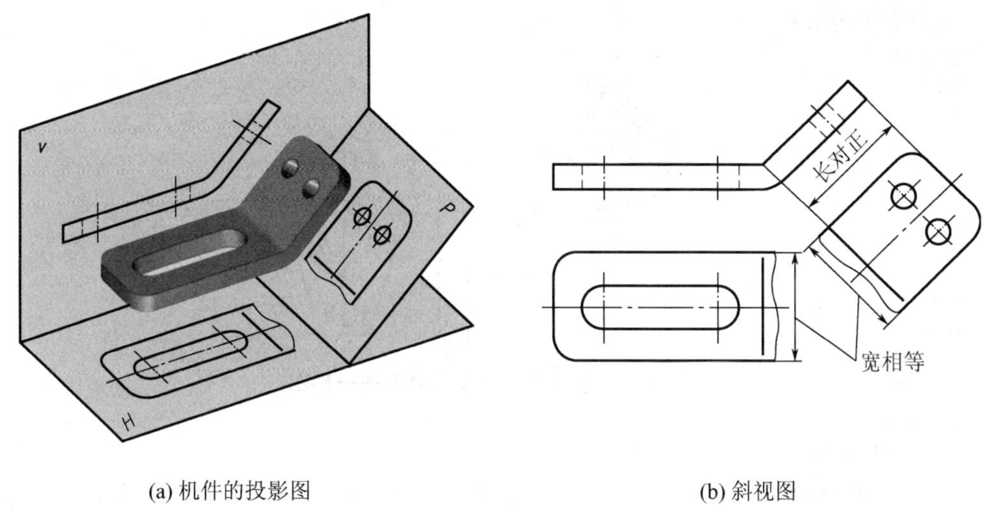

(a) 机件的投影图　　　　(b) 斜视图

图 7.8

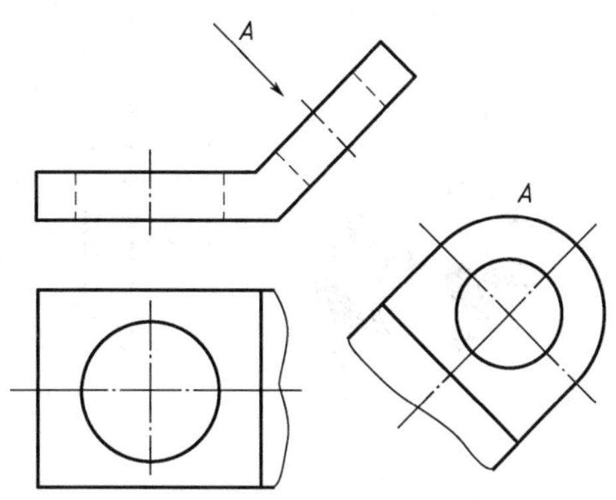

图 7.9　斜视图通常按投影关系配置和标注

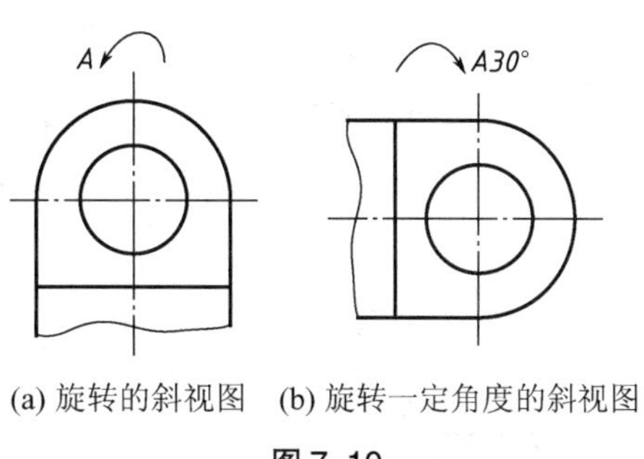

(a) 旋转的斜视图　(b) 旋转一定角度的斜视图

图 7.10

7.2　剖视图

7.2.1　剖视图的形成和画法

当机件的内部形状较复杂时，视图上会出现虚线与实线交错、重叠的情形，从而影响了图形的清晰，同时也不便于标注尺寸，如图 7.11 所示。为此，在制图时，对机件的内部结构形状，常采用剖视图来表达。

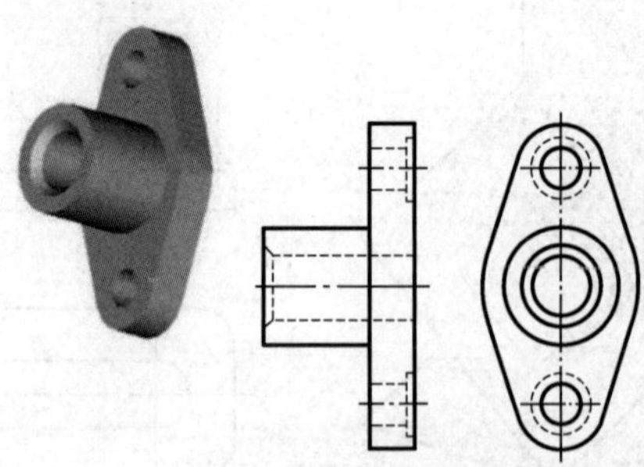

图 7.11　机件内部形状较复杂的投影图

1. 剖视图的形成和概念

假想用剖切面把机件剖开、移去观察者和剖切面之间的部分，如图 7.12(a) 所示；将余下部分向投影面投影，所画的图形称为剖视图，如图 7.12(b) 所示。

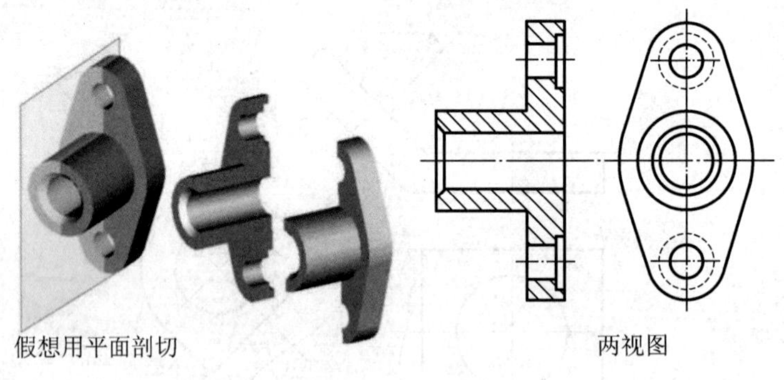

(a) 假想用剖面把机件剖开　　(b) 画剖视图

图 7.12　剖面图的形成

2. 剖视图的画法

一般用平面剖切机件，剖切平面应通过机件内部孔、槽等的轴线或对称面，且使其平行或垂直于某一投影面，以便使剖开后的结构反映实形，如图 7.13 所示。

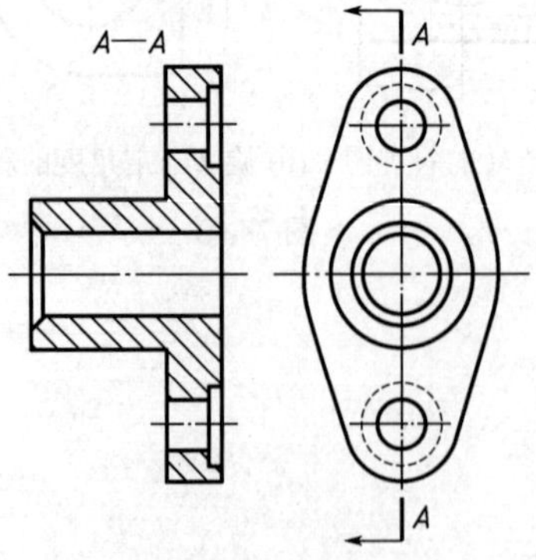

图 7.13　剖视图

(1) 标注剖切位置；标注投射方向。

(2) 画剖视图：用粗实线画出物体剖面区域的轮廓线，以及剖切平面后面物体的所有可见轮廓线；省略不必要的虚线。

（3）画剖面线。

（4）标出剖视图名称。

3. 剖面符号

剖面符号如图 7.14 所示。

金属材料(已有规定剖面符号者除外)			线圈绕组元件	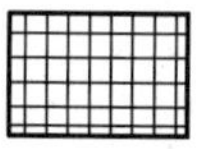	砖	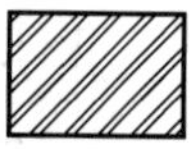
非金属材料(已有规定剖面符号者除外)			转子、电枢、变压器和电抗器等的叠钢片		混凝土	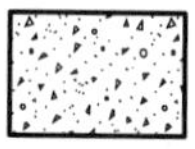
木材	纵剖面		型砂、填沙、砂轮、陶瓷及硬质合金刀片、粉末冶金等	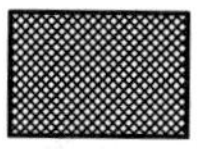	钢筋混凝土	
	横剖面		液体	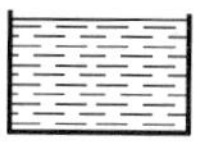	基础周围的泥土	
玻璃及供观察用的其他透明材料			木质胶合板(不分层数)	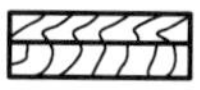	格网(筛网、过滤网等)	

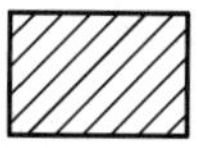

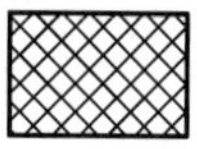

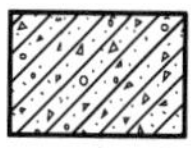

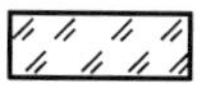

图 7.14　剖面符号

4. 剖视图的标注

1）标注

（1）在相应的视图上用迹线表示剖切面的位置，并在附近写字母，如 *A*、*A*。

（2）用箭头表示投影方向。

（3）在剖视图上方用字母标出剖视图的名称，如 *A*—*A*，*B*—*B*，如图 7.15 所示。

2）省略

（1）当剖视图与标注剖切位置的视图按投影关系配置，中间又没有其他图形隔开时，可以省略箭头。

（2）剖切平面通过机件的对称面，且剖视图按投影关系配置，此时可以不加任何标注。

5. 画剖视图时应该注意的问题

（1）剖视的目的是表达物体的内部形状，所以，剖切平面的位置和投影方向的选择，必须有利于清楚地表示内形的真实情况。

（2）物体是假想被剖开的，剖切后的形状只反映在对应的剖视图上，并不影响其他视图的绘制。

（3）必须对剖切后留下的全部形体进行投影，即在剖切平面后面的可见轮廓线都必须用粗实线画出。

（4）为了使剖视图能清晰地反映机件上需要表达的结构，应省略不必要的虚线。

（5）金属材料的剖面符号是用与水平线成 45°相互平行，且间隔相等的细实线画出，

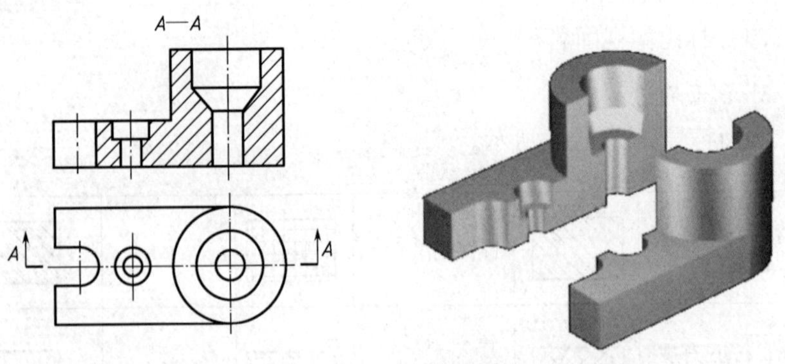

图 7.15　剖视图的标注

向左向右倾斜均可，同一物体各剖视图剖面线必须方向相同、间隔相等。

7.2.2　剖视图的种类

1. 全剖视图

用剖切平面完全地剖开机件所得的剖视图，称为全剖视图，如图 7.16 所示。

适用范围：全剖视图主要用于表达内部结构复杂、外形比较简单的机件。

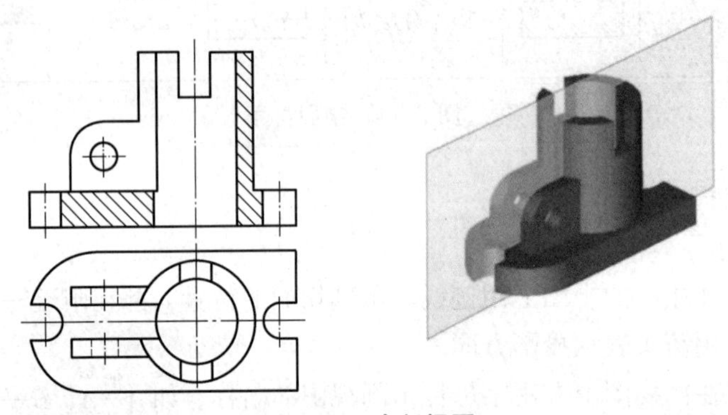

图 7.16　全剖视图

2. 半剖视图

以对称线为界，一半画视图，一半画剖视图，称为半剖视图，如图 7.17 所示。

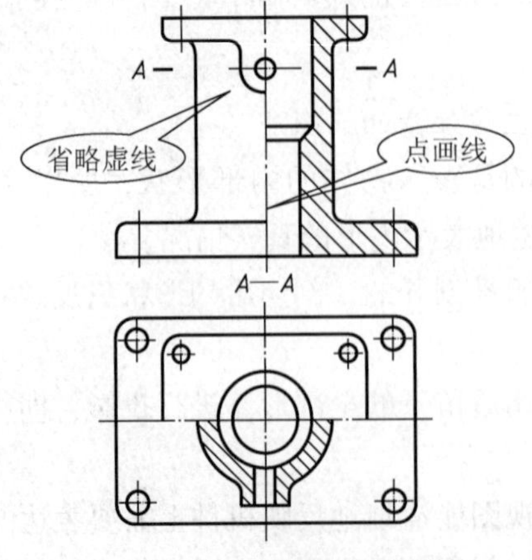

图 7.17　半剖视图

1）半剖视图的画法

半剖视图中，剖视图和视图的分界线应是点画线，而不能画成粗实线。

半剖视图中，在不剖的半个视图中，表达内部形状的虚线，应省略不画。

适用范围：内、外形都需要表达，而形状又对称或基本对称时。用半剖视图表示形状基本对称的机件，如图 7. 18 所示。

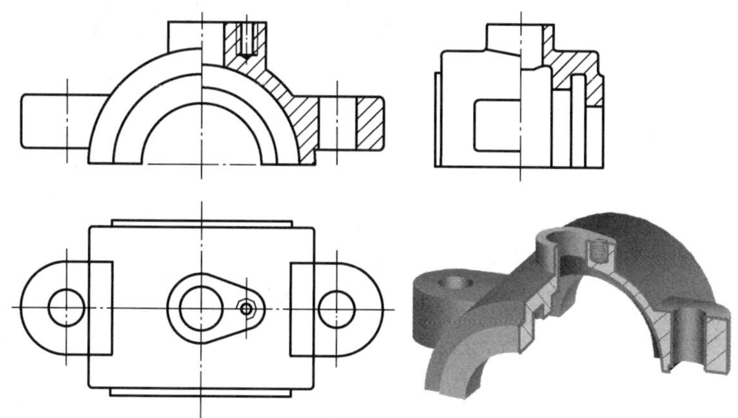

图 7. 18　用半剖视图表示形状对称的机件

注：不对称部分一定另有图形表达清楚。

2）半剖视图的标注

半剖视图的标注方法与全剖视图的标注方法相同。

半剖视图中，标注只画出一半的对称图形尺寸时，其尺寸线应略超过对称中心线，并在尺寸线的一端画出单箭头。图 7. 19 所示为半剖视图的标注。

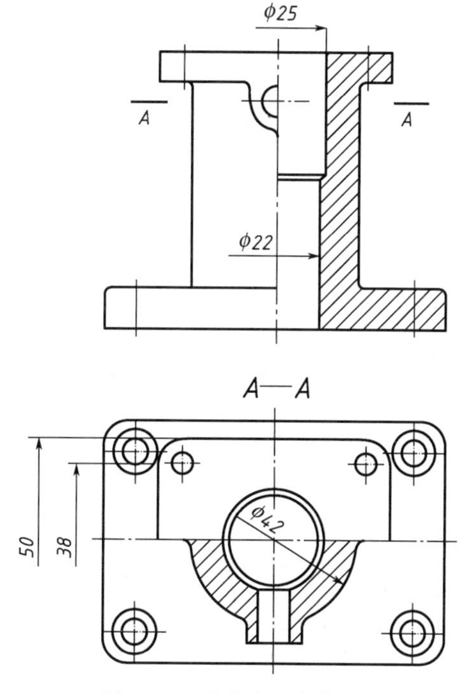

图 7. 19　半剖视图的标注

3）肋板的剖切画法（图 7. 20）

横剖：画剖面线。

纵剖：不画剖面线，用粗实线与邻接部分分开。

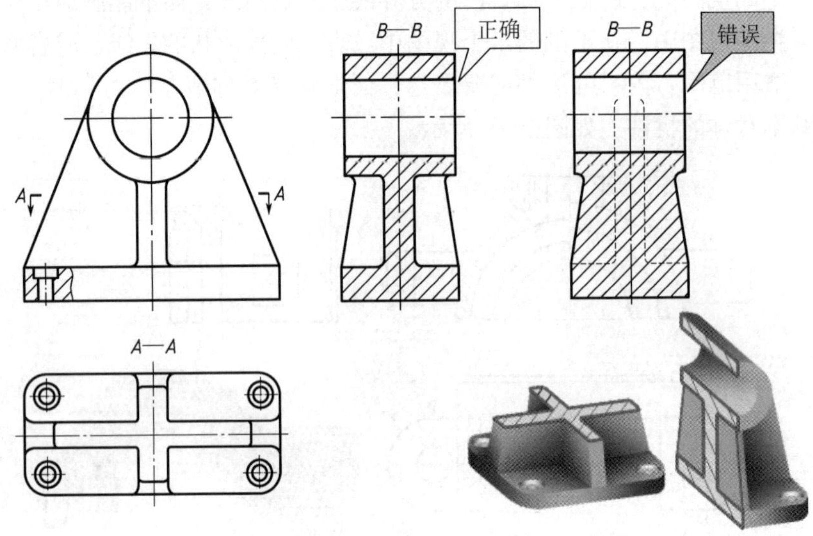

图 7.20 肋板的剖切画法

[**例 7－1**] 将主视图画成半剖视图，如图 7.21 及图 7.22 所示。

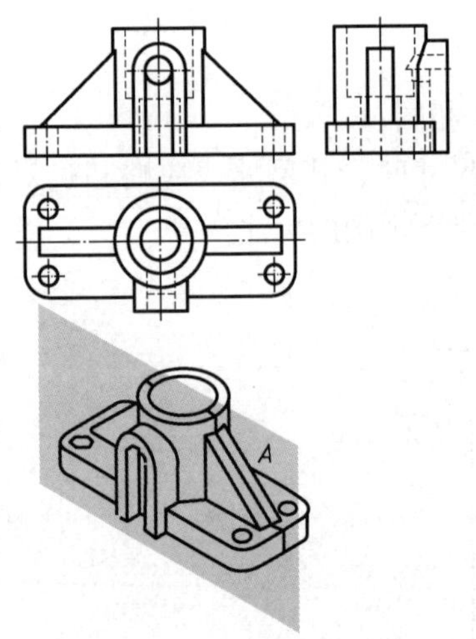

图 7.21 机件的三视图

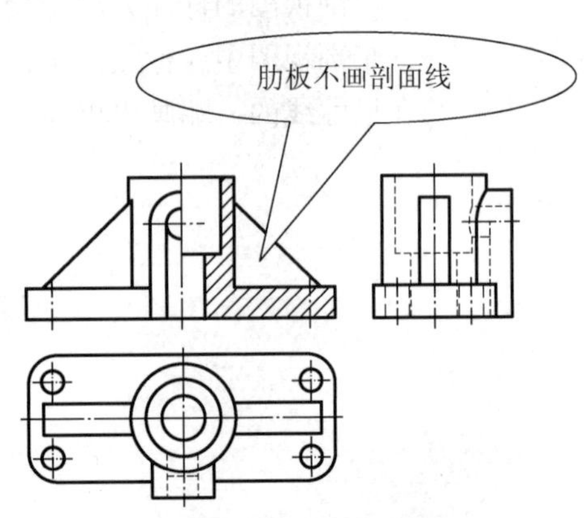

图 7.22 将主视图画成半剖视图

剖切平面通过筋、肋板、辐板等结构的纵向对称面时，不画剖面线，用粗实线与邻接部分分开，如图 7.23 所示。

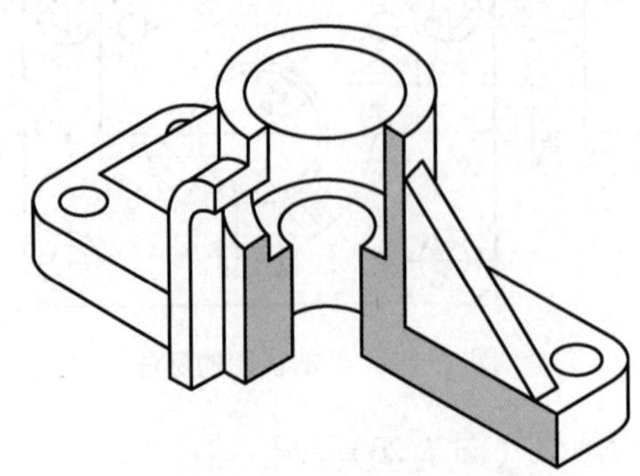

图 7.23 剖切面通过筋、肋板、辐板等结构的纵向对称面的剖面线

3. 局部剖视图

用剖切平面局部地剖开物体所得的剖视图，如图 7. 24 所示。

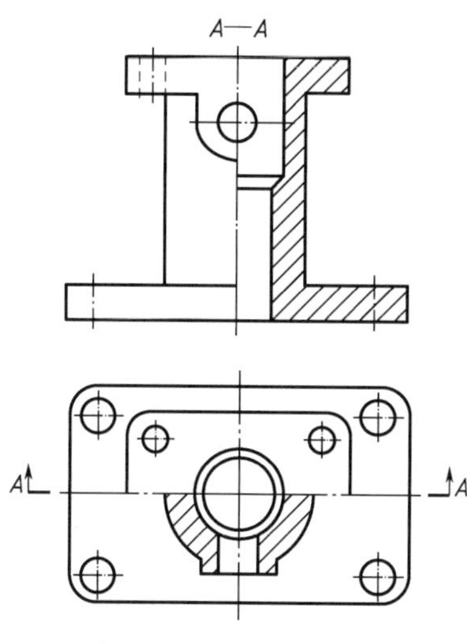

图 7. 24　局部剖视图

1）适用范围

局部剖是一种较灵活的表示方法，适用范围较广。

（1）只有局部内形需要剖切表示，而又不宜采用全剖视图时。

（2）当不对称机件的内、外形都需要表达时（图 7. 25 ~ 图 7. 28）。

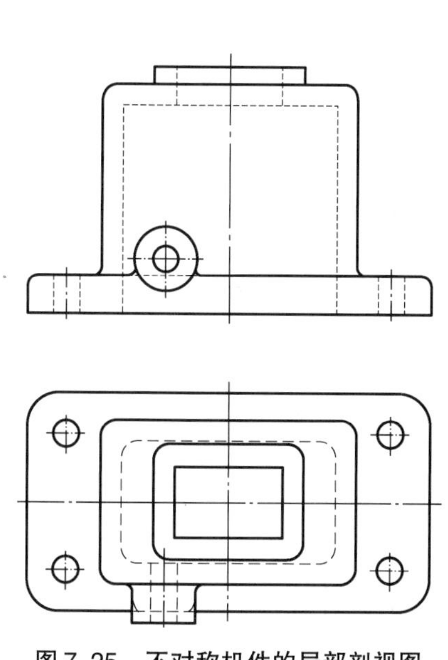

图 7. 25　不对称机件的局部剖视图

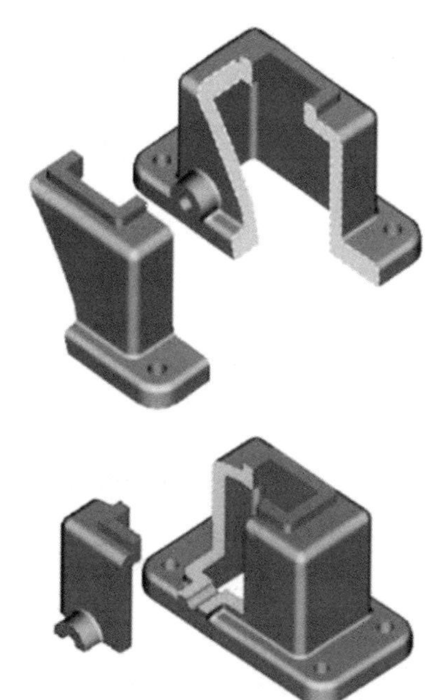

图 7. 26　不对称机件的局部剖视示意图

（3）当对称机件的轮廓线与中心线重合，不宜采用半剖视图，如图 7. 29 所示。

（4）实心杆上有孔、槽时，应采用局部剖视，如图 7. 30 所示。

2）画局部剖视图时应注意的问题

（1）波浪线不应超越被剖开部分的外形轮廓线；在观察者与剖切面之间的通孔或缺口的投影范围内，波浪线必须断开，如图 7. 31 所示。

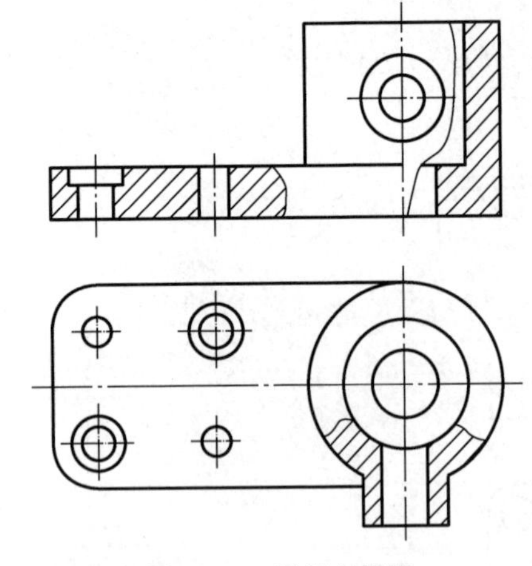
图 7.27　局部剖视图

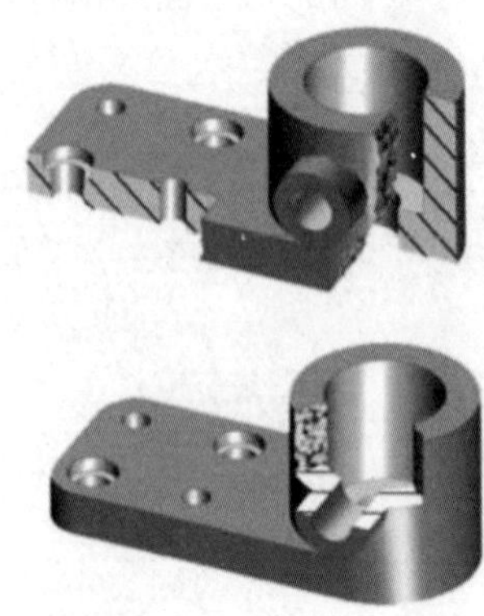
图 7.28　局部剖视示意图

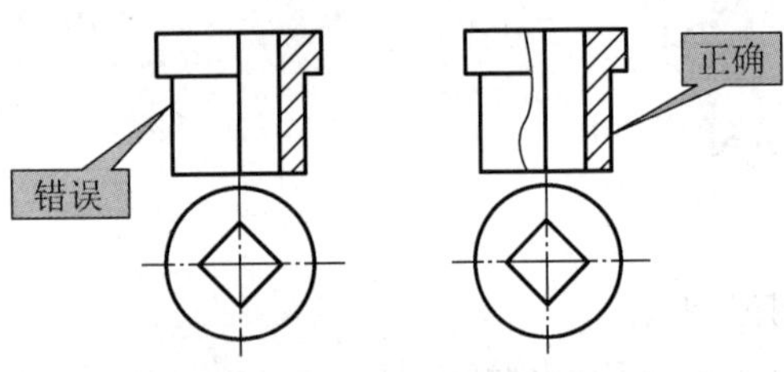

图 7.29　机件轮廓线与中心线重合的剖视图

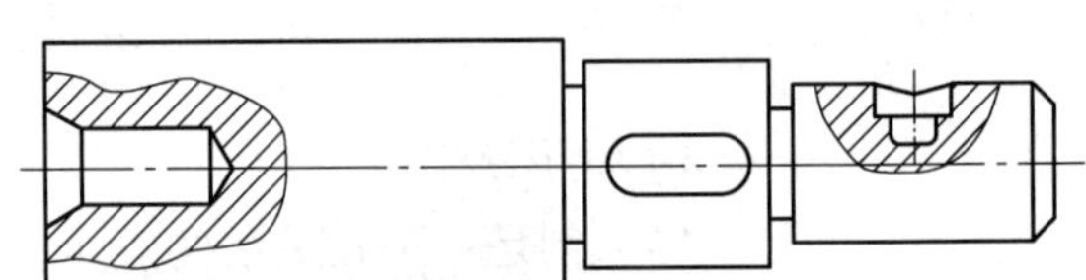
图 7.30　实心杆上有孔、槽时的局部剖视图

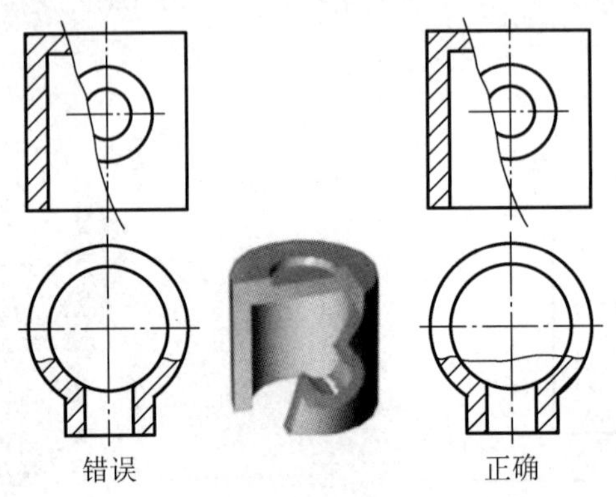

图 7.31　剖视图中波浪线的画法

（2）波浪线不能与图上的其他图线重合，如图 7.32 所示。

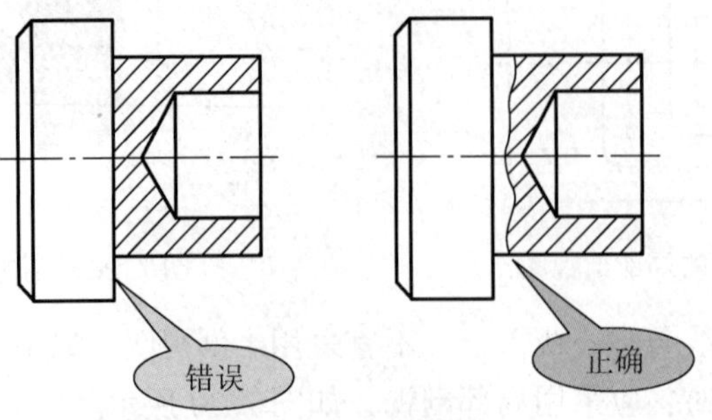

图 7.32　波浪线不能与图上的其他图线重合

（3）当被剖结构为回转体时，允许将其中心线作局部剖的分界线，如图 7.33 所示。

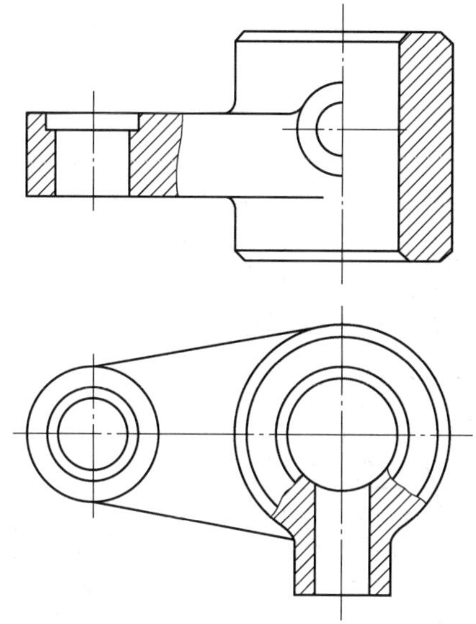

图7.33　当被剖结构为回转体时，允许将其中心线作局部剖的分界线

（4）在一个视图中，局部剖的数量不宜过多。

［**例7－2**］　允许在剖视图中再作一次局部剖，如图7.34所示。

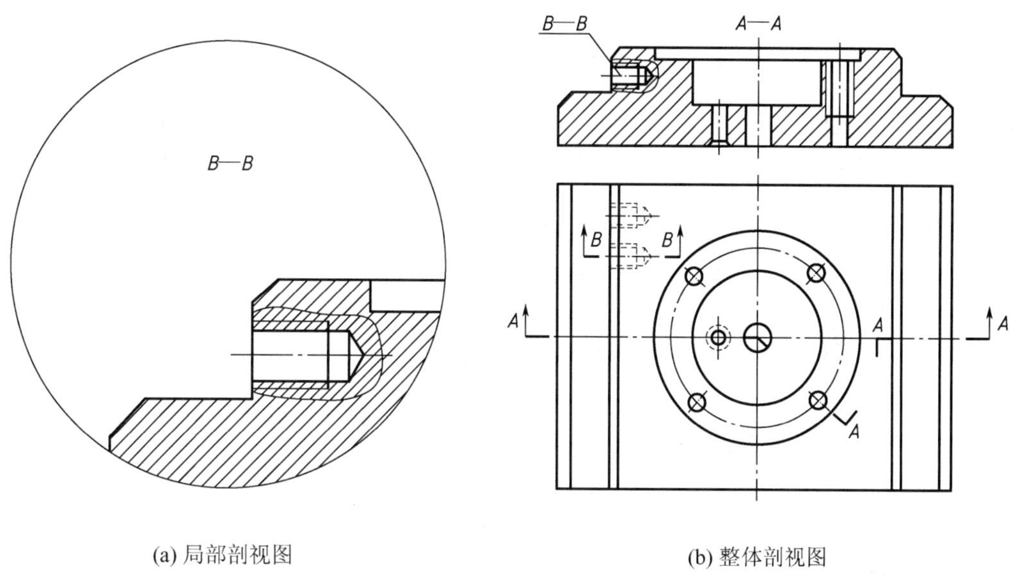

(a) 局部剖视图　　(b) 整体剖视图

图7.34　允许在剖视图中再作一次局部剖

允许在剖视图中再作一次局部剖。采用这种表达方法时，两个剖面的剖面线应同方向、同间隔、但要相互错开，并用引出线标注。

7.2.3　剖切面的种类

1. 单一剖切平面

1）剖切面为投影面平行面（图7.35）

有时可根据机件的具体情况，采用局部剖视图，如图7.36所示。

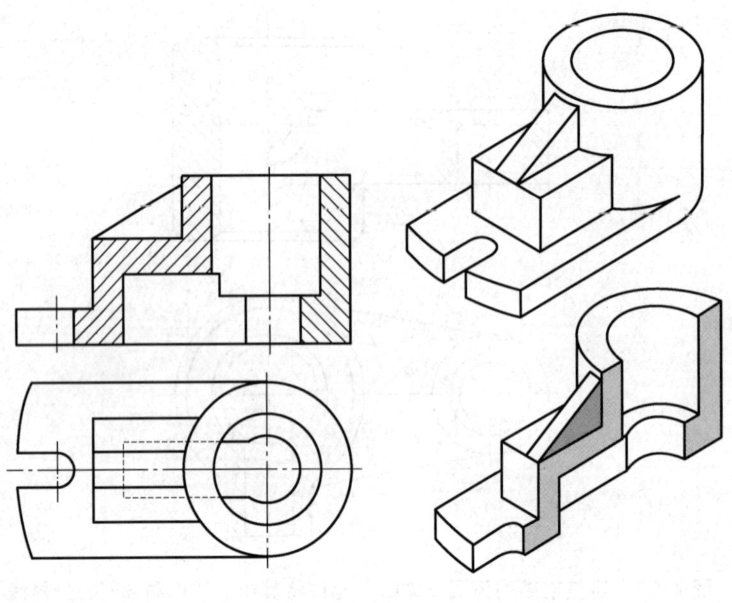

(a) 剖切面为投影平行面　　(b) 剖切面示意图

图 7.35

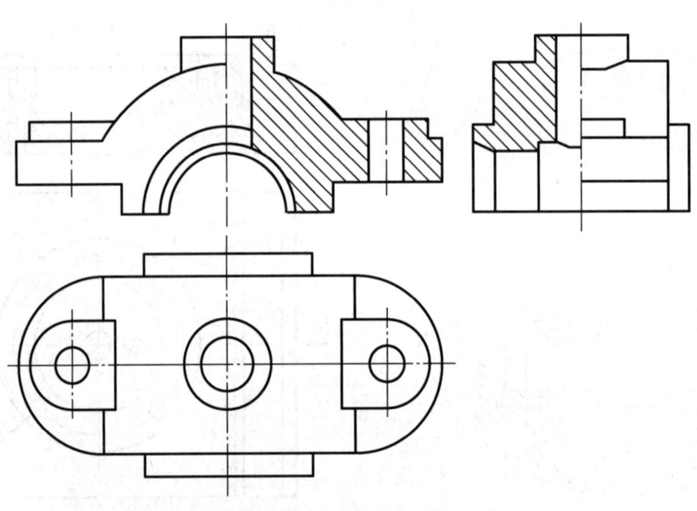

图 7.36　局部剖视图

2）斜剖

用不平行于基本投影面的单一剖切面剖切（剖切面为投影面垂直面）如图 7.37 所示。

2. 阶梯剖

阶梯剖是指用几个平行剖切平面剖切，如图 7.38 所示。剖切面可以是投影面平行面或垂直面。

1）适用范围

当机件上的孔槽及空腔等内部结构不在同一平面内时。(具有平行结构的机件)

2）阶梯剖应注意的问题

(1) 两剖切平面的转折处不应与图上的轮廓线重合。

(2) 在剖视图上不应在转折处画线。

(3) 在剖视图内不能出现不完整要素，如图 7.39 所示。

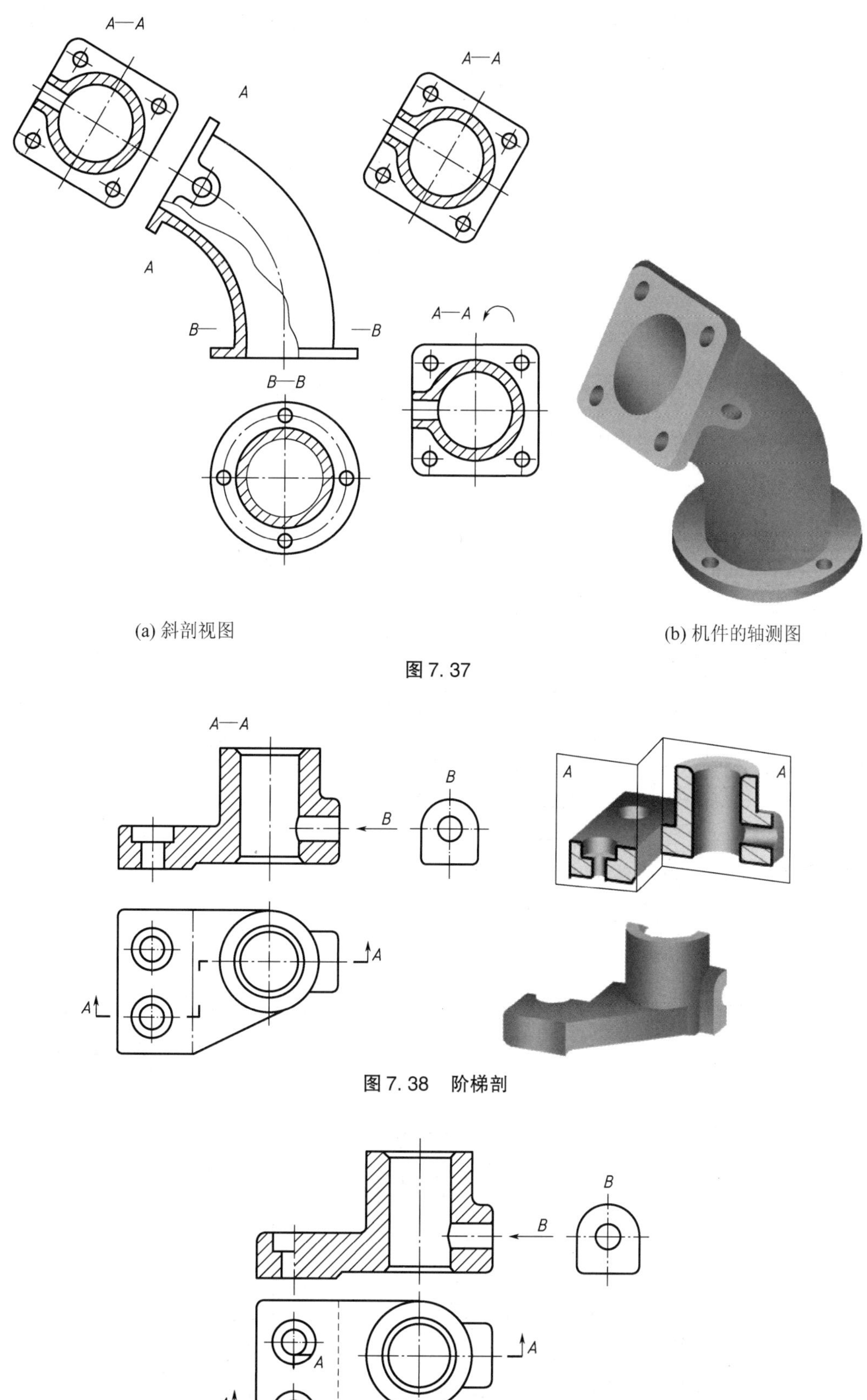

(a) 斜剖视图　　(b) 机件的轴测图

图 7. 37

图 7. 38　阶梯剖

图 7. 39　阶梯剖的范例

(4) 仅当两个要素在图形上有公共对称中心线或轴线时，可以对称中心线或轴线为界各画一半，如图7.40所示。

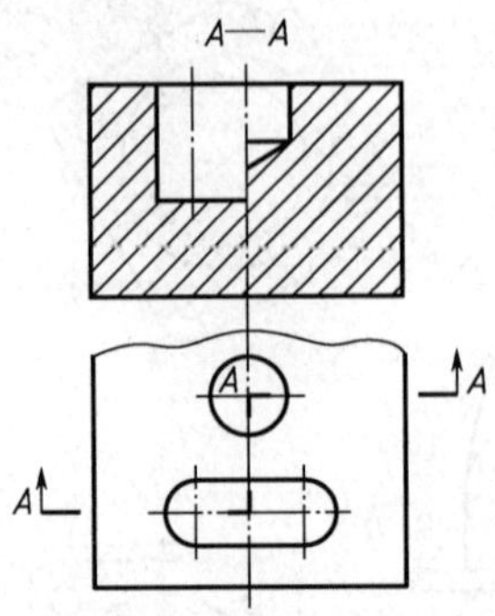

图7.40 阶梯剖中的中心线或轴线的画法

阶梯剖的半剖视图，如图7.41所示。

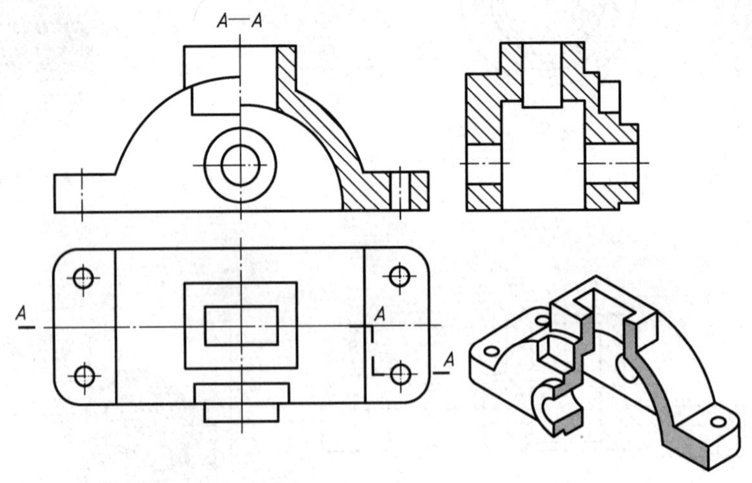

图7.41 阶梯剖的半剖视图

3. 旋转剖

旋转剖是指用几个相交剖切平面剖切，如图7.42所示。剖切面可以是投影面平行面或垂直面。

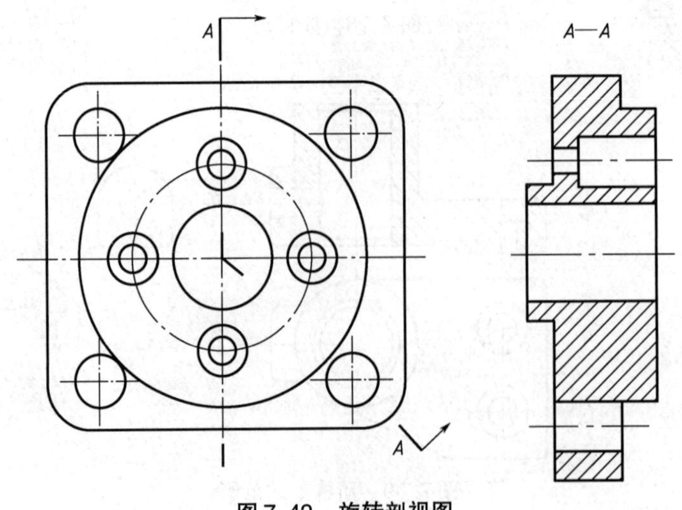

图7.42 旋转剖视图

1）适用范围

当机件的内部结构形状用一个剖切平面剖切不能表达完全，且机件又具有回转轴时可采用旋转剖。

2）旋转剖应注意的问题

（1）两剖切面的交线一般应与机件的轴线重合。

（2）应按“先剖切后旋转”的方法绘制剖视图。

（3）位于剖切平面后且与所表达的结构关系不甚密切的结构，或一起旋转容易引起误解的结构，一般仍按原来的位置投射。

（4）位于剖切平面后，与被切结构有直接联系且密切相关的结构，或不一起旋转难以表达的结构，应“先旋转后投射”，如图 7.43 所示。

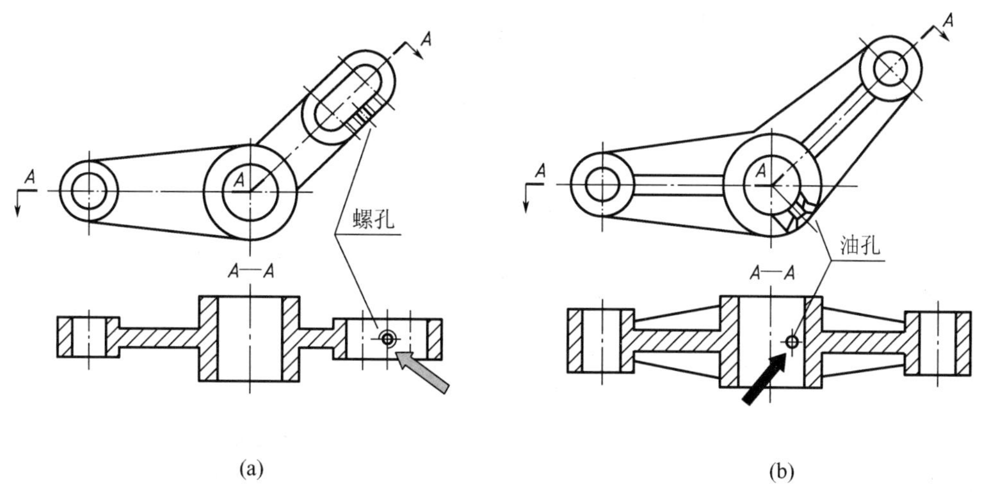

图 7.43　先旋转后投射

（5）当剖切后产生不完整要素时，该部分按不剖绘制，如图 7.44 所示。

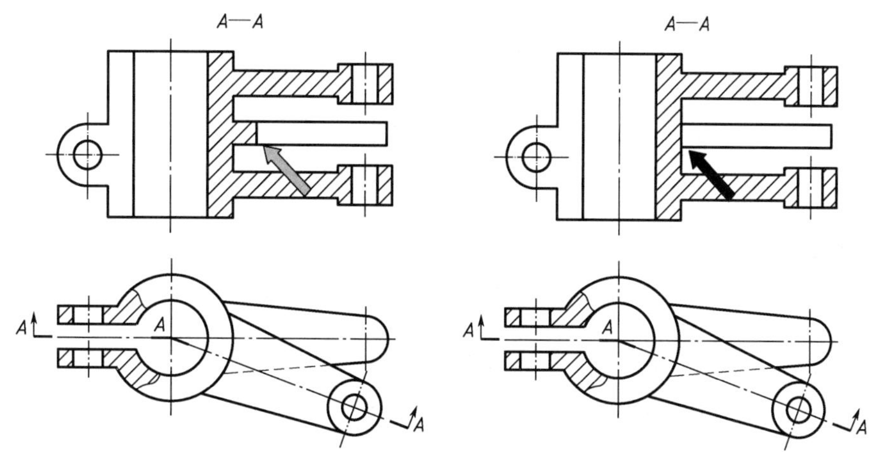

图 7.44　剖切后产生不完整要素按不剖绘制

4. 复合剖

（1）采用几个相交的剖切平面的形式一，如图 7.45 所示。

（2）采用几个相交的剖切平面的形式二，如图 7.46 所示。

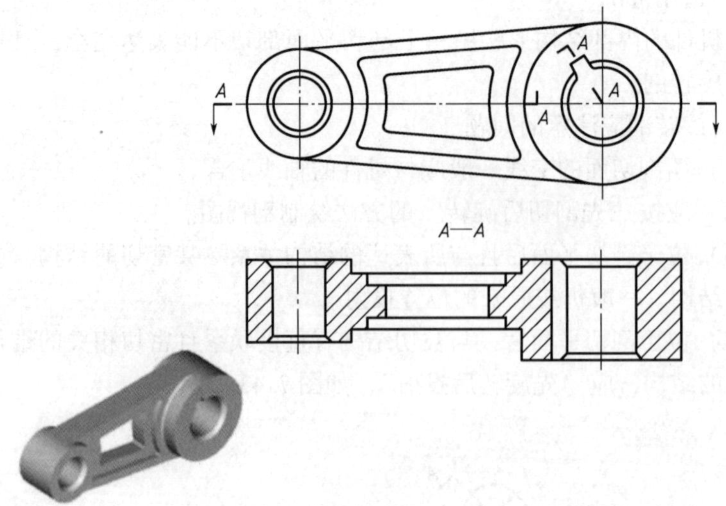

图 7.45　复合剖（形式一）

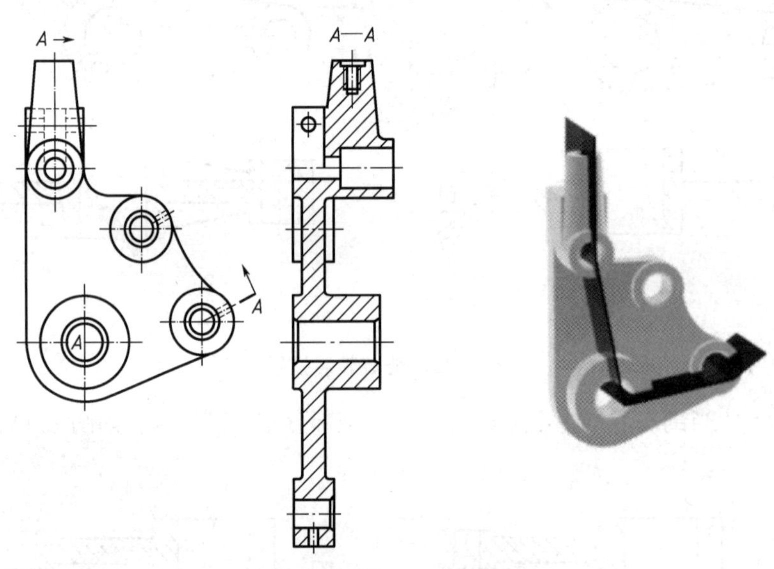

图 7.46　复合剖（形式二）

7.3　断面图

7.3.1　问题的提出

对于有键槽结构的轴，只用投影图不能清楚地表达其结构，如图 7.47 所示。

7.3.2　断面图的概念

假想用剖切平面把机件的某处切断，仅画出断面的图形称为断面图，如图 7.48 所示。

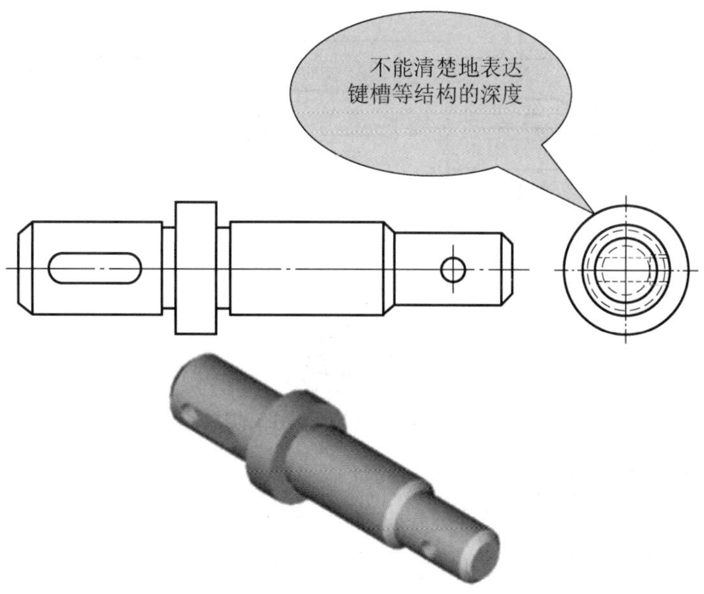

图 7.47　带键槽的轴投影图

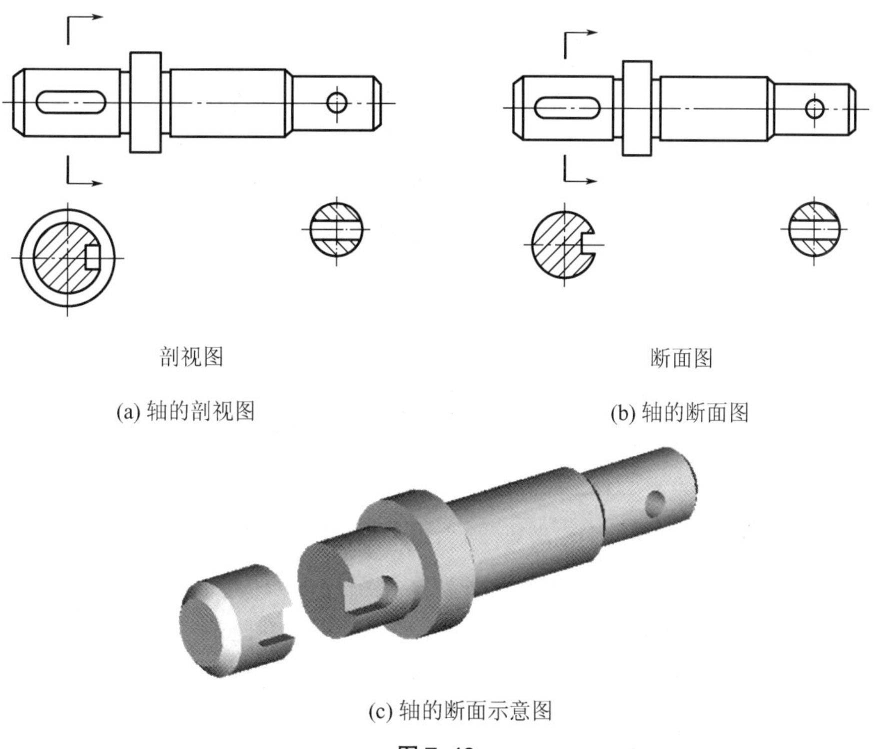

(a) 轴的剖视图

(b) 轴的断面图

(c) 轴的断面示意图

图 7.48

7.3.3　断面图的种类

1. 移出断面

1）移出断面的画法（图 7.49）

画在视图之外，轮廓线用粗实线绘制，配置在剖切线的延长线上或其他适当的位置。

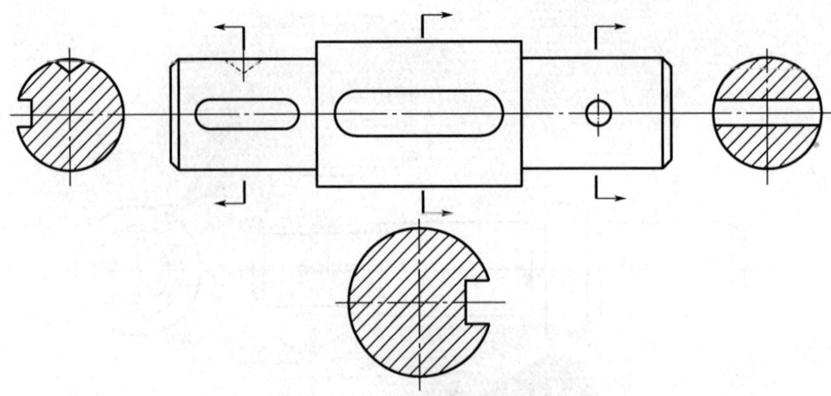

图 7.49　移出断面的画法

画移出断面的注意事项

(1) 剖切平面通过回转面形成的孔或凹坑的轴线时，这些结构应按剖视画。

(2) 当剖切平面通过非圆孔，会导致完全分离的两个断面时，这些结构也应按剖视画，如图 7.50 所示。

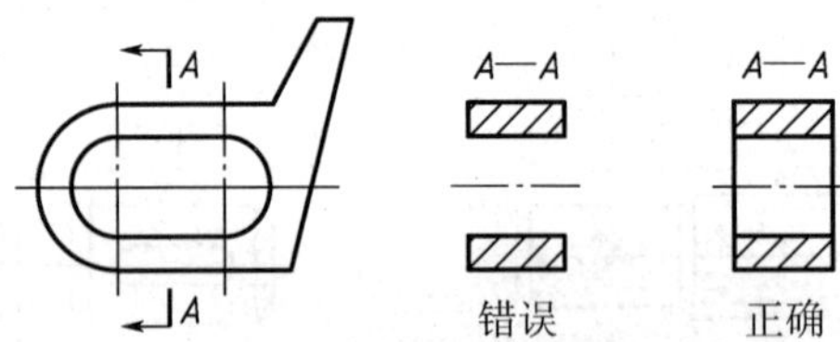

图 7.50　剖切平面通过非圆孔的剖视图

(3) 用两个相交的剖切平面剖切得出的移出断面，中间一般应断开。剖切平面一定要垂直于零件的边界，如图 7.51 所示。

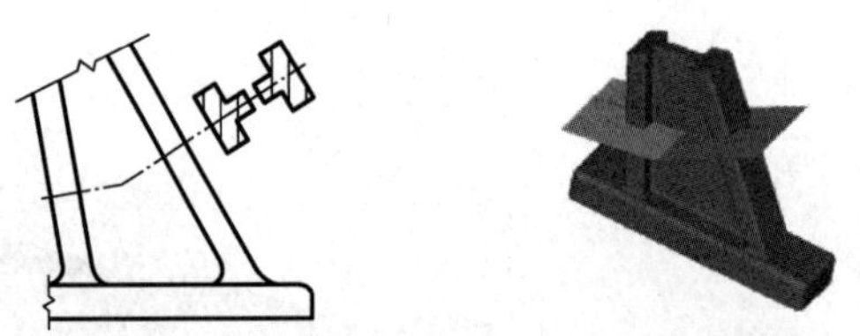

图 7.51　剖切平面一定要垂直于零件的边界

(4) 对称形状的断面图允许配置在视图的中断处，断面图的对称平面迹线即表示剖切平面位置，断面图名称、剖切平面符号及字母均可省略，如图 7.52 所示。

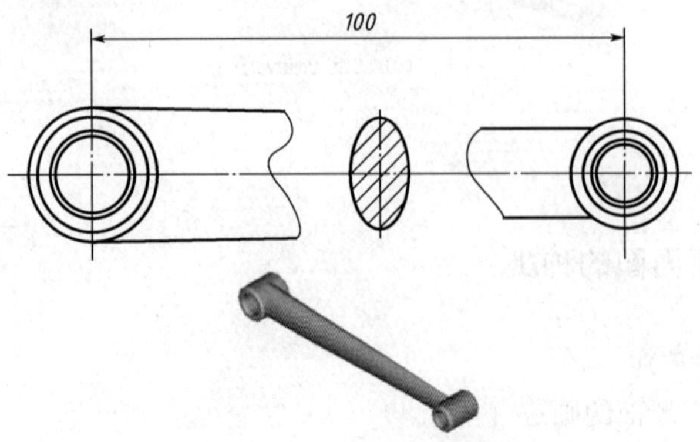

图 7.52　断面图的省略画法

2）移出断面的配置和标注

移出断面的标注内容与剖视图相同。

（1）配置在剖切符号延长线上的不对称的移出断面，可省略字母。

（2）不配置在剖切符号延长线上的对称的移出断面，以及按投影关系配置的不对称移出断面，均可省略箭头。

（3）配置在剖切线的延长线上的对称的移出断面，可省略标注，如图7.53所示。

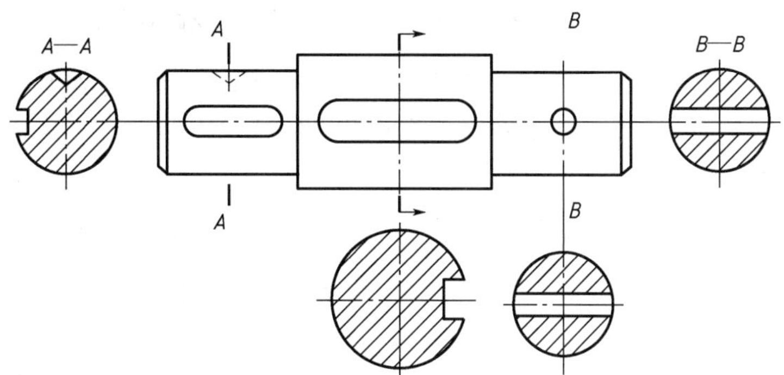

图7.53　在剖切线的延长线上的对称断面可省标注

2. 重合断面

1）重合断面的画法

画在视图之内，轮廓线用细实线绘制，如图7.54所示。

当视图中的轮廓线与断面图的图线重合时，视图中的轮廓线仍应连续画出。

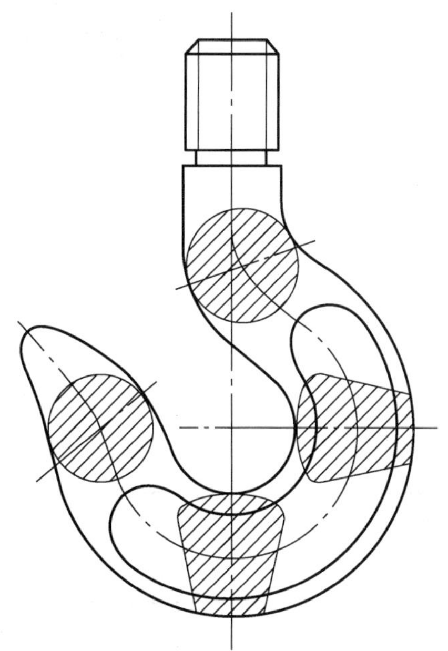

图7.54　轮廓线与断面线重合的剖视图画法

2）重合断面的配置和标注

由于重合断面是直接画在视图内的剖切位置处，因此标注时可一律省略字母。

（1）配置在剖切线上的不对称的重合断面图，只要画出剖切符号与箭头，如图7.55所示。

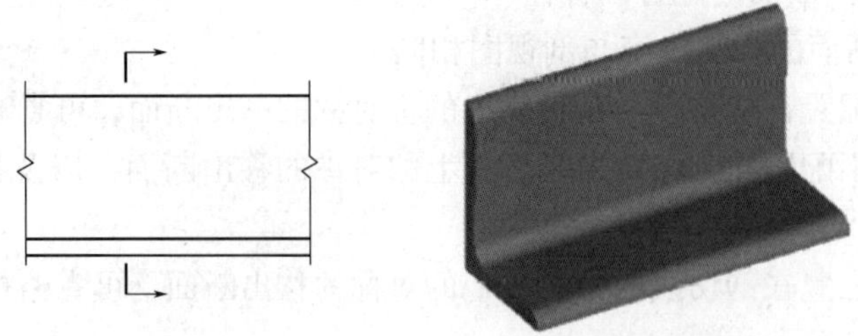

图7.55　配置在剖切线上的不对称的重合断面的画法

(2) 对称的重合断面图，可不标注，只需画出剖切线，如图7.56所示。

肋的断面在这里只需表示其端部形状，因此画成局部的，习惯上可省略波浪线。

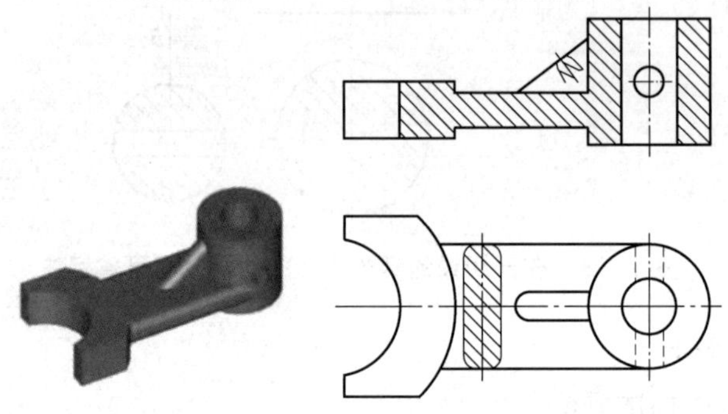

图7.56　对称的重合断面图画法

7.4　局部放大图、简化画法和其他规定画法

7.4.1　局部放大图的概念

将零件的部分结构，用大于原图形所采用的比例放大画出的图形称为局部放大图，如图7.57所示。

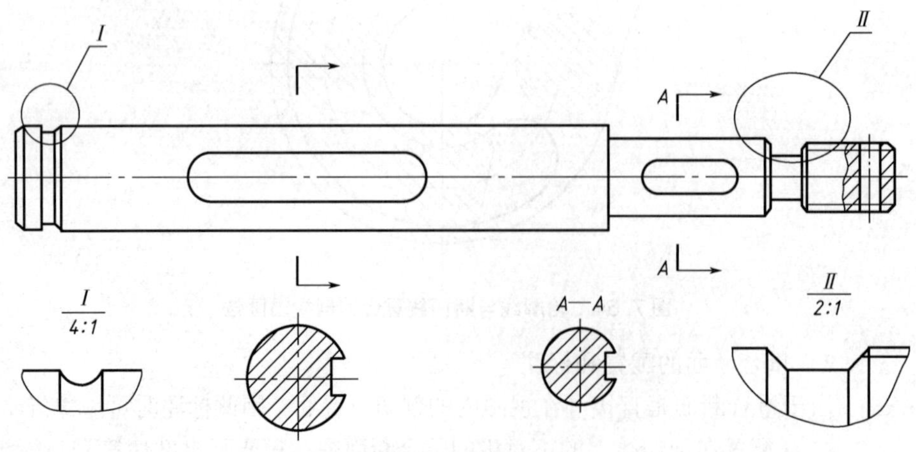

图7.57　局部放大图

局部放大图的比例是指放大图与机件的对应要素之间的线性尺寸比，与被放大部位的原图所采用的比例无关。

当同一零件上有几个被放大的部分时，必须用罗马数字依次标明被放大的部位，并在局部放大图的上方标注相应的罗马数字和所采用的比例。

7.4.2 简化画法

1. 用标注规定符号减少视图和剖视图的简化画法

1）小圆角或小倒角的省略画法（图7.58）

机件中除了确属需要表示的设计结构圆角外，其他工艺圆角在零件图中均可不画，但必须注明尺寸，或在技术要求中加以说明。

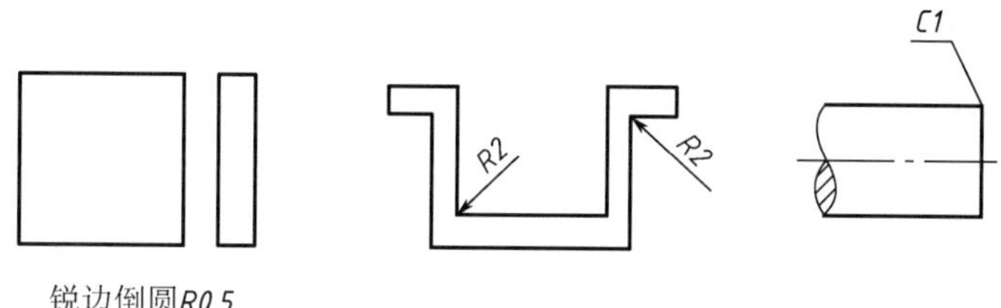

图7.58 小圆角或小倒角的省略画法

2）滚花的简化与省略

对机件中的滚花一般采用在其边界线附近用细实线局部画出的方法表示，也可以省略不画，但在图上要标注规定符号或在技术要求中标明其具体要求，如图7.59所示。

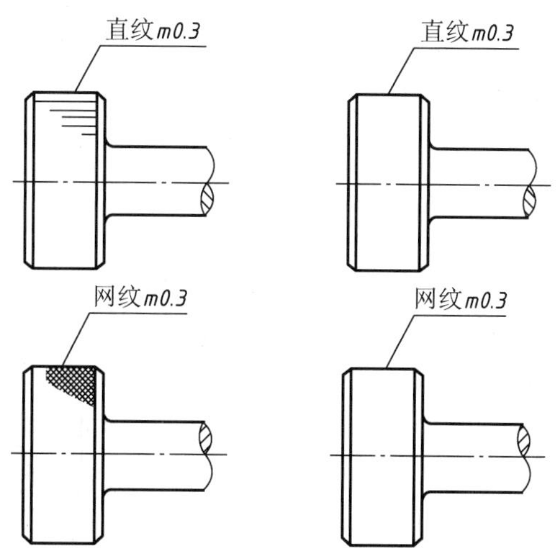

图7.59 滚花的省略画法

2. 对相同结构要素的简化画法

1）按规律分布的相同结构的简化画法

机件中按规律分布的相同结构形状只需画出几个完整的，其余可用细实线连接表示，但在图中必须标注该结构的总数，如图7.60所示。

2）按规律分布的等直径孔的简化画法

机件中按规律分布的等直径孔，可以只画出一个或几个，其余只需表示出孔的中心位置，并注明孔的总数，如图 7.61 所示。

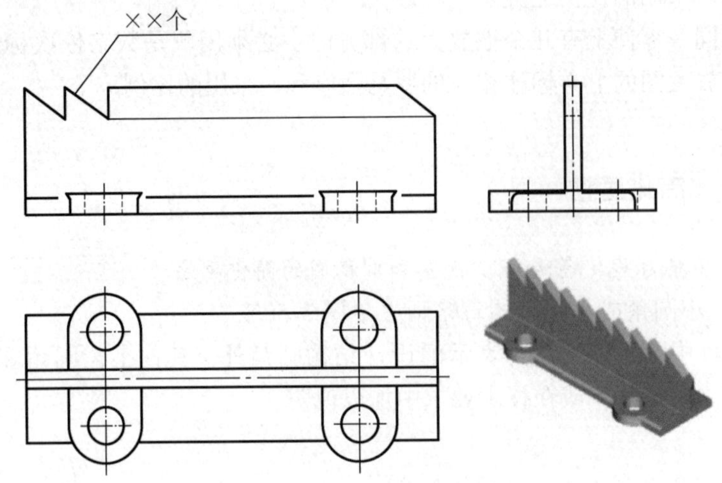

图 7.60　相同结构的省略画法

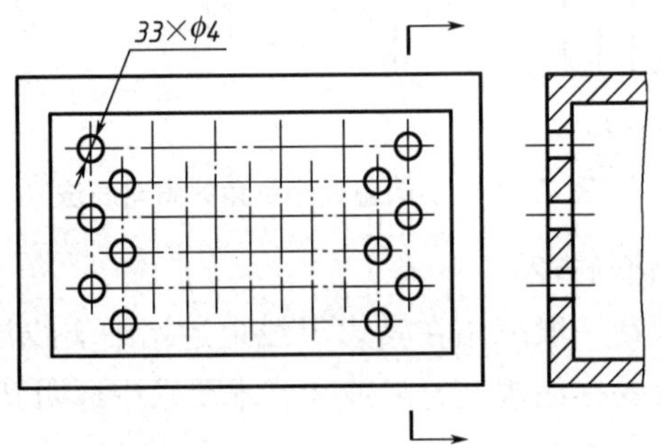

图 7.61　按规律分布的等直径孔的简化画法

3）按规律均布的孔、肋、轮辐等形状的简化画法

表达机体回转体结构上未剖切到的均布的孔、肋、轮辐等形状时，可以将这些形状自动转到剖切平面位置按剖切到处理，不需任何标注和说明，如图 7.62 所示。

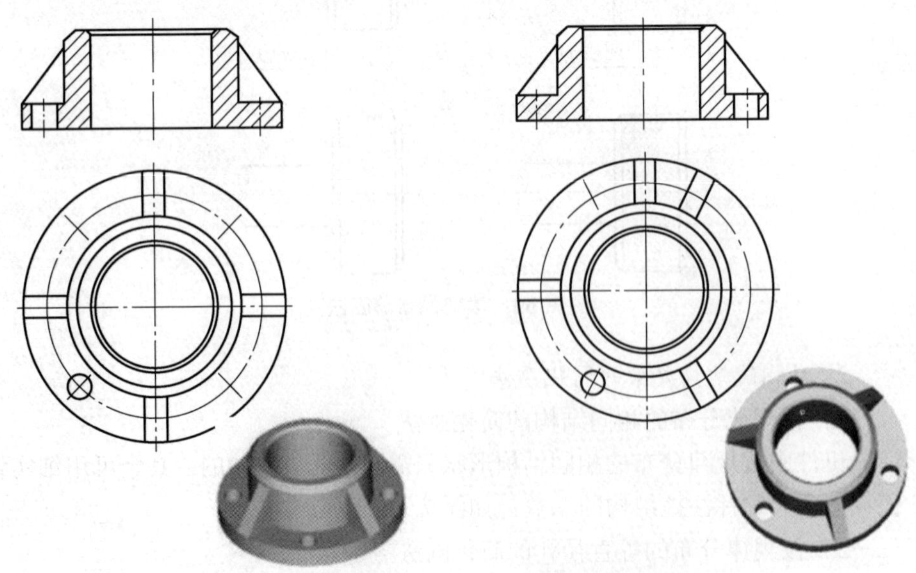

图 7.62　按规律均布的孔、肋、轮辐等形状的简化画法

4）图形对称时的简化画法

图形对称时，可画略大于一半，也可只画出一半或1/4，并在对称中心线的两端画出两条与其垂直的二平行细实线，如图7.63所示。

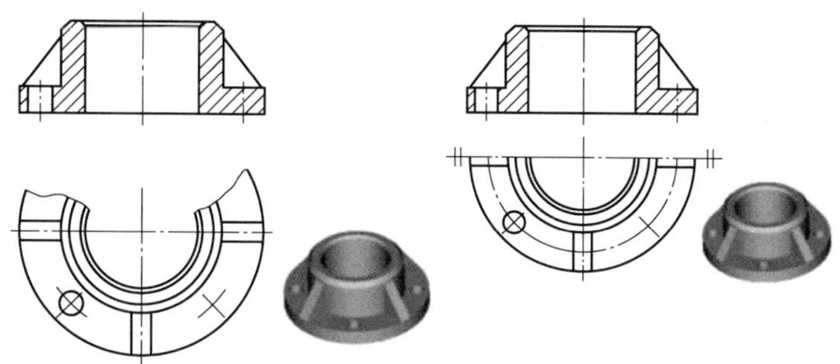

图7.63　图形对称时的简化画法

3. 对机件投影的简化

（1）机件中与投影面倾斜角度<30°的圆或圆弧边界线的投影可用圆或圆弧代替，如图7.64所示。

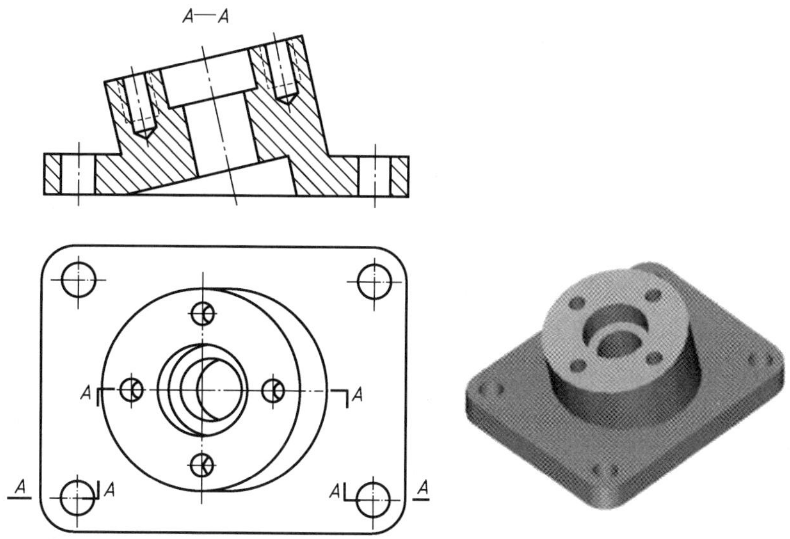

图7.64　机件投影的简化画法

（2）机件中圆柱法兰和类似结构上均匀分布的孔的简化表示，如图7.65所示。

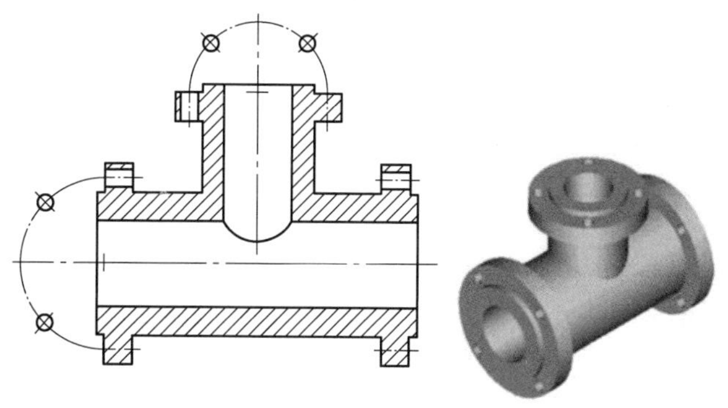

图7.65　均匀分布的孔的简化画法

（3）机件上某些较小结构的形状已在一个视图中表达清楚时，该结构的邻接边界面交集在其他视图中，则在其他视图中应当简化或省略，不必按投影画出所有线条，如图7.66所示。

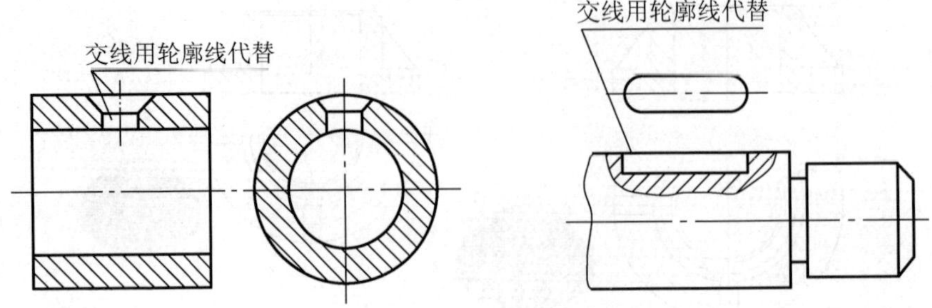

图7.66　机件上小结构的简化画法

（4）当回转体零件上的平面在图形中不能充分表达时，可用两条相交的细实线表达这些平面，如图7.67所示。

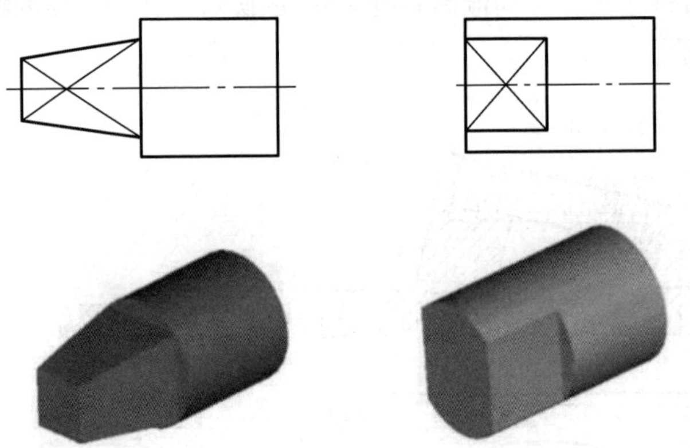

图7.67　机件中回转结构的平面的画法

（5）斜度不大的斜面只按小端画出，如图7.68所示。

（4）对较长机件沿长度方向的形状相同或按一定规律变化时，可假想将机件折断后缩短绘制，如图7.69所示。

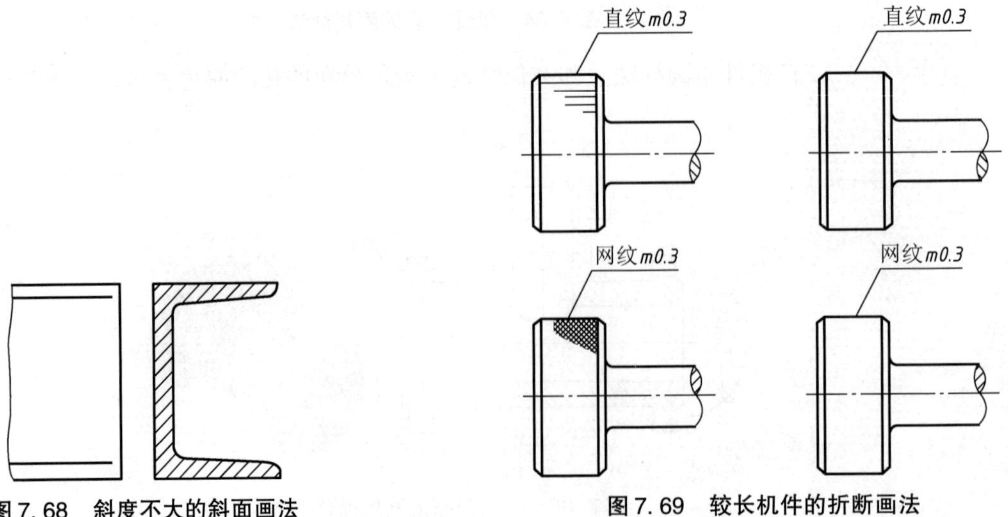

图7.68　斜度不大的斜面画法

图7.69　较长机件的折断画法

习　　题

一、填空题

1. 产品的六视图包括________、________、________、________、________和________。

2. 剖切面分为 以下几种：________、________、________和________。

3. 断面图分为________和________两种。

二、思考题

1. 请说明六视图的形成和特点。

2. 论述剖视图的应用范围。

3. 分析断面图的应用范围。

4. 简述局部放大图和简化画法的应用。

三、画图练习

1. 补充图 7. 70 所示机件阶梯剖的俯视图。

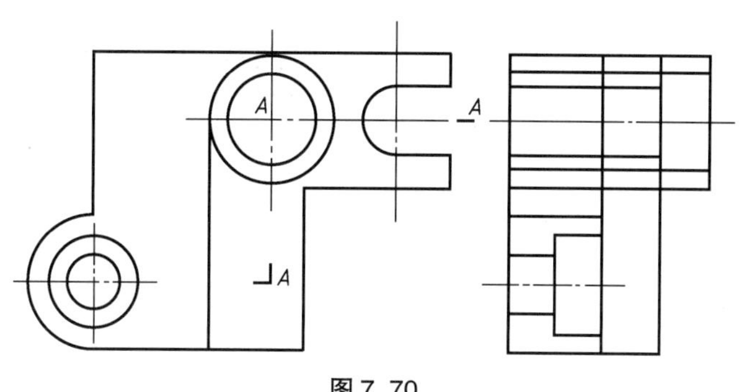

图 7. 70

2. 根据图 7. 71 所示机件的主视图和俯视图，画出左视图，并画出 *A*—*A* 向的剖视图。

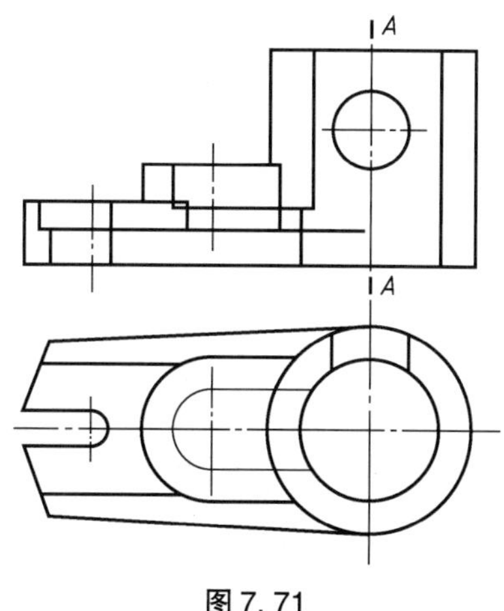

图 7. 71

第 8 章　AutoCAD 制图基础

教学目标

◆ 熟悉 AutoCAD 的工作界面。
◆ 了解 AutoCAD 的文件管理。
◆ 掌握 AutoCAD 绘图环境设置。
◆ 掌握基本图形的绘制。
◆ 通过图形编辑命令修改对象。
◆ 掌握复杂的二维图形绘制与编辑。
◆ 掌握尺寸标注。
◆ 掌握文字功能。

教学要求

知识要点	能力要求	常用快捷键
AutoCAD 的工作界面	（1）了解标题栏、菜单栏、工具栏、绘图窗口、命令行、状态栏等元素	F1：获取帮助 F2：实现作图窗和文本窗口的切换 F3：控制是否实现对象自动捕捉 F4：数字化仪控制 F5：等轴测平面切换 F6：控制状态行上坐标的显示方式 F7：栅格显示模式控制 F8：正交模式控制 F9：栅格捕捉模式控制
AutoCAD 的文件管理	（1）掌握创建新文件、打开文件、保存文件及关闭文件的方法	Ctrl + N：新建图形文件 Ctrl + M：打开选项对话框 Ctrl + O：打开图像文件 Ctrl + P：打开打印对话框 Ctrl + S：保存文件
基本绘图设置	（1）掌握绘图单位、图形界限、栅格、图层、捕捉、坐标、系统配置的设置	La：图层管理器 OS：捕捉设置 Ctrl + Z：取消前一步的操作
基本图形绘制	（1）掌握点、直线、矩形、圆、圆弧、椭圆、椭圆弧、多边形、圆环、构造线、射线的绘制方法	PO：点　L：直线　REC：矩形 C：画圆　A：画弧　EL：椭圆 POL：多边形　XL：构造线
图形的选择与编辑	（1）掌握不同的图形选择方式 （2）掌握删除、复制、镜像、偏移、阵列、移动、旋转、缩放、拉伸、拉长、修剪、延伸、倒角、圆角、打断、合并、分解、使用夹点等编辑方法	E：删除　CO：复制　MI：镜像 O：偏移　AR：阵列　M：移动 RO：旋转　SC：缩放　S：拉伸 LEN：拉长　TR：修剪　EX：延伸 CHA：倒直角　F：圆角　BR：打断　J：合并　X：分解　U：恢复上一次操作

知识要点	能力要求	常用快捷键
复杂的二维图形绘制与编辑	(1) 绘制与编辑多线 (2) 绘制与编辑多段线 (3) 绘制样条曲线 (4) 进行图案填充 (5) 定义块与插入块	ML：多线 PL：多段线 SPL：样条曲线 H：图案填充 B：定义块　I：插入块
尺寸标注	(1) 尺寸标注规则 (2) 新建尺寸样式 (3) 长度尺寸标注 (4) 半径、直径、圆心标注 (5) 角度标注及其他尺寸标注	DLI：直线标注　DCO：连续标注 DAB：基线标注　DAL：斜线标注 DRA：半径标注　DDI：直径标注 DAN：角度标注　LE：引线标注 AA：测量区域和周长　D：标注设置
文字功能	(1) 设置样式名称 (2) 设置字体 (3) 创建与编辑单行文字 (4) 创建与编辑多行文字	ST：单行文本输入 T：多行文本输入

基本概念

◆ 正交：绘制直线只能是垂直的和水平的，这样可以避免画斜。

◆ 栅格：屏幕出现布满的间距相等的点（间距可调），栅格开启画图时鼠标只能在点上移动，经纬分明，方便精确作图。

◆ 栅格捕捉：捕捉栅格的点。

◆ 对象捕捉：在绘图时，连线的起点或终点在某个特定的地方，比如说圆心处、交点处、切点处等，软件会自动锁定。

引例

AutoCAD 的应用故事

设计创新已经彻底改变了人类世界。从手机、笔记本电脑、黑莓、DVD、MP3 到数码相机，人类的生活变得更加丰富多彩。现在，我们可以找到不同的、有趣的方式去生活、工作和娱乐。灵感是设计师们的“突破时刻”，设计在创新中起着至关重要的作用，它保证以一种最可行的方式将创新想法付诸实践，从而为更多受众创造更多的价值。

从一个绘图工具开始，AutoCAD 现在有着丰富的产品系列，被译成 18 种文字，被全球 100 多个国家的 800 多万设计专业人员所使用。AutoCAD 的使用者来自各个行业，从建筑，工程业到制造、自动化、交通、地理、媒体和娱乐业等。

全球第一幢能源自给自足的高层建筑珠江大厦已于 2009 年在中国广州竣工。这幢大楼在建成后不需要作为城市基础设施的电力供应，第一次从真正意义上实现了对绿色建筑价值的拓展。珠江大厦的完美设计是芝加哥著名设计公司 SOM 使用 AutoCAD 软件实现的。

美国加利福尼亚 Turlock 城的高级工程技术员 Carole Hibbard 曾是一名城市地图绘制者。从一个新手开始，Hibbard 每天都使用 AutoCAD，现在已成为该市地理信息系统（GIS）的制图专家。使用 AutoCAD，Hibbard 能够节省大量时间。

盛邦（上海）咨询有限公司新加坡分公司助理副总裁 Nelson Leong 从 1987 年开始使用 AutoCAD。他运用 AutoCAD 做得最有趣的项目之一就是高层住宅建筑。通过使用 AutoCAD，Nelson 能够生成 3D 模型，在建筑施工前看到建筑的设计模样。

马来西亚 Mohamed & Khoo Sdn Bhd 公司土建工程师 Wong Chiak Hong 从 1990 年开始使用 AutoCAD 。Wong 使用 AutoCAD 做的一个最重要项目就是马来西亚南北高速大道的土木工程设计和绘图工作。由于运用 AutoCAD，可以找回最初的那些设计，且能够灵活地在未来的项目中重新使用新的或现有的光栅图像，这帮助 Wong 节省了工作时间。

持续的创新及其广泛应用证明，AutoCAD 能够为世界进步提供无限的创意和动力。

AutoCAD 是由美国 Autodesk 公司出品的使用广泛的专业绘图软件，是在全世界微机上使用最广泛的绘图软件之一。在机械、建筑、电子、航天、造船、测绘、冶金、地质、纺织等部门获得广泛的应用。AutoCAD 自 1982 年问世以来，已经经历了十余次升级，其每一次升级，在功能上都得到了逐步增强，且日趋完善。也正因为 AutoCAD 具有强大的辅助绘图功能，因此，它已成为工程设计领域中应用最为广泛的计算机辅助绘图与设计软件之一。AutoCAD 把工程师从繁重的手工劳动中解放出来，生成高效率、高品质的图像，大大地缩短绘图周期，管理方便，深受广大技术人员的欢迎。

8.1 AutoCAD 工作界面

AutoCAD 的工作界面主要由标题栏、菜单栏、工具栏、绘图窗口、文本窗口与命令行、状态栏等元素组成，如图 8.1 所示。

图 8.1 AutoCAD 工作界面

1. 标题栏

标题栏位于应用程序窗口的最上面，用于显示当前正在运行的程序名及文件名等信息，如果是 AutoCAD 默认的图形文件，其名称为 DrawingN. dwg（N 是数字）。单击标题栏右端的按钮，可以最小化、最大化或关闭应用程序窗口。标题栏最左边是应用程序的小图标，单击它将会弹出一个 AutoCAD 窗口控制下拉菜单，可以执行最小化或最大化窗口、恢复窗口、移动窗口、关闭 AutoCAD 等操作。

2. 菜单栏与快捷菜单

AutoCAD 的菜单栏由“文件”“编辑”“视图”等菜单组成，几乎包括了 AutoCAD 中全部的功能和命令。快捷菜单又称为上下文相关菜单。在绘图区域、工具栏、状态栏、模型与布局选项卡以及一些对话框上右击时，将弹出一个快捷菜单，该菜单中的命令与 AutoCAD 当前状态相关。使用它们可以在不启动菜单栏的情况下快速、高效地完成某些操作。

3. 工具栏

工具栏是应用程序调用命令的另一种方式，它包含许多由图标表示的命令按钮。在 AutoCAD 中，系统共提供了二十多个已命名的工具栏。默认情况下，“标准”“属性”“绘图”和“修改”等工具栏处于打开状态。

4. 绘图窗口

在 AutoCAD 中，绘图窗口是用户绘图的工作区域，所有的绘图结果都反映在这个窗口中。可以根据需要关闭其周围和里面的各个工具栏，以增大绘图空间。如果图纸比较大，需要查看未显示部分时，可以单击窗口右边与下边滚动条上的箭头，或拖动滚动条上的滑块来移动图纸。

5. 命令行

“命令行”窗口位于绘图窗口的底部，用于接收用户输入的命令，并显示 AutoCAD 提示信息。在 AutoCAD 2007 中，“命令行”窗口可以拖放为浮动窗口。

AutoCAD 文本窗口是记录 AutoCAD 命令的窗口，是放大的“命令行”窗口，它记录了已执行的命令，也可以用来输入新命令。在 AutoCAD 2007 中，可以选择“视图”→“显示”→“文本窗口”命令、执行 TEXTSCR 命令或按 F2 键来打开 AutoCAD 文本窗口，它记录了对文档进行的所有操作。

6. 状态栏

状态栏用来显示 AutoCAD 当前的状态，如当前光标的坐标、命令和按钮的说明等。

8.2 AutoCAD 图形文件管理

在 AutoCAD 2007 中，图形文件管理包括创建新的图形文件、打开已有的图形文件、关闭图形文件以及保存图形文件等操作。

1. 创建新图形文件

选择“文件”→“新建”命令（NEW），或在“标准”工具栏中单击“新建”按钮，可以创建新图形文件，此时将打开“选择样板”对话框，如图 8.2 所示。

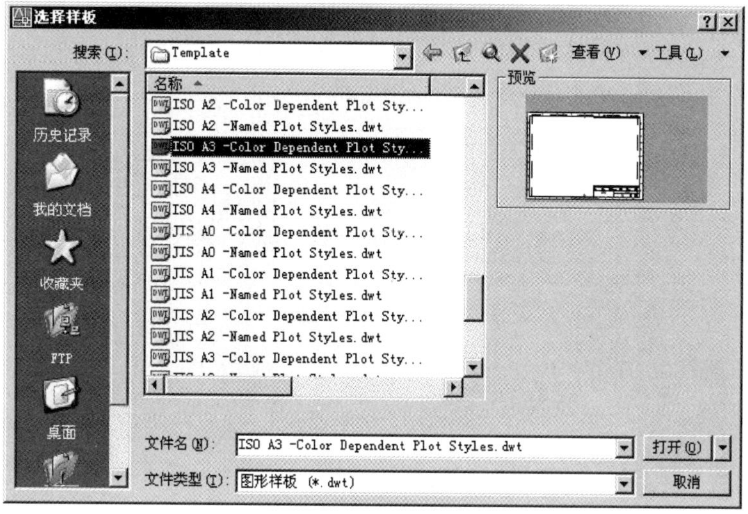

图 8.2　“选择样板”对话框

2. 打开图形文件

选择“文件”→“打开”命令（OPEN），或在“标准”工具栏中单击“打开”按钮，可以打开已有的图形文件，此时将打开“选择文件”对话框，如图 8.3 所示。

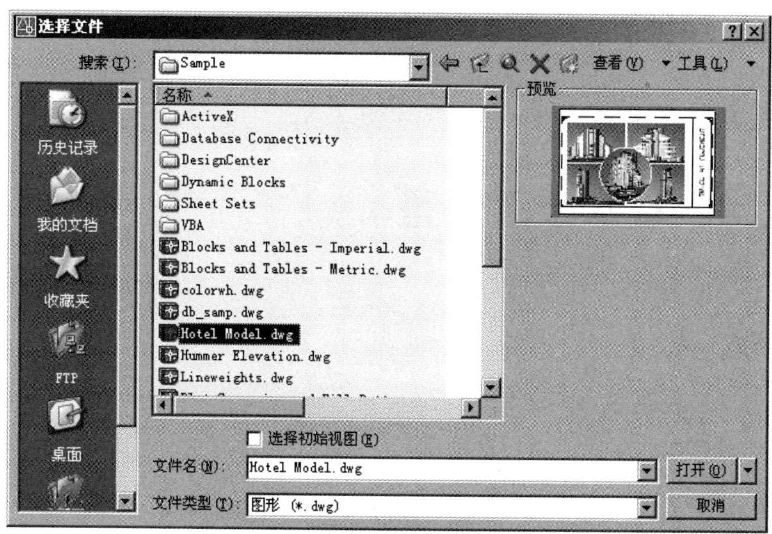

图 8.3　“选择文件”对话框

3. 保存图形文件

在 AutoCAD 中，可以使用多种方式将所绘图形以文件形式存入磁盘。例如，可以选择“文件”→“保存”命令（QSAVE），或在“标准”工具栏中单击“保存”按钮，以当前使用的文件名保存图形；也可以选择“文件”→“另存为”命令（SAVEAS），将当前图形以新的名称保存，如图 8.4 所示。

4. 关闭图形文件

选择“文件”→“关闭”命令（CLOSE），或在绘图窗口中单击“关闭”按钮，可以关闭当前图形文件。如果当前图形没有存盘，系统将弹出 AutoCAD 警告对话框，询问是否保存文件，如图 8.5 所示。

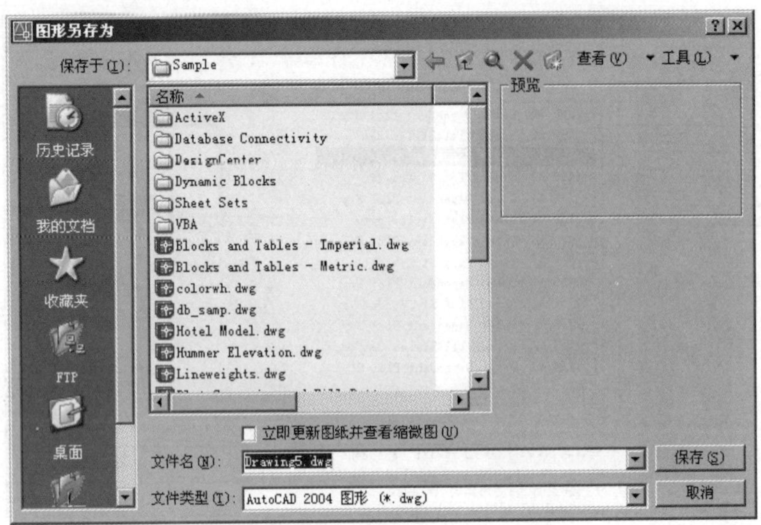

图 8.4 “图形另存为”对话框

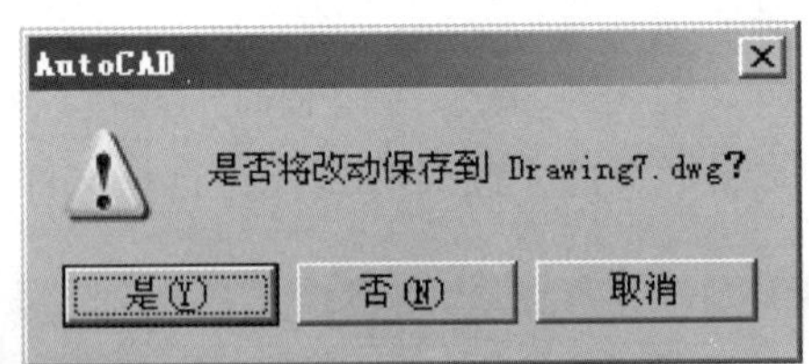

图 8.5 保存文件对话框

8.3 AutoCAD 基本绘图设置

1. 设置绘图单位

选择“格式”→“单位…”命令，系统将弹出如图 8.6 所示的对话框，从中可以根据需要进行绘图单位设置，如图 8.6 所示。

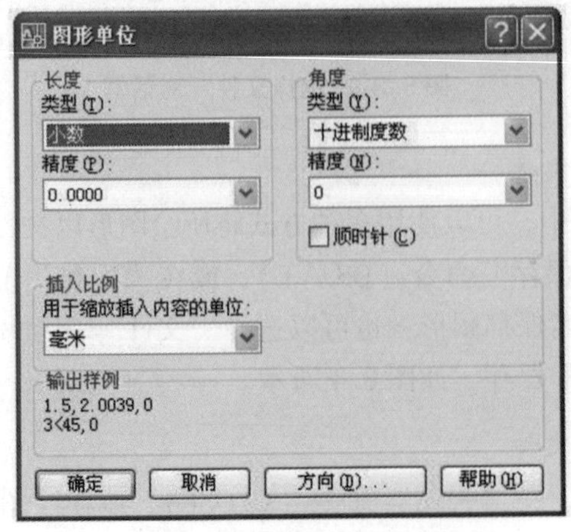

图 8.6 “图形单位”对话框

2. 设置图纸幅面

使用 LIMITS 命令可以在模型空间中设置一个想象的矩形绘图区域，也称为图限。

选择“格式”→“图形界限”命令，AutoCAD 在命令提示窗口要求用户给定绘图左下角和右上角的坐标，用来设定图形限定范围（网点显示范围）的极限尺寸。

一般以图纸左下角为坐标原点（0，0）。而右上角坐标为图纸的长和宽，注意输入 X 和 Y（长和宽）坐标时，用逗号隔开，如图 8.7 所示。

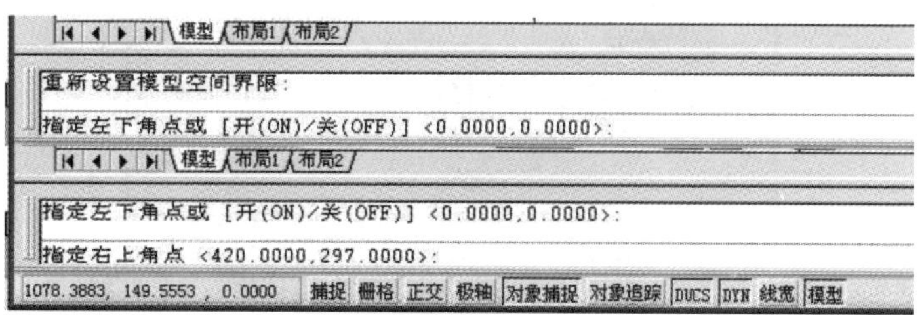

图 8.7　图幅设置命令行

3. 设置栅格

栅格的作用相当于纸上的隐格，也是为了方便观察图纸，便于绘图对齐，在打印的图纸上是不会出现的。将鼠标放在界面最下面的栅格按钮上右击，出现鼠标菜单，选设置。在右上角的栅格间距里设置适当的数字，如图 8.8 所示，再单击启动栅格退出，或者退出后按 F7，即可显示栅格。

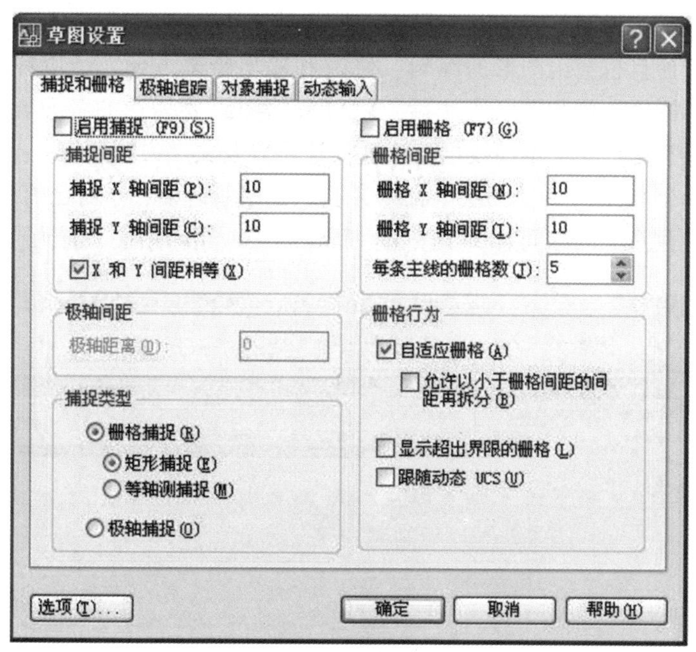

图 8.8　“捕捉与栅格”对话框

4. 设置捕捉

设置作图捕捉很重要，可以准确绘图并加快绘图速度，达到事半功倍的效果。

选择“工具”→“草图设置”命令，进入草图设置对话框，选择“对象捕捉”选项卡。里面有很多设置，可根据需要选择，常用的选择有：端点、中点、圆心、交点、垂足等，如图 8.9 所示。

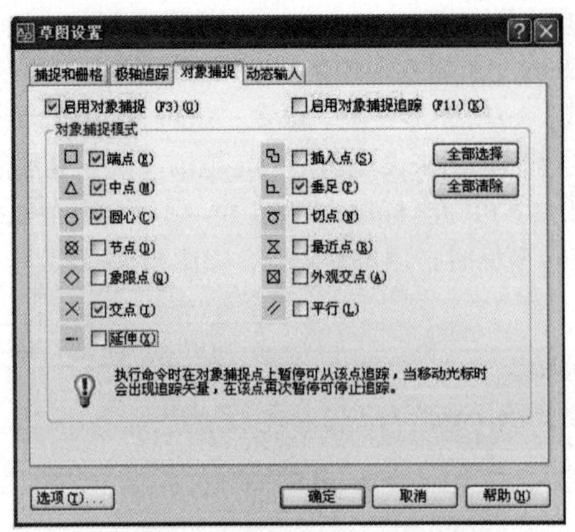

图 8.9 “对象捕捉”对话框

5. 设置正交

正交的设置是为了方便绘制垂直水平线。在绘图界面中，只要按下 F8，就可以绘制水平或者垂直线了。

6. 设置图层

在 AutoCAD 中，图形中通常包含多个图层，它们就像一张张透明的图纸重叠在一起。在机械、建筑等工程制图中，图形中主要包括轴线、轮廓线、虚线、剖面线、尺寸标注以及文字说明等元素。如果用图层来管理，不仅能使图形的各种信息清晰有序，便于观察，而且也会给图形的编辑、修改和输出带来方便。所以我们在开始绘图的时候，在确定了图纸单位和图纸大小后，就可根据图纸要表达的各元素设置图层，如轴线层、轮廓线层、虚线层、剖面线层、尺寸标注层以及文字说明层等。

选择“格式”→“图层”命令，打开图层管理器，本身已有一个 0 层，就是图纸的第一层。注意上面中间有 3 个按钮：新建图层、删除图层、置为当前，如图 8.10 所示。

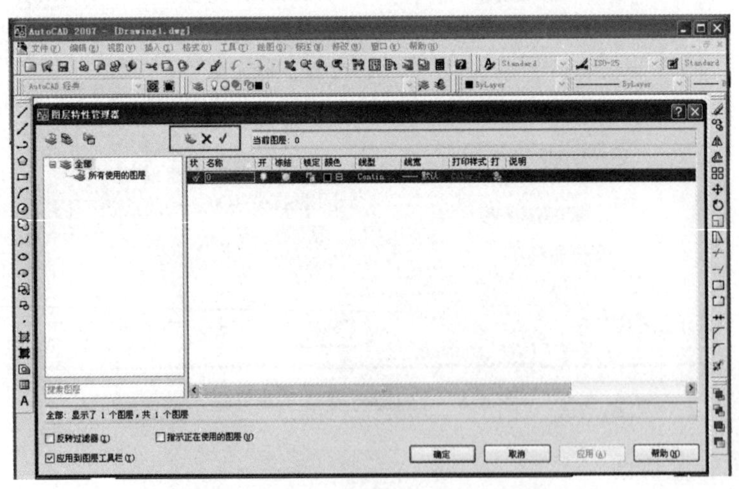

图 8.10 “图层特性管理器”对话框

选择新建图层，输入名称，设置图层色彩、线型、线宽等，如图 8.11、图 8.12 所示。

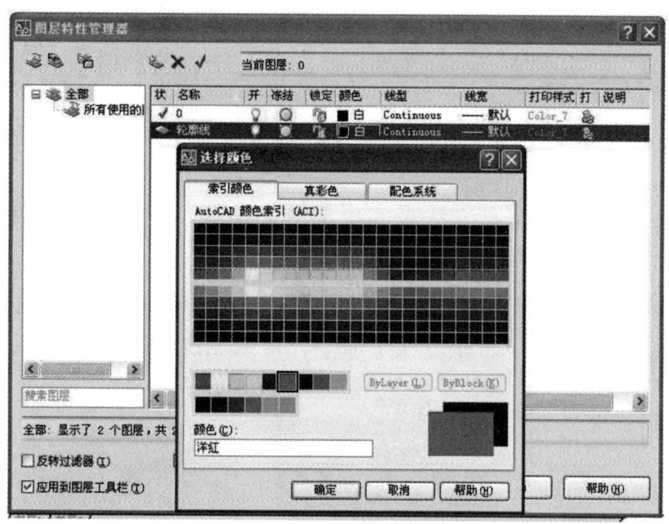

图 8.11 “选择色彩”对话框

图 8.12 “选择线型”对话框

7. 坐标设置

AutoCAD 采用直角坐标系。世界坐标系是 AutoCAD 的默认坐标系统，其坐标原点和坐标轴方向都不能改变。坐标原点（0，0）位于屏幕的左下角，*X* 轴正向水平向右，*Y* 轴正向垂直向上。一般坐标的输入方法有三种：

1）绝对坐标

书写规则是：首先写 *X* 坐标，然后写逗号，再写 *Y* 坐标，如：8，8。

2）相对坐标

相对于前一点的坐标差。如：当前坐标是（3，3），输入@ 4，6 表示输入点的绝对坐标是（7，9）。

3）极坐标

极坐标采取“距离 < 角度”的形式。如：@ 100 < 45 表示输入点与上一点距离为 100，输入点与上一点的连线与 *X* 轴正向夹角为 45°。

8.4 基本绘图命令

AutoCAD 提供了多种方法来实现相同的功能。例如，可以使用绘图菜单、绘图工具栏、绘图命令等多种方法来绘制基本图形对象。

“绘图”菜单是绘制图形最基本、最常用的方法，其中包含了 AutoCAD 的大部分绘图命令。选择该菜单中的命令或子命令，可绘制出相应的二维图形，如图 8.13 所示。

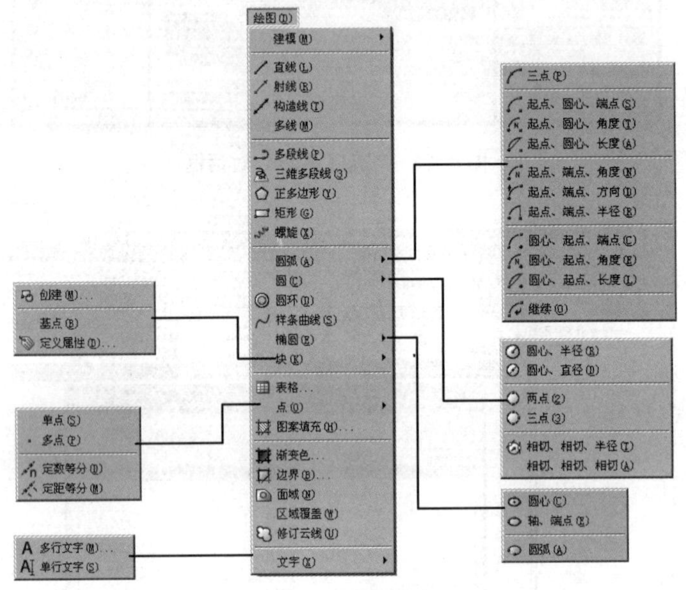

图 8.13 绘图菜单

“绘图”工具栏中的每个工具按钮都与“绘图”菜单中的绘图命令相对应，是图形化的绘图命令，如图 8.14 所示。

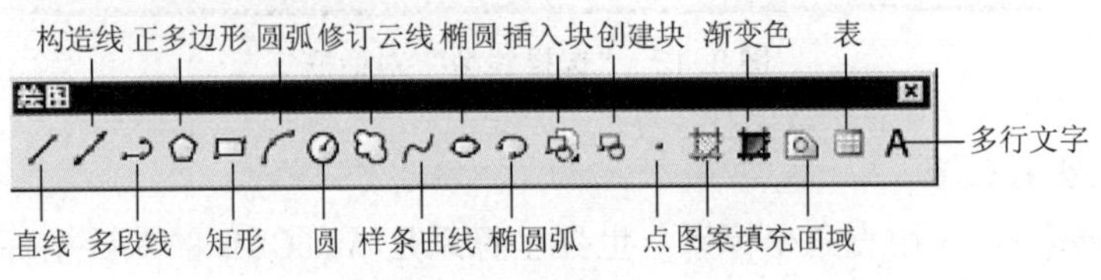

图 8.14 绘图工具栏

1. 绘制点

在 AutoCAD 中，点系统提供了多种形式的点，绘制形式有单点、多点、定数等分点和定距等分点等。用户可使用 POINT 命令在图形窗口内任何位置绘制一个或多个点对象，也可方便地设置点的大小和形状（样式），点的样式共有 20 种供用户选择，如图 8.15、图 8.16 所示。选择“格式”→“点样式”命令，弹出“点样式”对话框。可以自由选择点样式。

图 8.15 “点样式”命令

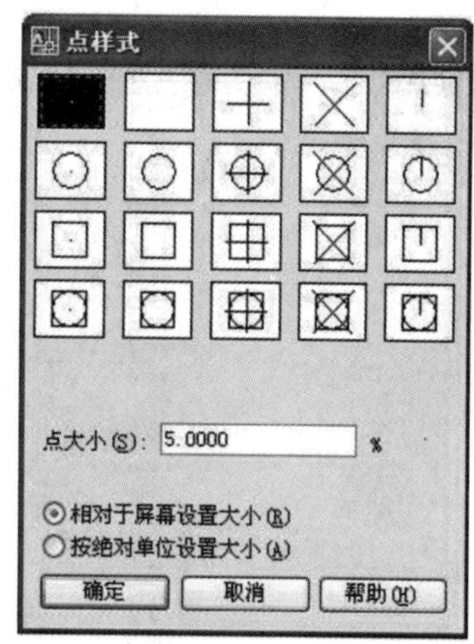

图 8.16 “点样式”对话框

1）定数等分点

选择“绘图”→“点”命令，在下一级子菜单中选择“定数等分”命令，选择要等分的线段，然后输入等分段数。在“点样式”对话框中选择 X 型点，然后单击“确定”按钮，就会出现下面的定数等分点图形，如图 8.17、图 8.18 所示。

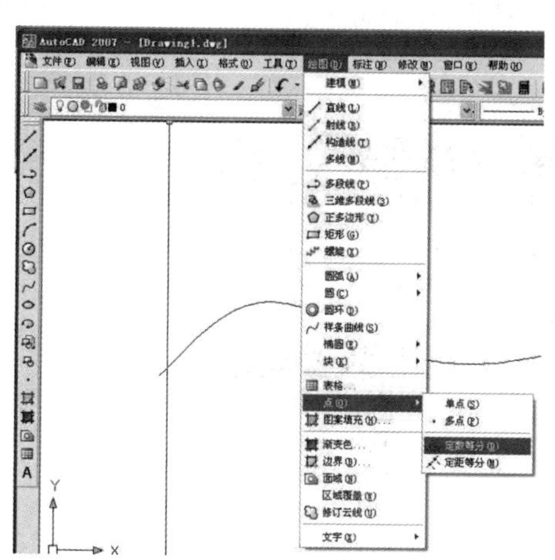

图 8.17 定数等分点命令

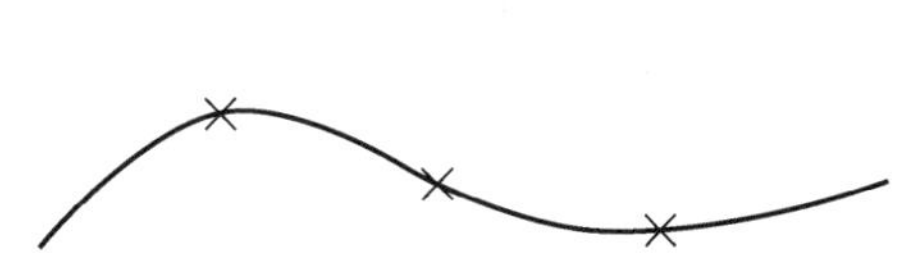

图 8.18 被等分为四段的弧形

2）定距等分点

定距等分点是指在实体上按特定的间距排列点或块。选择“绘图”→“点”命令，在下一级子菜单中选择“定距等分”命令，选择要等分的对象，然后输入要等分的距离，就会将线段以一定距离等分，红线框内表示多余的线长，如图 8.19、图 8.20 所示。

2. 绘制直线

直线是各种图形中最基本、最简单和最常用的基本图形对象，用直线可绘制出各种复杂二维、三维图形。选择“绘图”→“直线”命令，或使用 LINE 命令在绘图区域内绘制出单条或连续多条直线。

3. 绘制射线

射线也称单向构造线，它是只有一个起点，并延伸到无穷远的直线，射线由两点确定，射线不能作为图形输出，一般用作辅助线，或经修剪后方可作为图形输出，选择菜单“绘图”→“射线”命令，或使用 RAY 命令绘制射线对象。

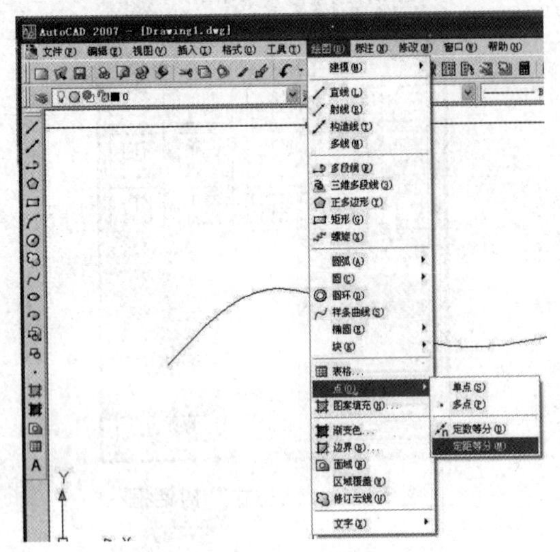

图 8.19　定距等分点命令

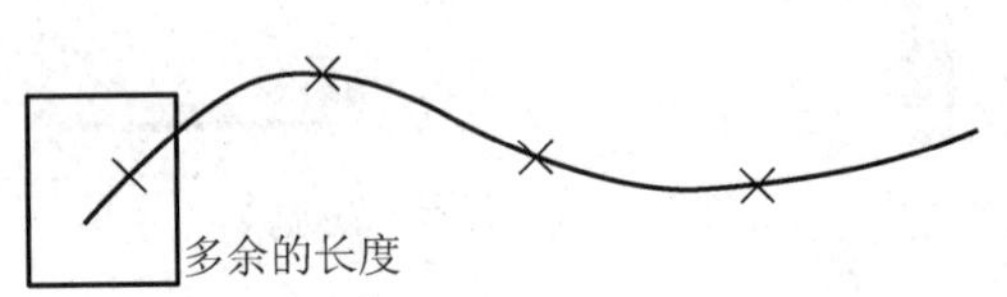

图 8.20　被定距等分的弧形

4. 绘制构造线

构造线为两端可以无限延伸的直线，没有起点和终点，可以放置在三维空间的任何地方，主要用于绘制辅助线。选择“绘图”→“构造线”命令绘制构造线对象，如图 8.21 所示。

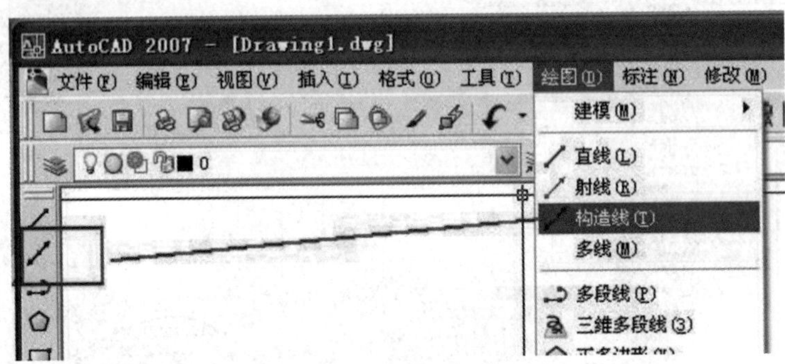

图 8.21　“构造线”命令

5. 绘制圆

选择“绘图”→“圆”命令绘制圆。AutoCAD 给出下列 6 种画圆的方法：

（1）圆心，半径：圆心配合半径决定一圆。AutoCAD 提示给定圆心和半径。

（2）圆心，直径：圆心配合直径决定一圆。AutoCAD 提示给定圆心和直径。

（3）两点（2P）：用直径的两端点决定一圆。AutoCAD 提示输入直径的两端点。

（4）三点（3P）：三点决定一圆。AutoCAD 提示输入三点，创建通过三个点的圆。

（5）相切、相切、半径（T）：与两物相切配合半径决定一圆。AutoCAD 提示选择两物体，并要求输入半径。

（6）相切、相切、相切（A）：通过与三个物体相切来绘制圆。

6. 绘制圆弧

AutoCAD 给出下列方法绘制圆弧，如图 8.22 所示。

（1）三点：通过输入三个点的方式绘制圆弧。

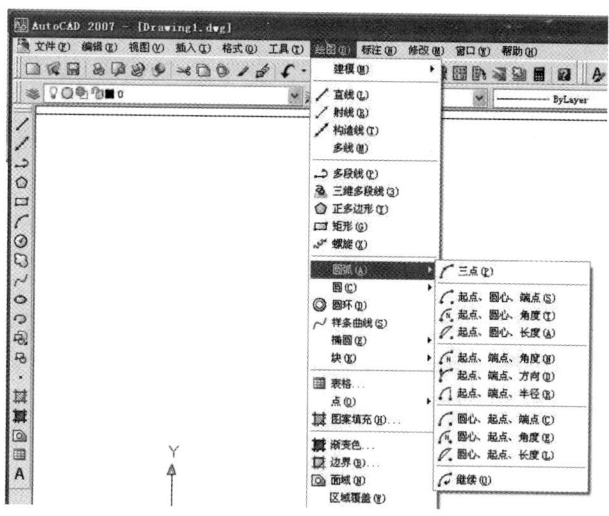

图 8.22 绘制圆弧的命令

(2) 起点、圆心、端点：以起始点、圆心、终点方式绘制圆弧。

(3) 起点、圆心、角度：以起始点、圆心、圆心角方式绘制圆弧。

(4) 起点、圆心、长度：以起始点、圆心、弦长方式绘制圆弧。

(5) 起点、端点、角度：以起始点、终点、圆心角方式绘制圆弧。

(6) 起点、端点、方向：以起始点、终点、切线方向方式绘制圆弧。

(7) 起点、端点、半径：以起始点、终点、半径方式绘制圆弧。

(8) 圆心、起点、端点：以圆心、起始点、终点方式绘制圆弧。

(9) 圆心、起点、角度：以圆心、起始点、圆心角方式绘制圆弧。

(10) 圆心、起点、长度：以圆心、起始点、弦长方式绘制圆弧。

7. 绘制椭圆

选择"绘图"→"椭圆"命令绘制椭圆。AutoCAD 给出下列两种画椭圆的方法：

(1) 中心点(C)：利用椭圆的中心坐标和长轴、短轴的一半来绘制。

(2) 轴、端点(E)：利用一个轴的全长和另一个轴的半长来绘制椭圆。

8. 绘制椭圆弧

选择"绘图"→"椭圆"命令，在下一级子菜单中选择"圆弧"命令。绘制椭圆弧的方法是：先按照尺寸绘制一个完整的椭圆，然后逆时针定两点，以选取需要保留的一段椭圆弧线。

9. 绘制矩形

选择"绘图"→"矩形"命令。绘制矩形时，首先确定矩形左下角第一个顶点，然后确定矩形右上角另外一顶点，确定一个矩形。

10. 绘制正多边形

选择"绘图"→"正多边形"命令。该命令可以绘制边数为 3~1024 的正多边形。等边多边形的大小由边长和边数确定，也可由内切圆或外切圆的半径大小来确定。按照提示区的提示，绘制的方法有三种：

(1) 内接圆法：设定圆心和内接圆半径(C)。

(2) 外切圆法：设定圆心和外接圆半径(I)。

(3) 设定正多边形的边长（Edge）和一条边的两个端点。

8.5 图形的选择和编辑

1. 图形的选择

1）点选

点选是最常用的方式，所有的编辑命令都需要选择，只需用鼠标点选所需要编辑的对象，当对象变为虚线时，表明已经被选择，然后按下 Enter 键或者鼠标的右键，就可以进行下一步的操作。

2）窗选

窗选分两种：一种为实窗口，一种为虚窗口。实窗口是将鼠标从左向右滑移而呈现的窗口，特点是只有完全被框选进去的实体，才能被选中。虚窗口是将鼠标从右向左滑移而呈现的窗口，特点是凡是与选择框接触的实体，都能被选中。

3）快速选择

选择“工具”→“快速选择”命令，可打开“快速选择”对话框，可以选择如同一图层的所有图形；同一颜色的图形等，如图 8. 23 及图 8. 24 所示。

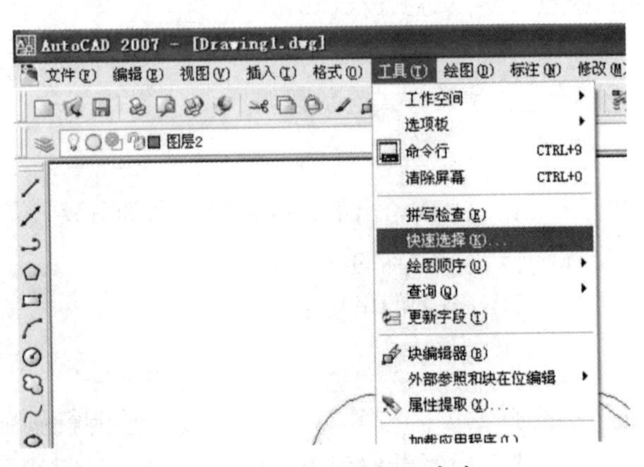

图 8. 23 “快速选择”命令

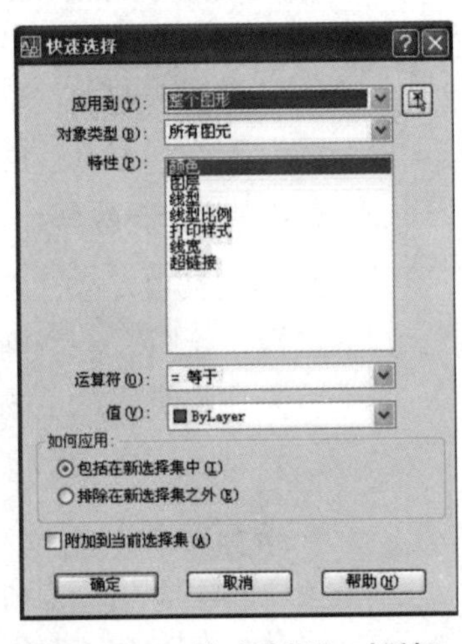

图 8. 24 “快速选择”对话框

2. 删除

选择“修改”→“删除”命令，或在“修改”工具栏中单击“删除”按钮，如图 8. 25 所示，都可以删除图形中选中的对象。

3. 复制

选择“修改”→“复制”命令，或单击“修改”工具栏中的“复制”按钮，如图 8. 26 所示，可以对已有的对象复制出副本，并放置到指定的位置。执行该命令时，首先需要选择对象，然后指定位移的基点和位移矢量（相对于基点的方向和大小）。

4. 镜像

选择“修改”→“镜像”命令，或在“修改”工具栏中单击“镜像”按钮，如图 8. 27

所示，可以将对象以镜像线对称复制。

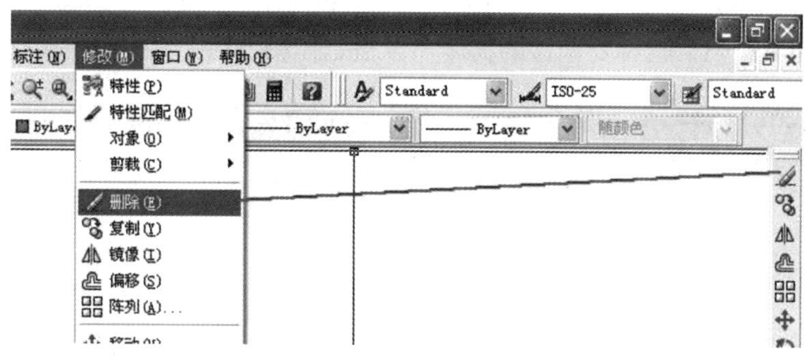

图 8.25 “删除”命令

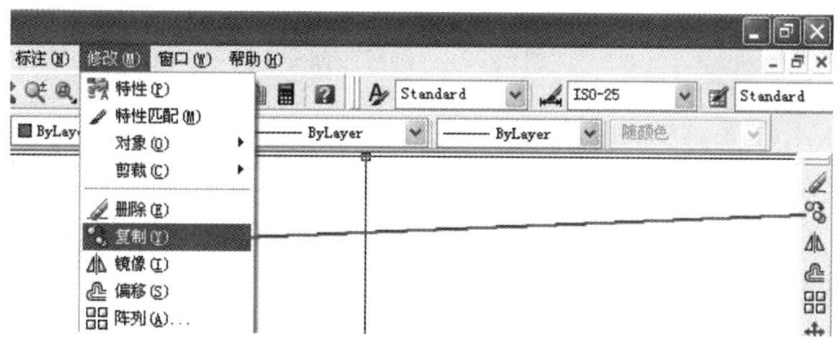

图 8.26 “复制”命令

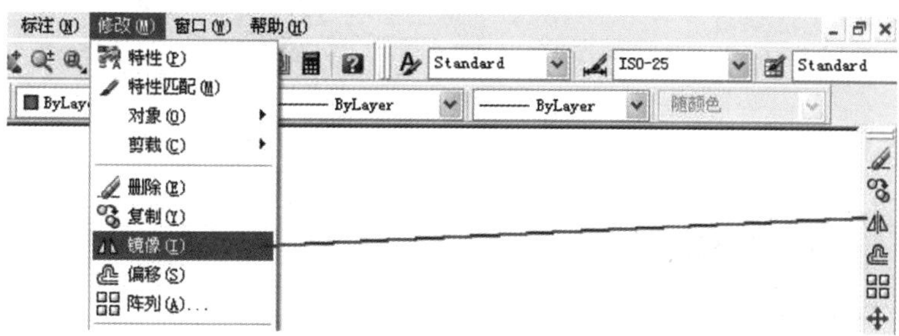

图 8.27 “镜像”命令

执行该命令时，需要选择要镜像的对象，然后依次指定镜像线上的两个端点，命令行将显示“删除源对象吗？[是（Y）/否（N）]<N>:”提示信息。如果直接按 Enter 键，则镜像复制对象，并保留原来的对象；如果输入 Y，则在镜像复制对象的同时删除原对象，如图 8.28 所示。

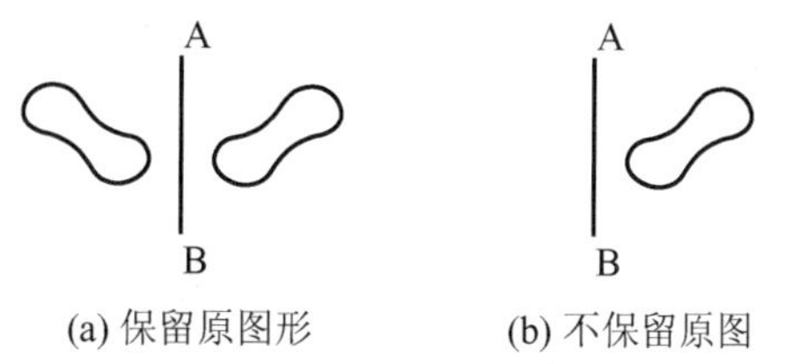

(a) 保留原图形 (b) 不保留原图

图 8.28 是否保留原图形

5. 偏移

选择“修改”→“偏移”命令，或在“修改”工具栏中单击“偏移”按钮，如图 8.29

所示，可以对指定的直线、圆弧、圆等对象作同心偏移复制。在实际应用中，常利用“偏移”命令的特性创建平行线或等距离分布图形。执行“偏移”命令时，首先要指定偏移距离，然后选择要偏移的物体，再指定偏移方向。

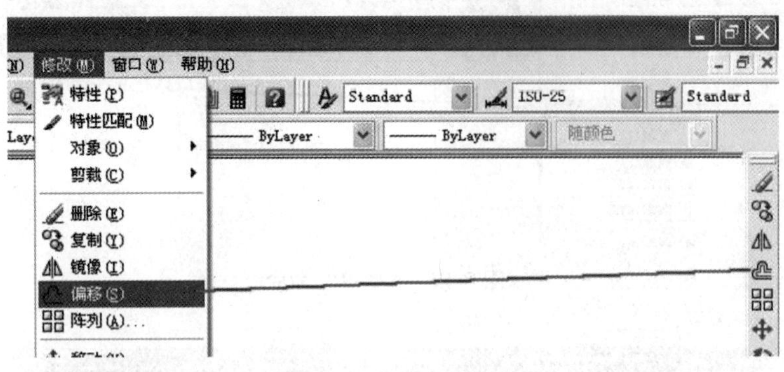

图 8.29 “偏移”命令

6. 阵列

选择“修改”→“阵列”命令，或在“修改”工具栏中单击“阵列”按钮，如图 8.30 所示，都可以打开“阵列”对话框，可以在该对话框中设置以矩形阵列或者环形阵列方式多重复制对象。

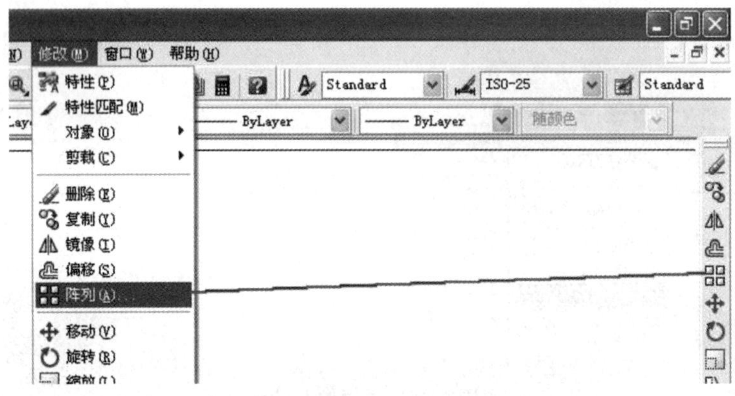

图 8.30 “阵列”命令

矩形阵列表示沿着 X、Y 轴排列；环形阵列表示绕某一点成圆周排列，排列的对象可以向花瓣一样自身找着中心点旋转，也可不旋转，还可以只在一定的角度范围内绕中心点阵列，如图 8.31、图 8.34 所示。

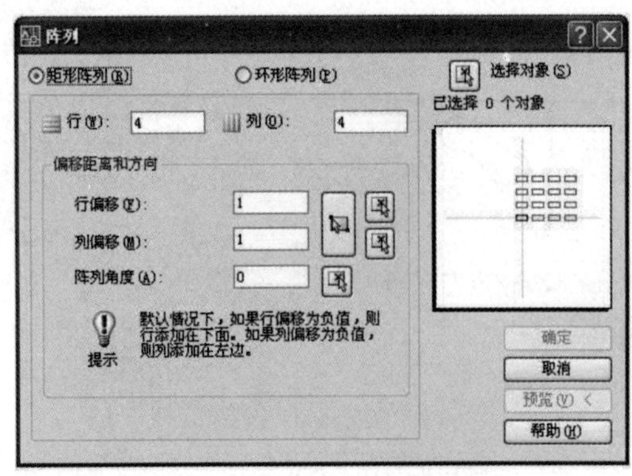

图 8.31 矩形阵列对话框

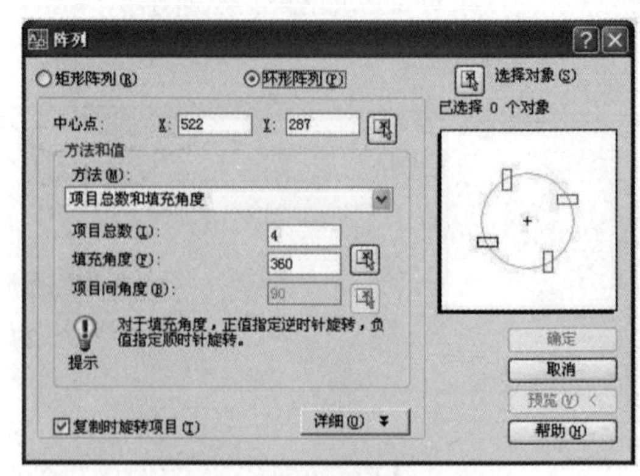

图 8.32 环形阵列对话框

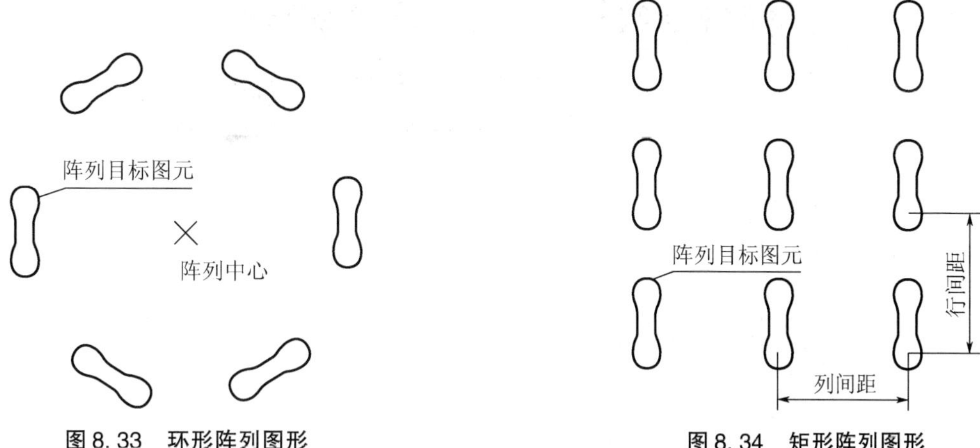

图 8.33 环形阵列图形　　　　图 8.34 矩形阵列图形

7. 移动

选择“修改”→“移动”命令，或在“修改”工具栏中单击“移动”按钮，如图 8.35 所示，可以在指定方向上按指定距离移动对象，对象的位置发生了改变，但方向和大小不改变。注意：“移动”与“平移”命令不同，假设屏幕是一张图纸，“平移”命令只是将图纸进行平移，而图形对象相对图纸固定不动；“移动”命令改变图形对象在图纸上的位置，图纸固定不动。

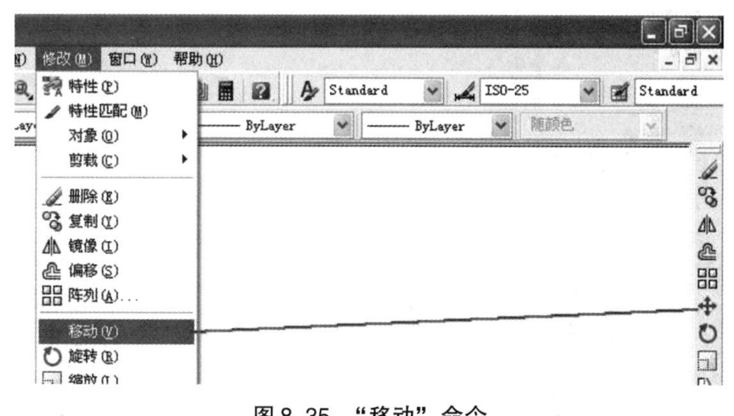

图 8.35 “移动”命令

8. 旋转

选择“修改”→“旋转”命令，或在“修改”工具栏中单击“旋转”按钮，如图 8.36 所示，可以将对象绕基点旋转指定的角度。逆时针旋转角度为正值，反之为负值。

9. 缩放

选择“修改”→“缩放”命令，或在“修改”工具栏中单击“缩放”按钮，可以将对象按指定的比例因子相对于基点进行尺寸缩放。注意：当比例因子大于 0 而小于 1（如 0.2、0.5…）时缩小对象，当比例因子大于 1（如 1.2、1.5…）时放大对象，如图 8.37 所示。

10. 拉伸

选择“修改”→“拉伸”命令，或在“修改”工具栏中单击“拉伸”按钮，如图 8.38 所示，就可以移动或拉伸对象。执行该命令时，可以使用“交叉窗口”方式或者“交叉

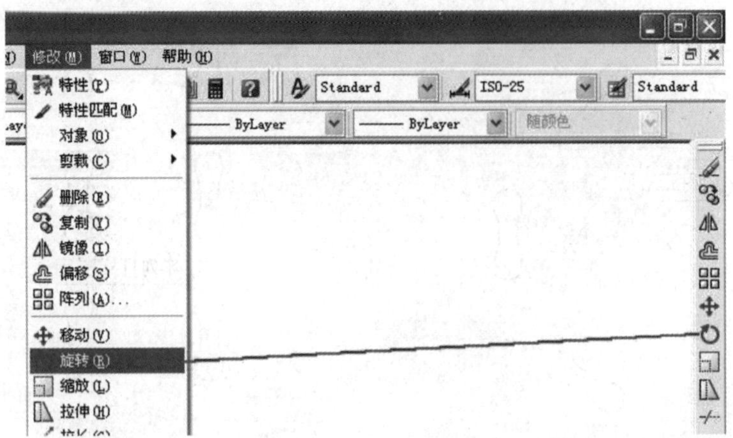

图 8.36　旋转命令

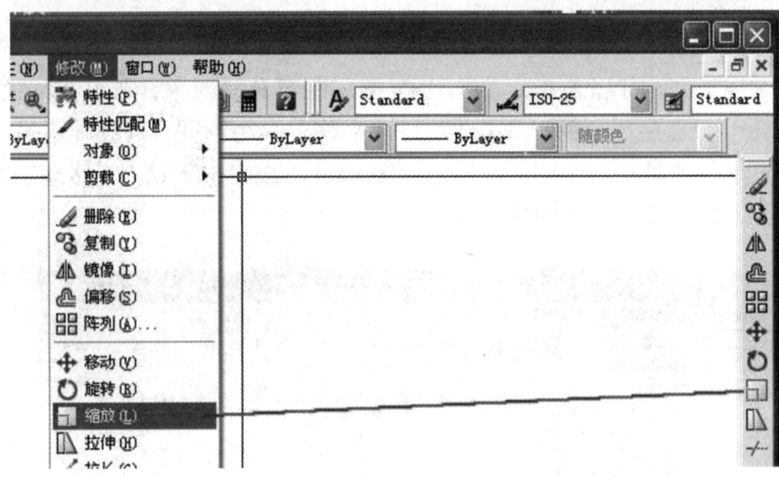

图 8.37　缩放命令

多边形”方式选择对象，然后依次指定位移基点和位移矢量，将会移动全部位于选择窗口之内的对象，而拉伸（或压缩）与选择窗口边界相交的对象。

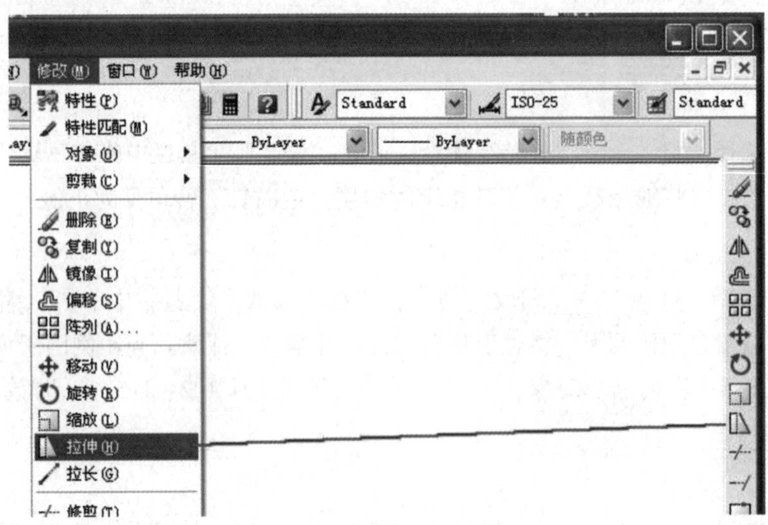

图 8.38　拉伸命令

11. 拉长

选择“修改”→“拉长”命令，即可修改线段或者圆弧的长度。执行该命令时，命令行显示如下提示，选择对象或［增量（DE）/百分数（P）/全部（T）/动态（DY）］：其中：增量（DE）表示拉长的数值；百分数（P）表示拉长为原长的百分之几，如20%、150%等；全部（T）确定拉长后的总长度；动态（DY）表示动态拉伸。

12. 修剪

选择“修改”→“修剪”命令，或在“修改”工具栏中单击“修剪”按钮，如图8.39所示，可以以某一对象为剪切边修剪其他对象。

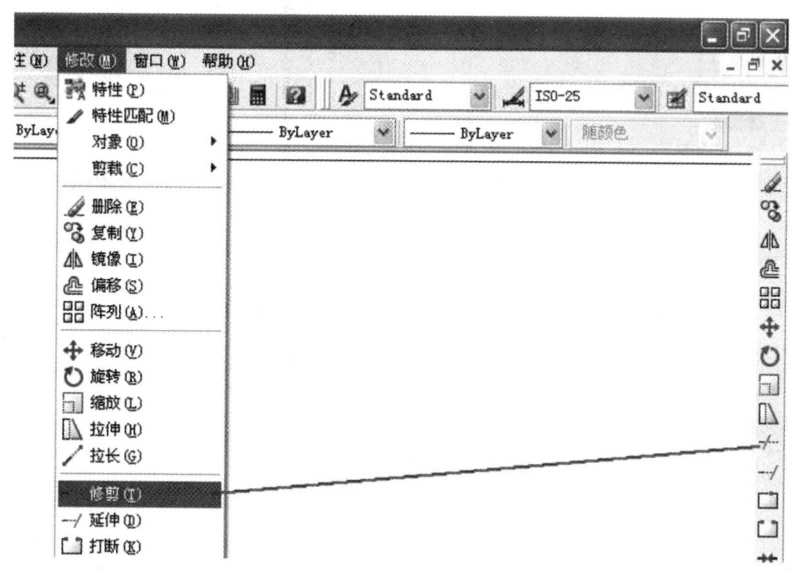

图8.39 “剪切”命令

如图8.40所示，选择修剪命令后，先点选要作为边界的对象［图8.40(a)中虚线部分］，选择完成按Enter键（或鼠标右键），再选择需要剪掉的对象部分。对象之间可以互为边界，一次剪掉多余的部分，如图8.40(b)所示。

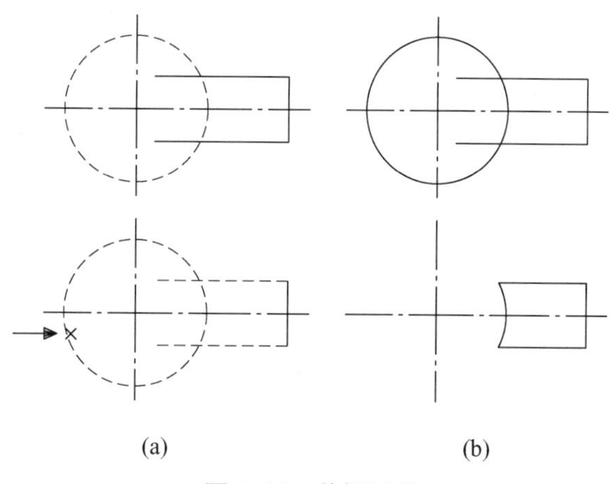

图8.40 剪切图形

13. 延伸

选择“修改”→“延伸”命令，或在“修改”工具栏中单击“延伸”按钮，如图8.41

所示，可以延长指定的对象与另一对象相交或外观相交。操作时，先点选要作为边界的对象，选择完成按 Enter 键（或鼠标右键），再选择需要延伸的对象，如图 8.42 所示。

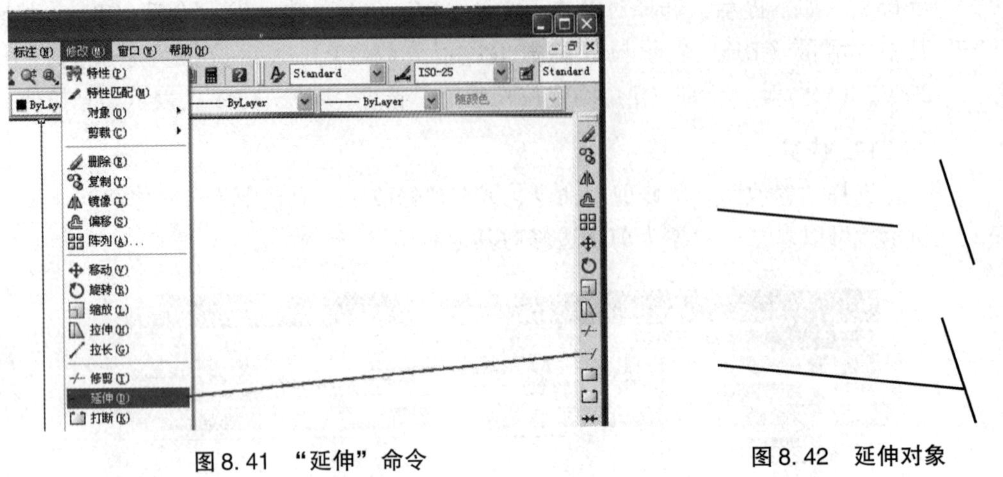

图 8.41 “延伸”命令　　图 8.42 延伸对象

14. 倒角

选择“修改”→“倒角”命令，或在“修改”工具栏中单击“倒角”按钮，如图 8.43 所示，即可为对象绘制倒角。执行该命令时，命令行显示如下提示信息。

选择第一条直线或［放弃（U)/多段线（P)/距离（D)/角度（A)/修剪（T)/方式（E)/多个（M)］：

注意：要先设置倒角的距离，输入 D，再输入两段数值，最后分别选择要倒角的两个边。

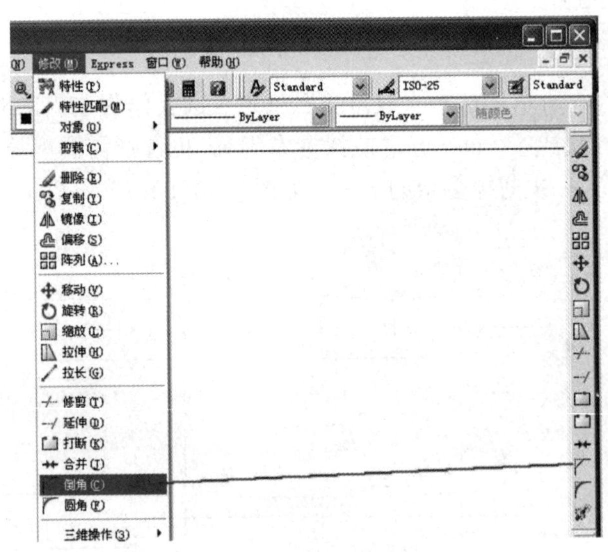

图 8.43 “倒角”命令

15. 圆角

选择“修改”→“圆角”命令（FILLET)，或在“修改”工具栏中单击“圆角”按钮，如图 8.44 所示，即可对对象用圆弧修圆角。执行该命令时，命令行显示如下提示信息。

选择第一个对象或［放弃（U)/多段线（P)/半径（R)/修剪（T)/多个（M)］：

注意：修圆角的方法与修倒角的方法相似，先选择“半径（R）”选项，即可设置圆角的半径大小，最后分别选择要圆角的两个边。

图 8.44 圆角命令

16. 打断

选择“修改”→“打断”命令，或在“修改”工具栏中单击“打断”按钮，如图 8.45 所示，即可删除部分对象或将对象在一点处打断，打断结果如图 8.46 所示。

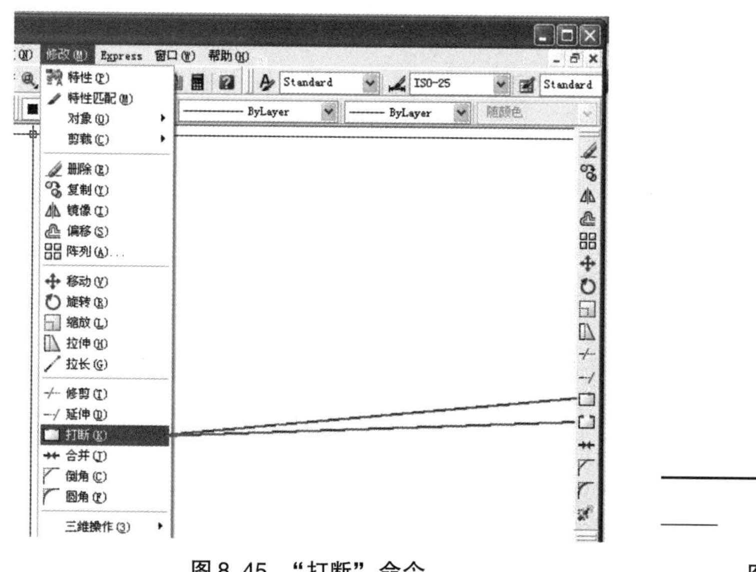

图 8.45 “打断”命令

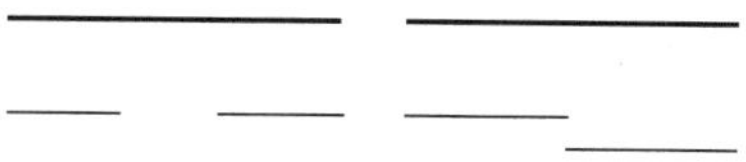

图 8.46 打断对象

17. 合并

如果需要连接某一连续图形上的两个部分，或者将某段圆弧闭合为整圆，可以选择“修改”→“合并”命令，也可以单击“修改”工具栏上的“合并”按钮，如图 8.47 所示，合并结果如图 8.48 所示。

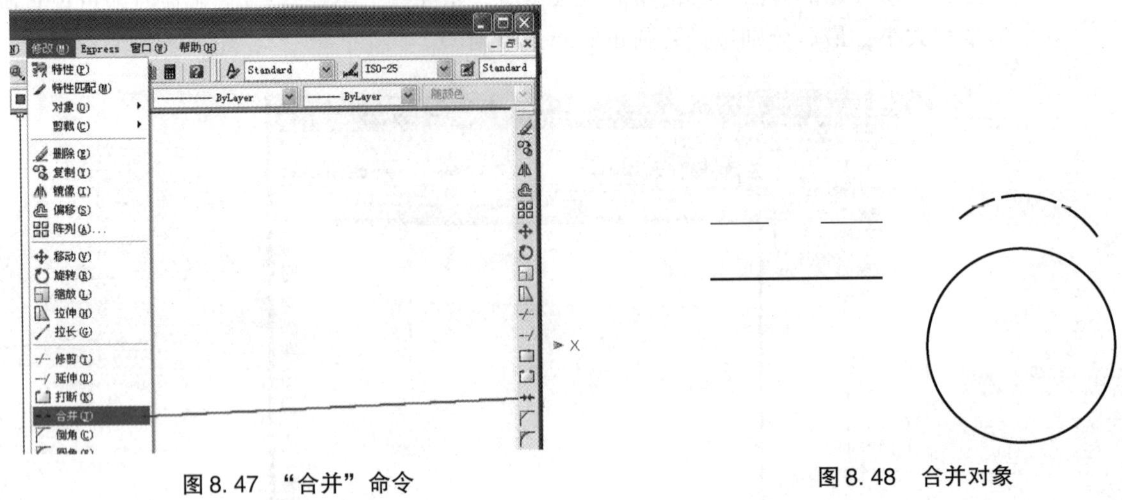

图 8.47 “合并”命令　　　　图 8.48 合并对象

18. 分解

对于矩形、块等由多个对象编组成的组合对象，如果需要对单个成员进行编辑，就需要先将它分解。选择“修改”→“分解”命令，或在“修改”工具栏中单击“分解”按钮，选择需要分解的对象后按 Enter 键，即可分解图形并结束该命令。

19. 使用夹点编辑对象

在 AutoCAD 中，夹点是一种集成的编辑模式，提供了一种方便快捷的编辑操作途径。例如，使用夹点可以对对象进行拉伸、移动、旋转、缩放及镜像等操作。在不选择任何命令的时候，点取对象物体，可以看见出现几个蓝色的小方块，这就是夹点，也称为界标。出现界标后，单击其中一个界标，使之成为红色的热点界标，命令行将显示如下提示信息。指定拉伸点或［基点（B）/复制（C）/放弃（U）/退出（X）］：可以按照提示中的各项进行操作。还可以单击鼠标右键，出现鼠标菜单，选择菜单内的各项进行更多操作，如图 8.49 所示。

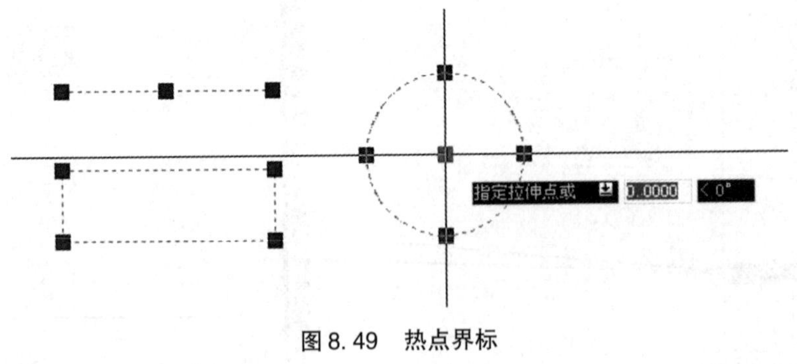

图 8.49 热点界标

8.6 绘制编辑复杂二维对象

使用“绘图”菜单中的命令除了可以绘制点、直线、圆、圆弧、多边形等简单二维图形对象，还可以绘制多线、多段线和样条曲线等复杂二维图形对象，用以加快绘制一些特殊要求的线段。

二维填充图形，可以用来表现断面的材料，如剖面线、地板花纹等。块命令可以一图多用，还可以多图共用，如绘制一个齿轮，变成块图形，凡是同一尺寸的齿轮，只要直接插入即可，或者将别人绘制的块图形拿来用。

1. 绘制与编辑多线

1）绘制多线

多线是一种由多条平行线组成的组合对象，平行线之间的间距和数目是可以调整的，多线常用于绘制建筑图中的墙体、电子线路图等平行线对象，如图 8.50 所示。

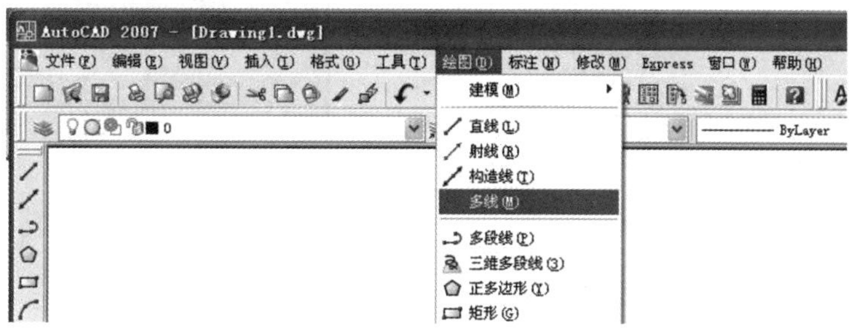

图 8.50 “多线”命令

选择“绘图”→“多线”命令，即可绘制多线，此时命令行将显示如下提示信息。当前设置：对正 = 上，比例 = 20.00，样式 = STANDARD

指定起点或［对正（J）/比例（S）/样式（ST）］：

输入J后，提示区显示：输入对正类型［上（T）无（Z）下（B）］<上>：是指光标所在两线之间的位置，如果选无（Z），光标就在两条线的中间位置，其他同理，如图 8.51 所示。

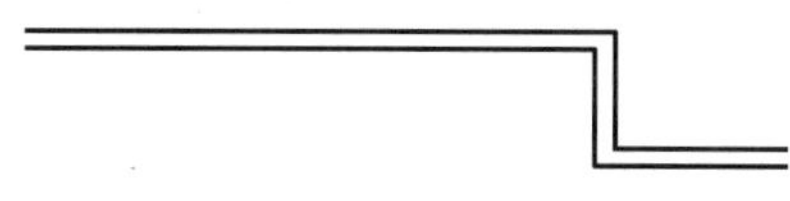

图 8.51　多线图形

2）选择和编辑多线样式

选择“格式”→“多线样式”命令，如图 8.52 所示，打开“多线样式”对话框，可以根据需要创建多线样式，设置其线条数目和线的拐角方式。

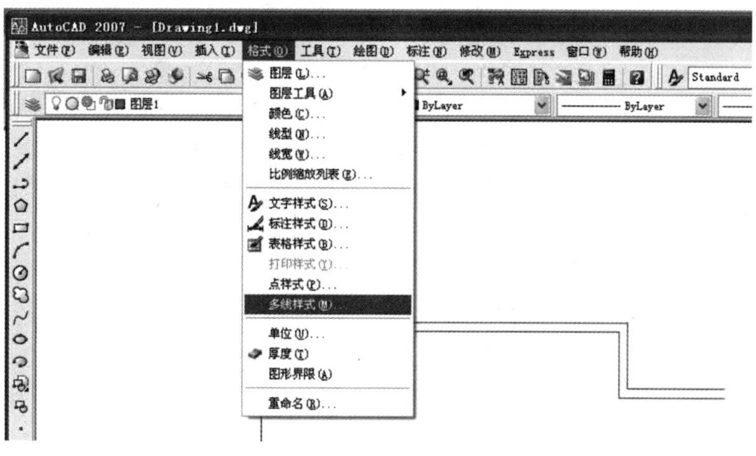

图 8.52　多线样式命令

打开“多线样式”对话框，如图 8.53 所示。可以根据需要创建多线样式，设置其线条数目和线的拐角方式。如选择“新建”按钮，设一个新样式名称，如图 8.54 所示。

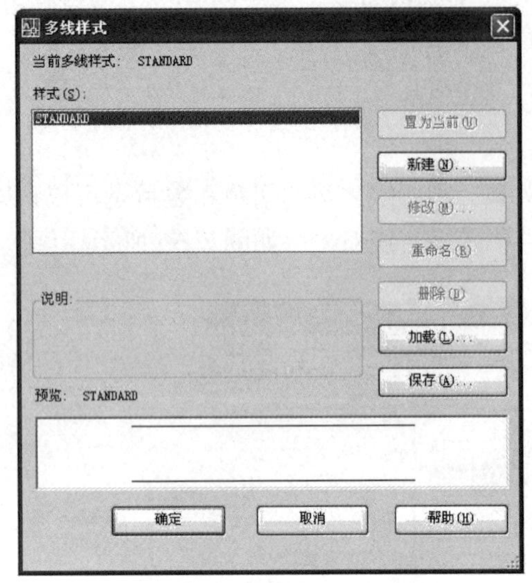

图 8.53 “多线样式”对话框

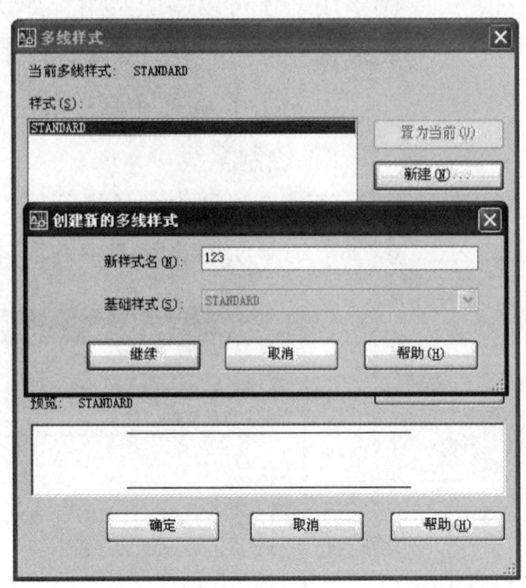

图 8.54 “创建新的多线样式”对话框

进入“新建多线样式”对话框，可以根据需要选择平行线端封口形式，线之间的填充色，多根平行线和之间的距离、颜色和线型等，如图 8.55 所示。

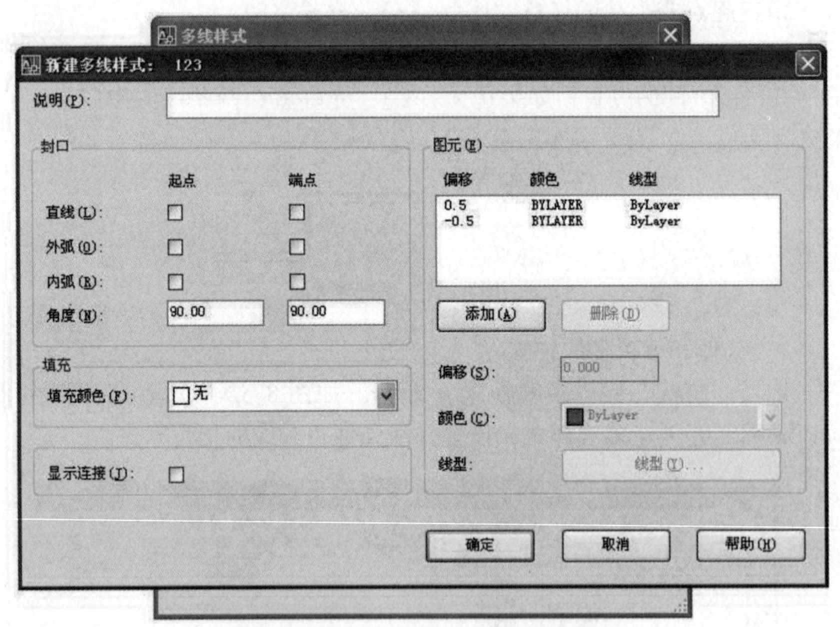

图 8.55 “新建多线样式”对话框

下面第二条线修改后的情况，如图 8.56 所示。

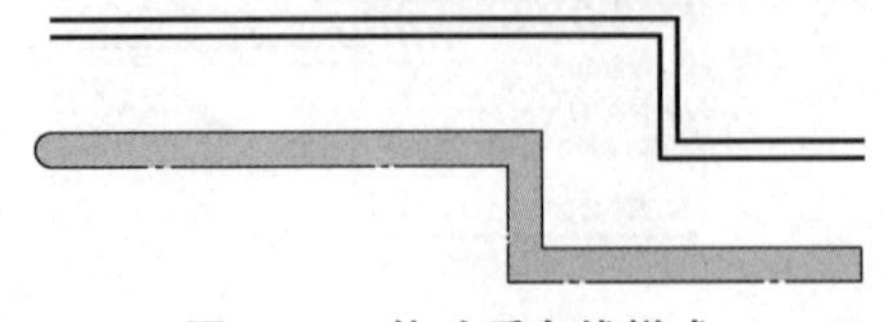

图 8.56 修改后多线样式

3）多线交叉点样式

选择“修改”→“对象”→“多线”命令，如图8.57所示，打开“多线编辑工具”对话框，可以使用其中的12种编辑工具编辑多线交叉点样式，如图8.58所示。

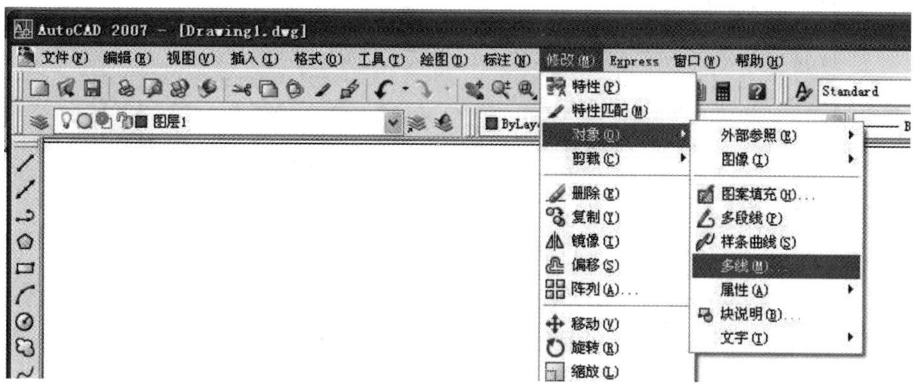

图8.57 多线交叉点样式命令

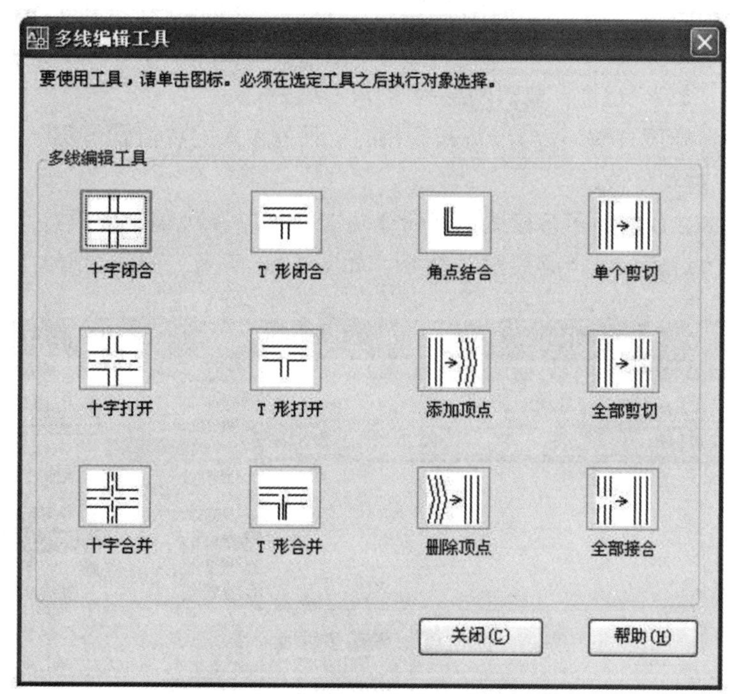

图8.58 “多线编辑工具”对话框

2. 绘制多段线

在AutoCAD中，“多段线”是一种非常有用的线段对象，它是由多段直线段或圆弧段组成的一个组合体，既可以一起编辑，也可以分别编辑，还可以具有不同的宽度。

1）绘制多段线

选择“绘图”→“多段线”命令，或在“绘图”工具栏中单击“多段线”按钮，如图8.59所示，即可绘制多段线。

当在绘图窗口中单击指定了多段线的起点后，命令行显示如下提示信息。

指定下一个点或［圆弧（A)/闭合（C)/半宽（H)/长度（L)/放弃（U)/宽度（W)］：

（1）圆弧（A)：由绘制直线转换成绘制圆弧。

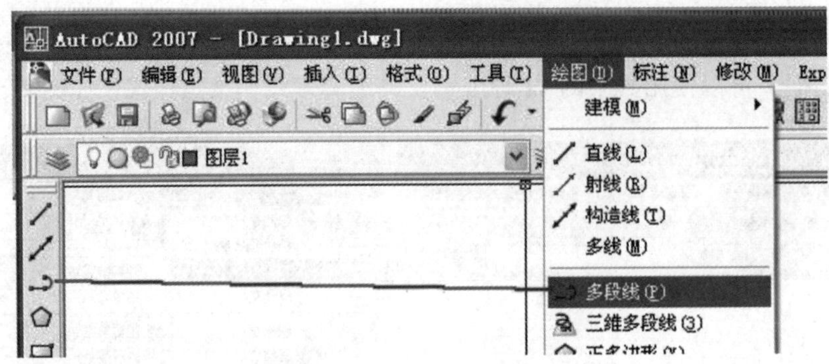

图 8.59 “多段线”命令

(2) 闭合 (C)：将多段线封闭。

(3) 半宽 (H)：将多段线总宽度的值减半。AutoCAD 提示输入起点宽度和终点宽度。通过在命令行输入相应的数值，即可绘制一条宽度渐变的线段或圆弧。注意，命令行输入的数值将作为此后绘制图形的默认宽度，直到下一次修改为止。

(4) 长度 (L)：提示用户给出下一段多段线的长度。AutoCAD 按照上一段的方向绘制这一段多段线，如果是圆弧则将绘制出与上一段圆弧相切的直线段。

(5) 放弃 (U)：取消刚绘制的一段多段线。

(6) 宽度 (W)：与半宽操作相同，只是输入的数值就是实际线段的宽度。

2) 编辑多段线

AutoCAD 增强了多段线编辑命令功能，可以一次编辑一条或多条多段线。选择“修改”→“对象”→“多段线”命令，如图 8.60 所示，调用编辑二维多段线命令。

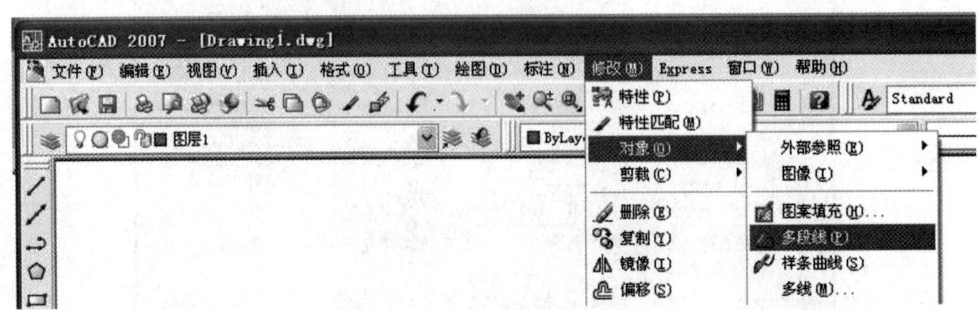

图 8.60 编辑多段线命令

如果只选择一个多段线，命令行显示如下提示信息：

输入选项 [闭合 (C) /合并 (J) /宽度 (W) /编辑顶点 (E) /拟合 (F) /样条曲线 (S) /非曲线化 (D) /线型生成 (L) /放弃 (U)]：

(1) 闭合 (C)：将多段线封闭。

(2) 合并 (J)：将直线、圆弧或其他多段线链接到该多段线。

(3) 编辑顶点 (E)：提供一组编辑顶点的子选项，对多段线进行编辑。

(4) 拟合 (F)：将多段线转换为通过顶点的曲线。

(5) 样条曲线 (S)：以顶点作为控制点建立曲线，这个曲线不经过这些顶点。

(6) 非曲线化 (D)：返回一个拟合或者样条曲线到它的原顶点。

(7) 线型生成 (L)：将 PLINEGN 方式打开或关闭。

(8) 放弃 (U)：放弃最近一次编辑。

3. 绘制样条曲线

样条曲线是一种通过或接近指定点的拟合曲线。在 AutoCAD 中，其类型是非均匀有理 B 样条（Non - Uniform Rational Basis Splines，NURBS）曲线，适于表达具有不规则变化曲率半径的曲线。例如，机械图形的断切面及地形外貌轮廓线等，如图 8.61 所示。

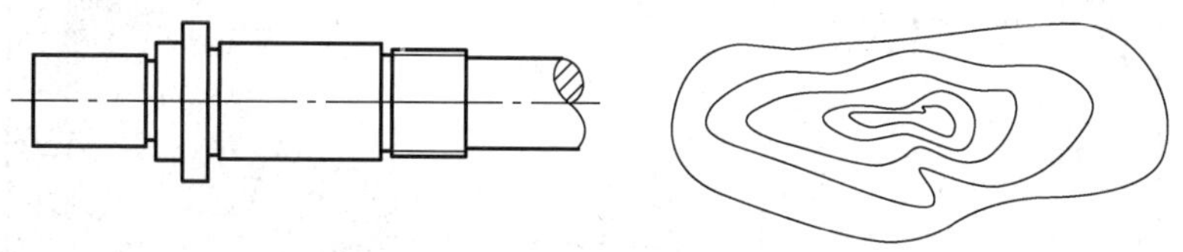

图 8.61　样条曲线绘制图形

选择“绘图”→“样条曲线”命令，或在“绘图”工具栏中单击“样条曲线”按钮，如图 8.62 所示，即可绘制样条曲线。有一点与其他命令不同的是绘制完曲线后，系统要求确定起始点和结束点的曲线切线方向，完成后如图 8.63 所示。

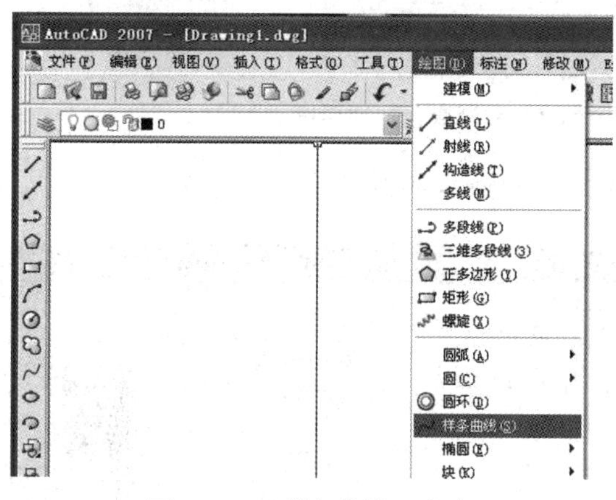

图 8.62　“样条曲线”命令

图 8.63　样条曲线图形

4. 设置图案填充

图案填充的应用非常广泛，例如，在设计图学中，可以用图案填充表达一个剖切的区域，也可以使用不同的图案填充来表达不同的零部件或者材料。

选择“绘图”→“图案填充”命令，或在“绘图”工具栏中单击“图案填充”按钮，如图 8.64 所示，打开“图案填充和渐变色”对话框的“图案填充”选项卡，可以设置图案填充时的类型和图案、角度和比例等特性。

在进行图案填充时，通常将位于一个已定义好的填充区域内的封闭区域称为孤岛。单击“图案填充和渐变色”对话框右下角的按钮，将显示更多选项，可以对孤岛和边界进行设置，如图 8.65 所示。

图案填充的顺序是：选择填充命令→打开图案填充和渐变色的对话框→选择填充的图案类型→选择“孤岛”形式→单击“边界”的上面两个按钮中的一个→在图中选择要填充的区域→选择好后

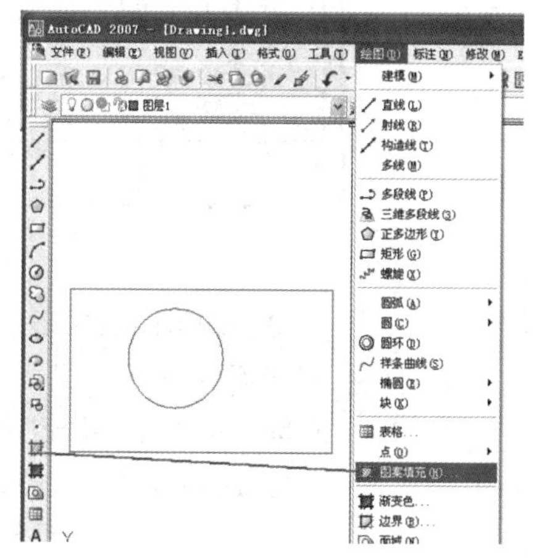

图 8.64　图案填充命令

按 Enter 键→再次进入对话框→预览→如果不合适→可调节角度和比例→最后确定。

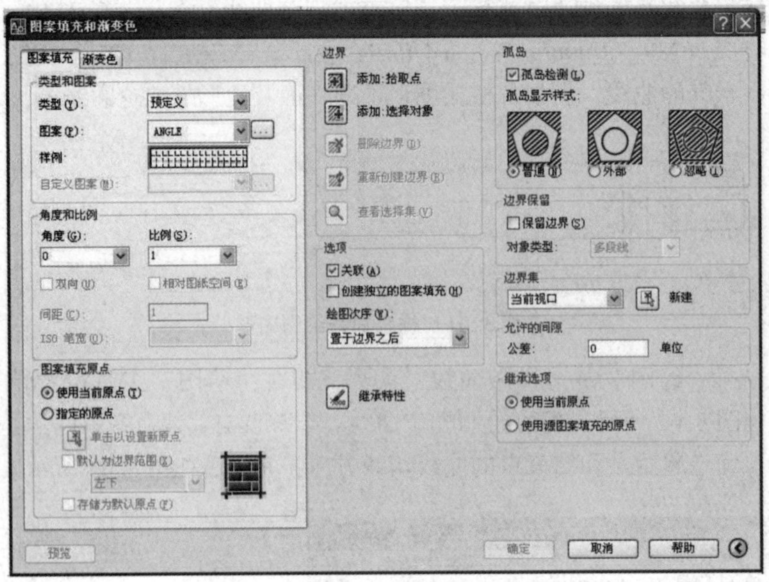

图 8.65 “图案填充和渐变色”对话框

还可以填充单色或双色渐变色，如图 8.66 所示。

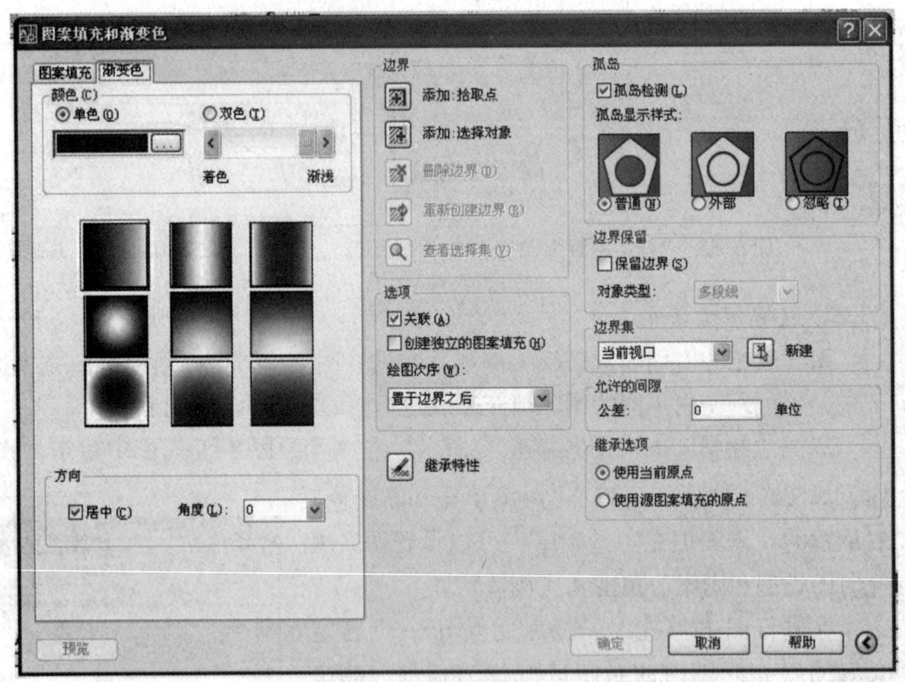

图 8.66 “渐变色”对话框

2）编辑图案填充

创建了图案填充后，如果需要修改填充图案或修改图案区域的边界，可选择“修改”→“对象”→“图案填充”命令，如图 8.67 所示，然后在绘图窗口中单击需要编辑的图案填充，这时将打开“图案填充”对话框。

“图案填充”对话框与“图案填充和渐变色”对话框的内容完全相同，只是定义填充边界和对孤岛操作的某些按钮不再可用。

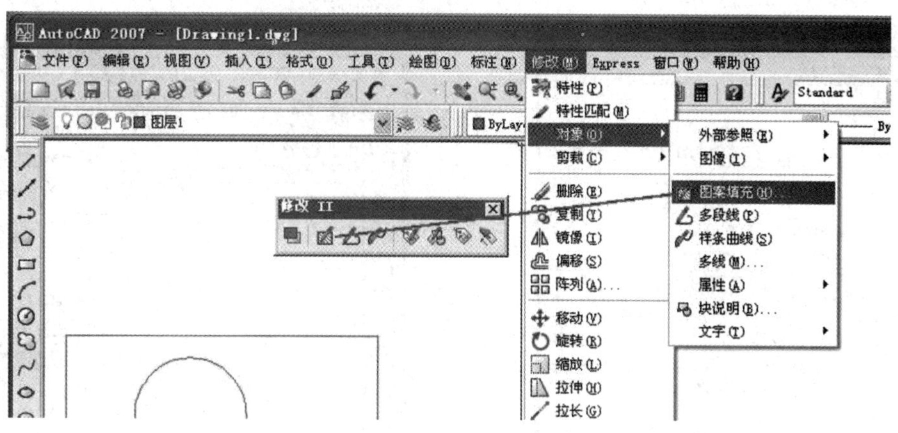

图 8.67 “图案填充”命令

5. 使用块

1）创建块

在绘制图形时，如果图形中有大量相同或相似的内容，或者所绘制的图形与已有的图形文件相同，则可以把要重复绘制的图形创建成块。块是一个或多个对象组成的对象集合，常用于绘制复杂、重复的图形。一旦一组对象组合成块，就可以根据作图需要将这组对象插入到图中任意指定位置，而且还可以按不同的比例和旋转角度插入。在 AutoCAD 中，使用块可以提高绘图速度、节省存储空间、便于修改图形。

选择“绘图”→“块”→“创建”命令，如图 8.68 所示，打开“块定义”对话框，可以将已绘制的对象创建为块。

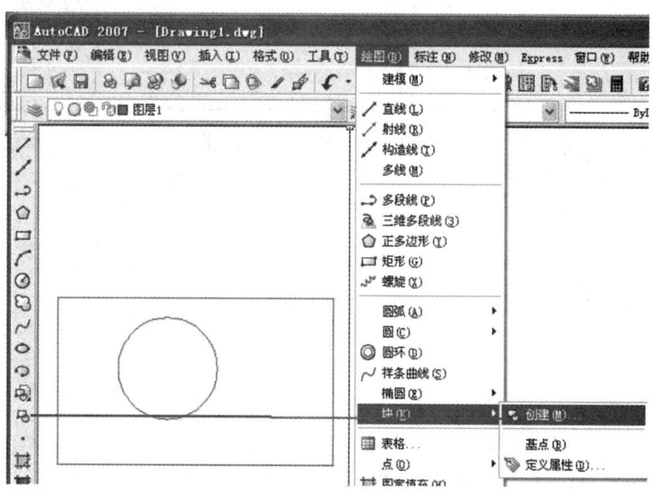

图 8.68 创建块命令

进入块定义对话框，给块起名字，选择需要变成块的几何体，再选择将来要插入的基准点，最后确定，如图 8.69 所示。

2）插入块

选择“插入”→“块”命令，如图 8.70 所示，打开“插入”对话框。进入“插入”对话框，可以在名称的右边下拉单中选择需要的块进行插入；还可以用“浏览”按钮选择其他图形文件插入，如别人绘制好的图形。除了直接进行块插入操作外，还可以选取提示中的其他选项对块进行缩放和旋转，如图 8.71 所示。

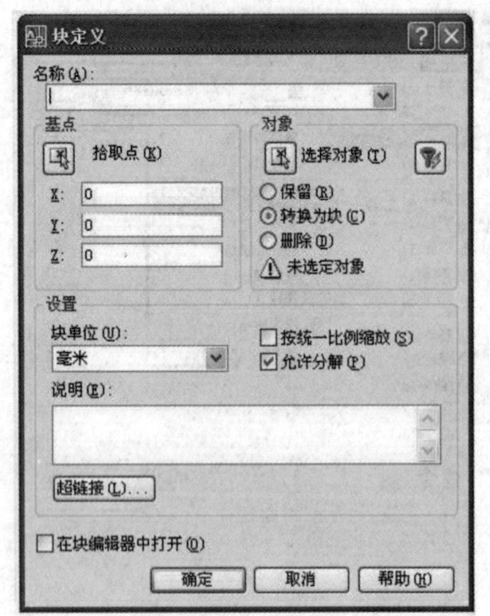

图 8.69　创建块对话框图

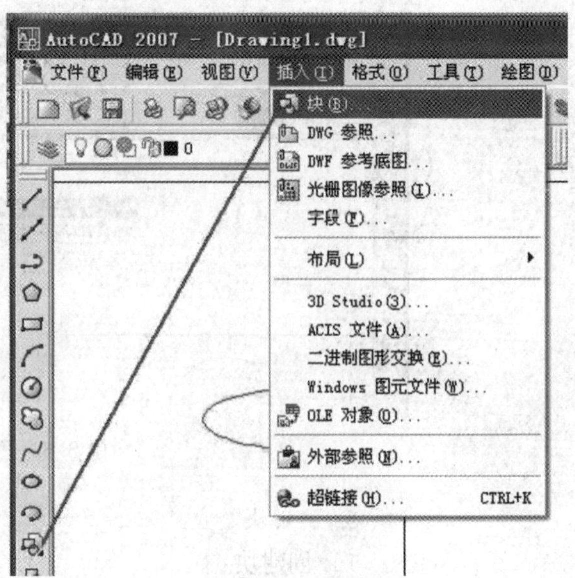

图 8.70　插入块命令

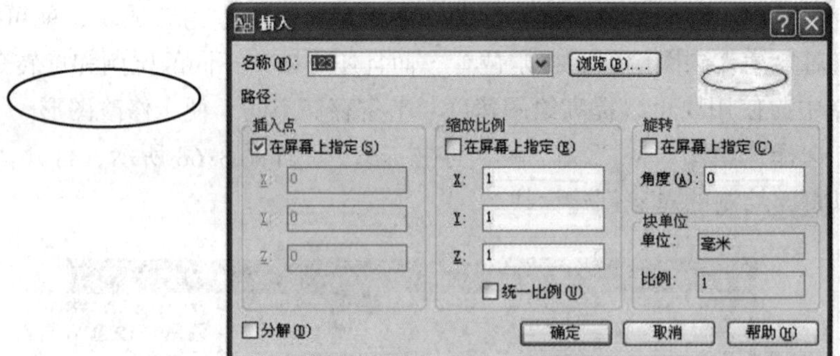

图 8.71　插入块对话框

8.7　图形的尺寸标注

1. 尺寸标注的规则

在 AutoCAD 中，对绘制的图形进行尺寸标注时应遵循以下规则。

(1) 物体的真实大小应以图样上所标注的尺寸数值为依据，与图形的大小及绘图的准确度无关。

(2) 图样中的尺寸以毫米为单位时，不需要标注计量单位的代号或名称。如采用其他单位，则必须注明相应计量单位的代号或名称，如度、厘米及米等。

(3) 图样中所标注的尺寸为该图样所表示的物体的最后完工尺寸，否则应另加说明。

(4) 一般物体的每一尺寸只标注一次，并应标注在最能反映该结构最清晰的图形上。

(5) 在设计图学或其他工程绘图中，一个完整的尺寸标注应由标注文字、尺寸线、尺寸界线、尺寸线的端点符号及起点等组成。

2. 尺寸标注的类型

AutoCAD 提供了十余种标注工具以标注图形对象，分别位于“标注”菜单或“标注”工具栏中。使用它们可以进行角度、直径、半径、线性、对齐、连续、圆心及基线等标注，如图 8.72 及图 8.73 所示。

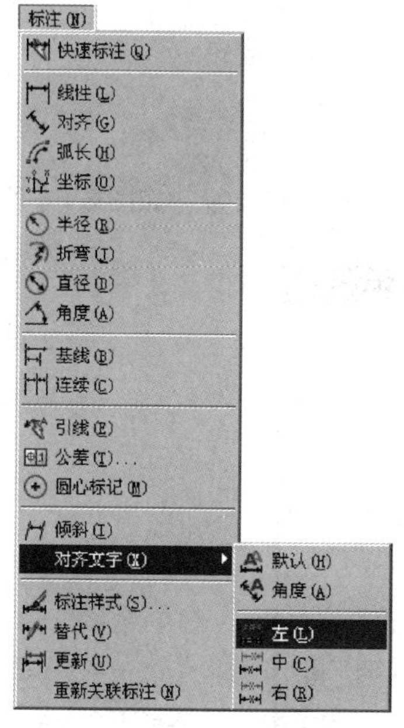

图 8.72 尺寸标注菜单

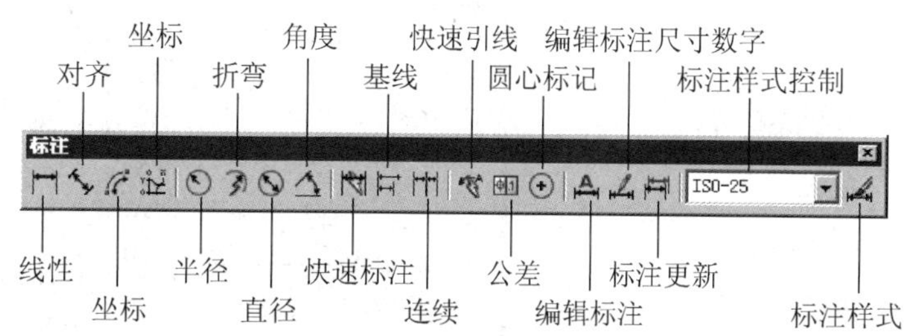

图 8.73 尺寸标注工具栏

3. 尺寸标注的基本步骤

(1) 选择“格式”→“图层”命令，在打开的“图层特性管理器”对话框中创建一个独立的图层，用于尺寸标注。

(2) 选择“格式”→“文字样式”命令，在打开的“文字样式”对话框中创建一种文字样式，用于尺寸标注。

(3) 选择“格式”→“标注样式”命令，在打开的“标注样式管理器”对话框设置标注样式。

(4) 使用对象捕捉和标注等功能，对图形中的元素进行标注。

4. 新建尺寸样式

在 AutoCAD 中，使用“标注样式”可以控制标注的格式和外观，建立强制执行的绘图标准，并有利于对标注格式及用途进行修改。

选择“格式”→“标注样式”命令，如图 8.74 所示，打开“标注样式管理器”对话框。单击“新建”按钮，在打开的“创建新标注样式”对话框中创建新标注样式（可以自己命名新样式），如图 8.75 所示。

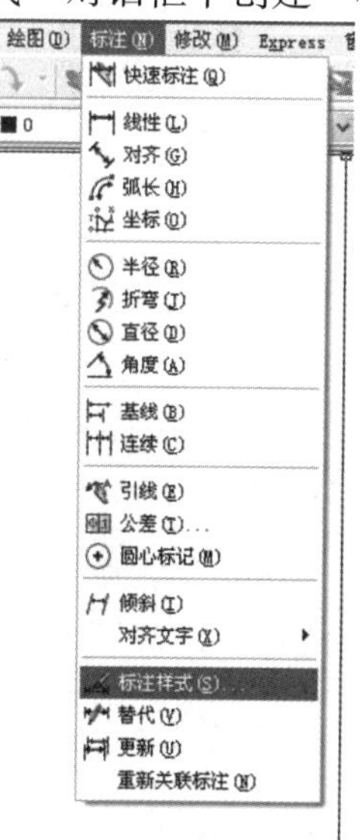

图 8.74 标注样式命令

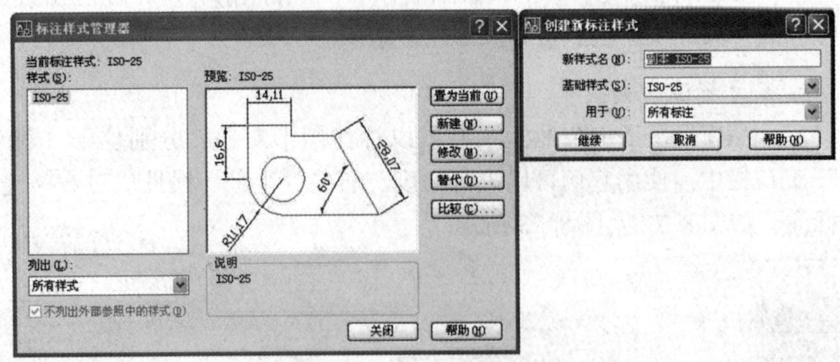

图 8.75　标注样式对话框

(1)“直线”选项卡：用于设置尺寸线、尺寸界线的格式和位置，如图 8.76 所示。

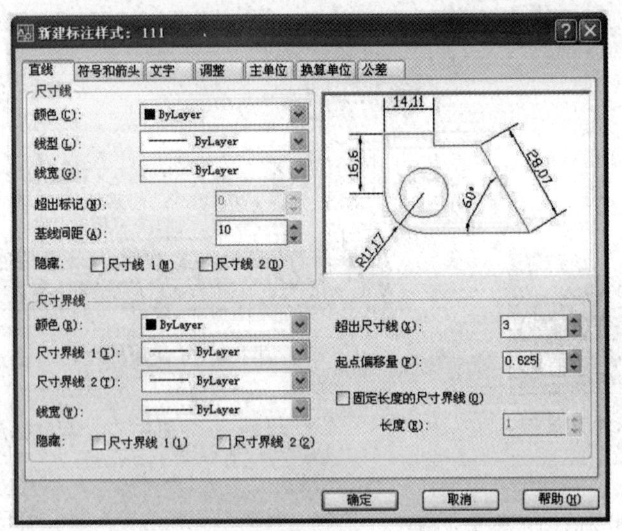

图 8.76　标注样式对话框“直线”选项卡

(2)“符号和箭头”选项卡：用于设置箭头、圆心标记、弧长符号和半径标注折弯的格式与位置，如图 8.77 所示。

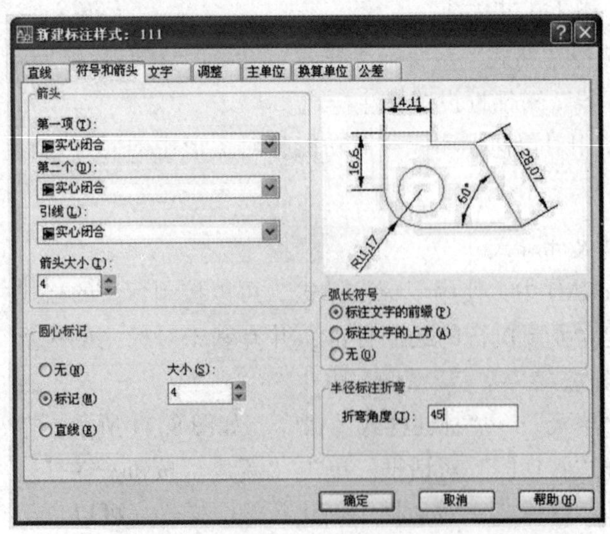

图 8.77　标注样式对话框“符号和箭头”选项卡

(3) “文字”选项卡：用于设置标注文字的外观、位置和对齐方式，如图 8.78 所示。

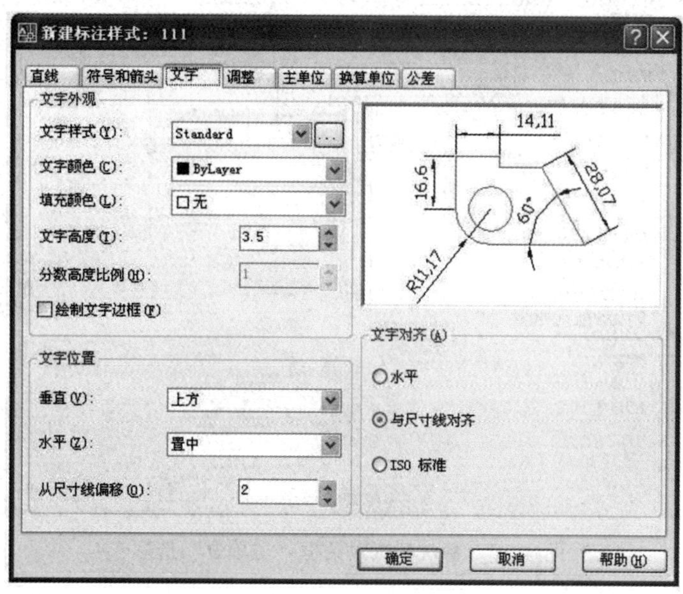

图 8.78 标注样式对话框“文字”选项卡

(4) “调整”选项卡：用于设置标注文字、尺寸线、尺寸箭头的位置，如图 8.79 所示。

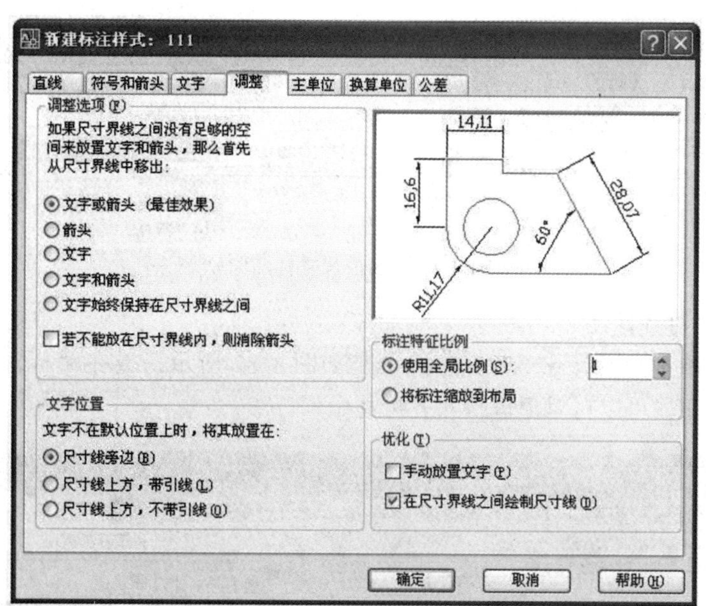

图 8.79 标注样式对话框“调整”选项卡

(5) “主单位”选项卡：用于设置主单位的格式与精度等属性，如图 8.80 所示。

5. 长度型尺寸标注

长度型尺寸标注用于标注图形中两点间的长度，可以是端点、交点、圆弧弦线端点或能够识别的任意两个点。在 AutoCAD 中，长度型尺寸标注包括多种类型，如线性标注、对齐标注、弧长标注、基线标注和连续标注等。

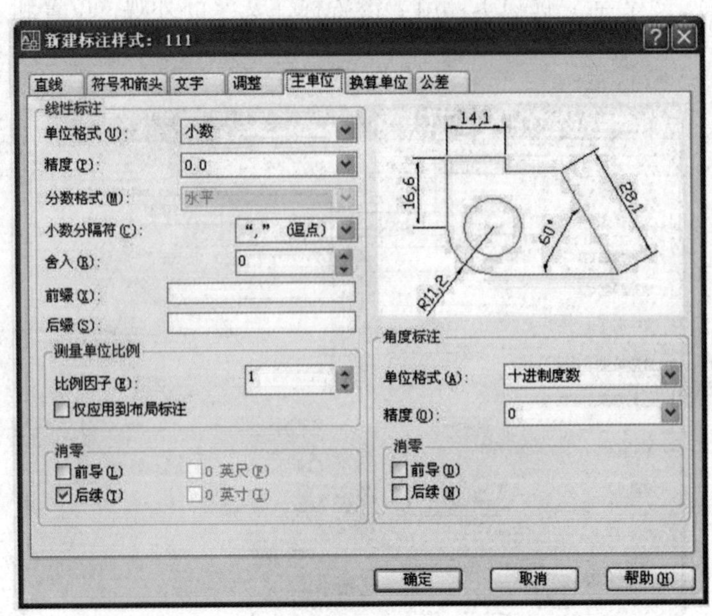

图 8.80　标注样式对话框“主单位”选项卡

1）线性标注

选择“标注”→“线性”命令，如图 8.81 所示，或在“标注”工具栏中单击“线性”按钮，可创建用于标注用户坐标系 *XY* 平面中的两个点之间的距离测量值，并通过指定点或选择一个对象来实现。

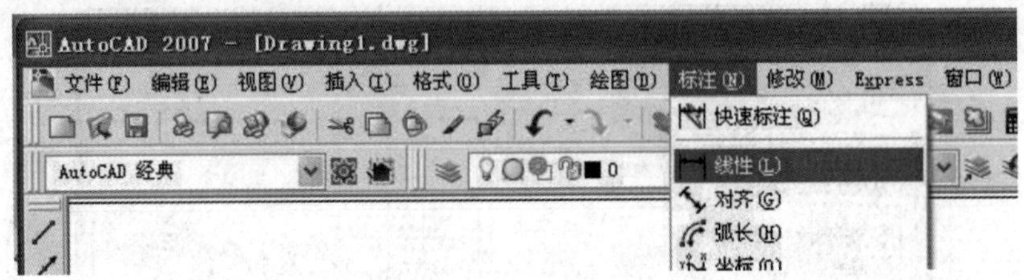

图 8.81　线性尺寸标注命令

2）对齐标注

选择“标注”→“对齐”命令，如图 8.82 所示，或在“标注”工具栏中单击“对齐”按钮，可以对对象进行对齐标注。

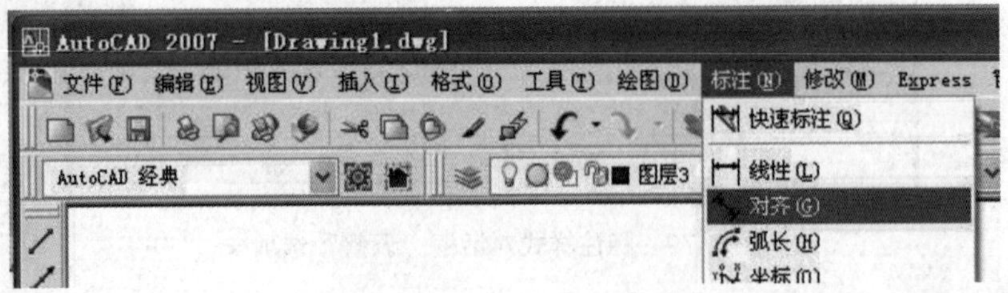

图 8.82　对齐尺寸标注命令

3）基线标注

选择“标注”→“基线”命令，如图 8.83 所示，或在“标注”工具栏中单击“基线”按钮，可以创建一系列由相同的标注原点测量出来的标注。如图 8.84 中尺寸 160 是以尺寸 79 的左边的尺寸线为基准得来的。

图 8.83 基线标注命令

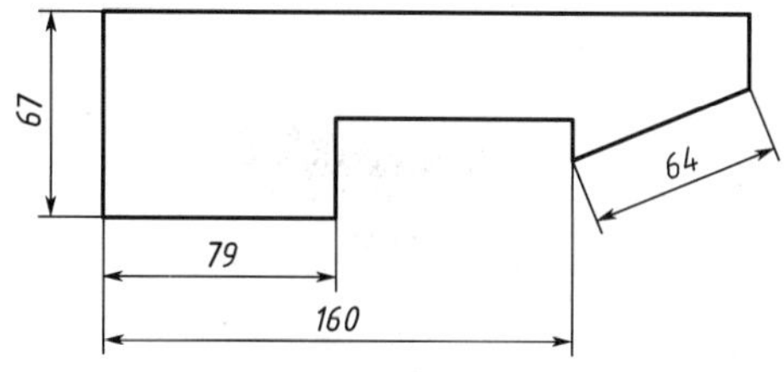

图 8.84 基线标注图形

4）连续标注

选择“标注”→“连续”命令，如图 8.85 所示，或在“标注”工具栏中单击“连续”按钮，可以创建一系列端对端放置的标注，每个连续标注都从前一个标注的第二个尺寸界线处开始，例如，图 8.86 中尺寸 80 和 59。

图 8.85 连续标注命令

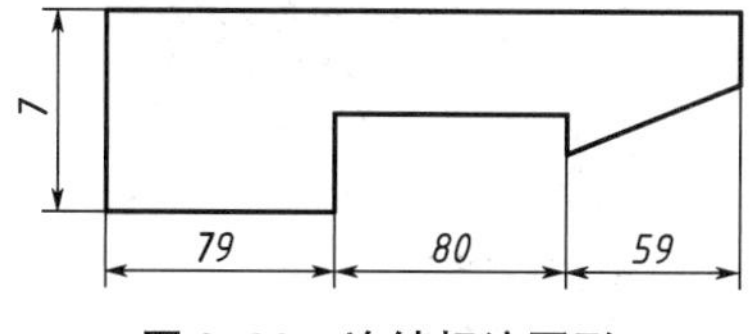

图 8.86 连续标注图形

5）弧长标注

选择“标注”→“弧长”命令，如图 8.87 所示，或在“标注”工具栏中单击“弧长”按钮，可以标注圆弧线段或多段线圆弧线段部分的弧长，如图 8.88 所示。

6）倾斜标注

倾斜标注是指需要将尺寸界限倾斜于被标注的线性长度的时候使用。选择“标注”→“倾斜”命令，如图 8.89 所示，在选择需要改变的尺寸标注，在提示区输入需要倾斜的角度即可，例如，图 8.90 中尺寸 97，先标注后再用倾斜标注改为倾斜位置。

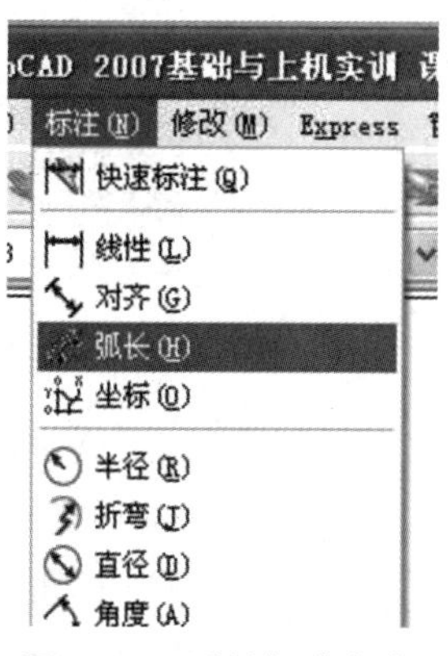

图 8.87 弧长标注命令

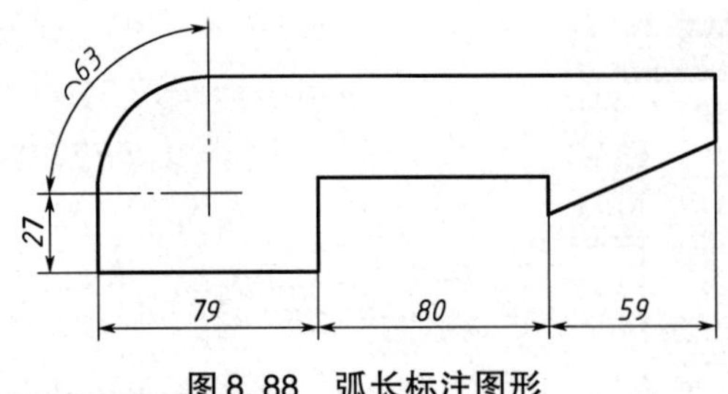

图 8.88　弧长标注图形

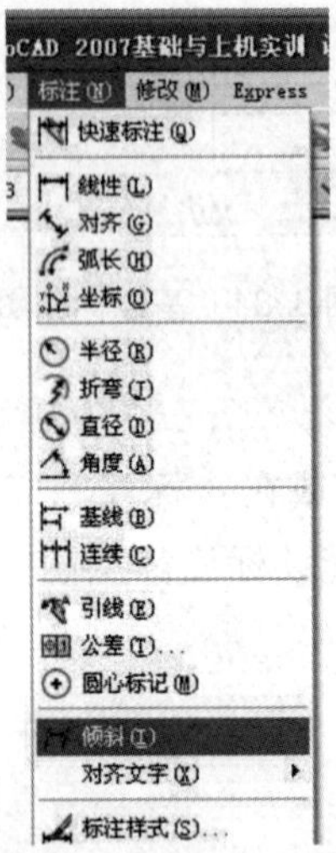

图 8.89　倾斜标注图形

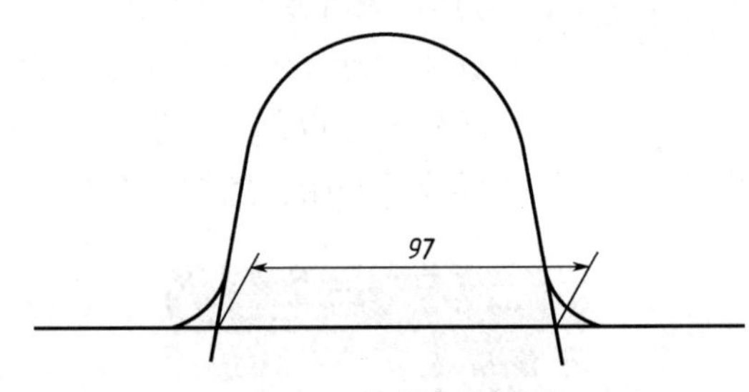

图 8.90　倾斜标注命令

6. 半径、直径和圆心标注

1）半径标注

选择“标注”→“半径”命令，如图 8.91 所示，或在“标注”工具栏中单击“半径”按钮，可以标注圆和圆弧的半径，如图 8.92 所示。

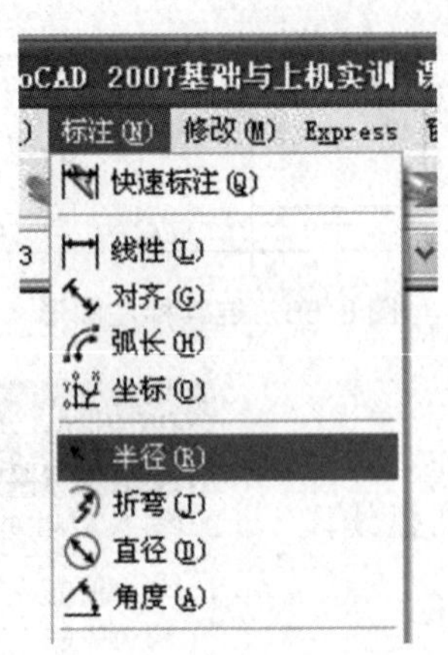

图 8.91　半径标注命令

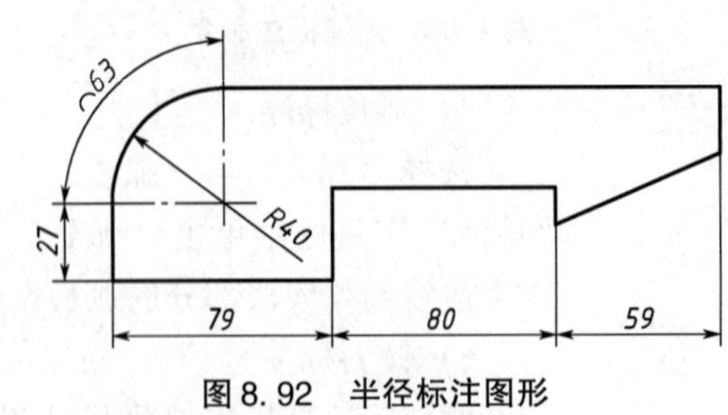

图 8.92　半径标注图形

2）折弯标注

选择“标注”→“折弯”命令，如图 8.93 所示，或在“标注”工具栏中单击“折弯”按钮，可以折弯标注圆和圆弧的半径。该标注方式与半径标注方法基本相同，但需要指定一个位置代替圆或圆弧的圆心，如图 8.94 所示。

图8.93 折弯标注命令

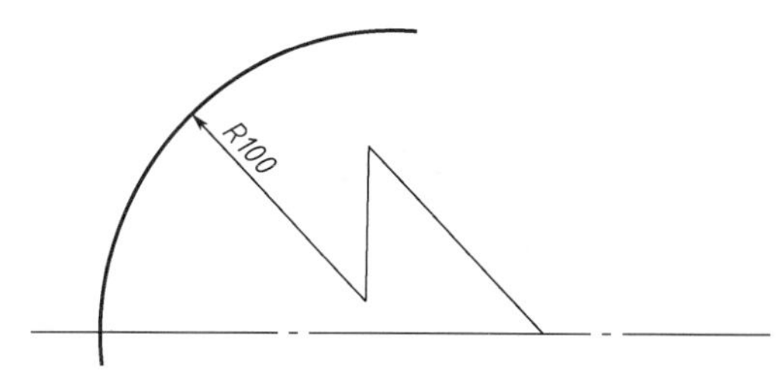

图8.94 折弯标注图形

3）直径标注

选择“标注”→“直径”命令，如图8.95所示，或在“标注”工具栏中单击“直径标注”按钮，可以标注圆和圆弧的直径，如图8.96所示。

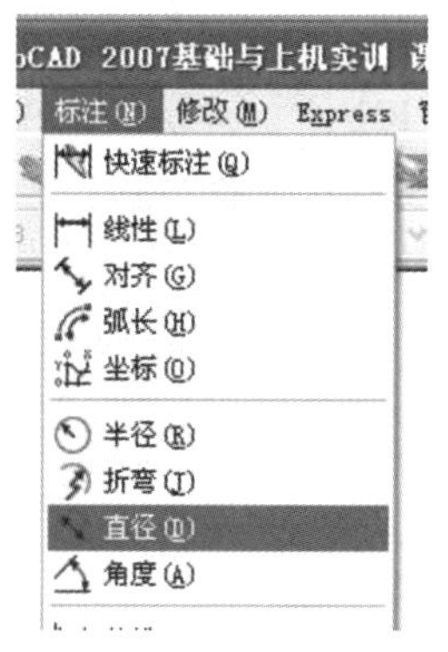

图8.95 直径标注命令

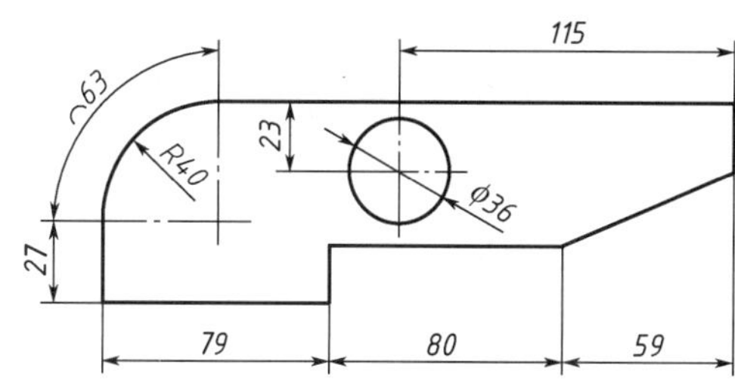

图8.96 直径标注图形

4）圆心标记

选择“标注”→“圆心标记”命令，如图8.97所示，或在“标注”工具栏中单击“圆心标记”按钮，即可标注圆和圆弧的圆心。此时只需要选择待标注其圆心的圆弧或圆即可，如图8.98所示。

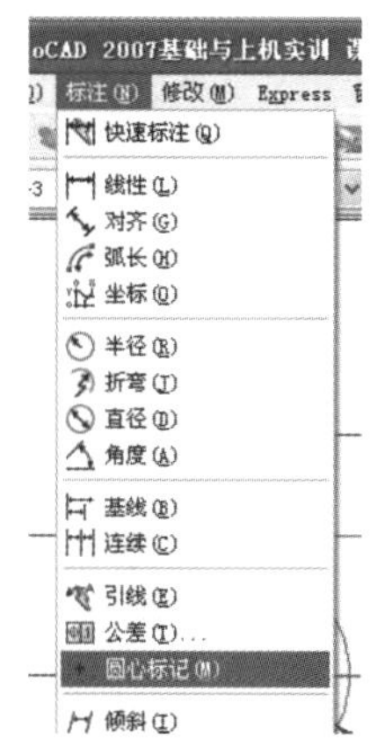

图8.97 圆心标注命令

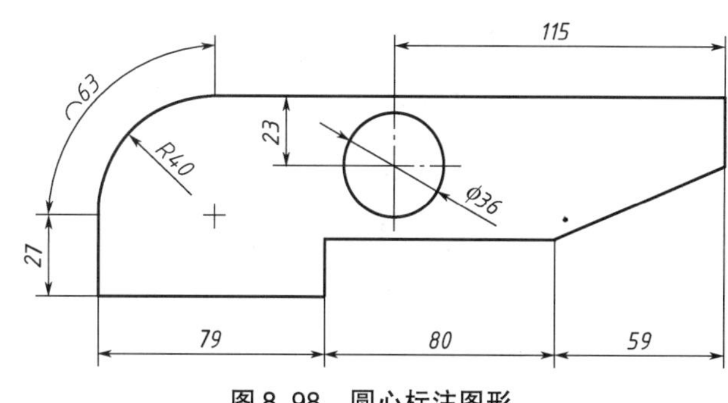

图8.98 圆心标注图形

7. 角度标注与其他类型的标注

1）角度标注

选择“标注”→“角度”命令，如图 8.99 所示，或在“标注”工具栏中单击“角度”按钮，都可以测量圆和圆弧的角度、两直线间的角度，或者三点间的角度，如图 8.100 所示。

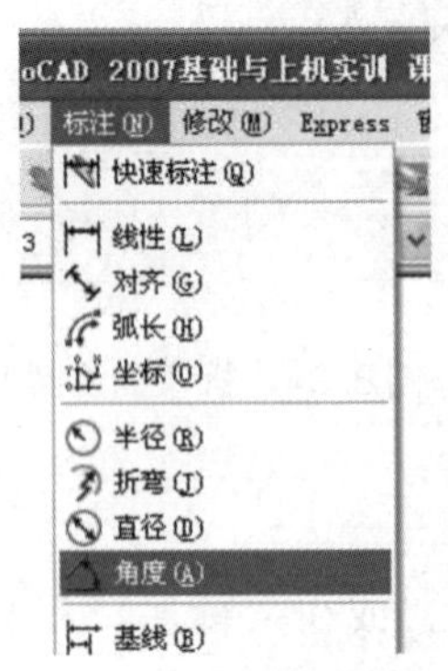

图 8.99　角度标注命令

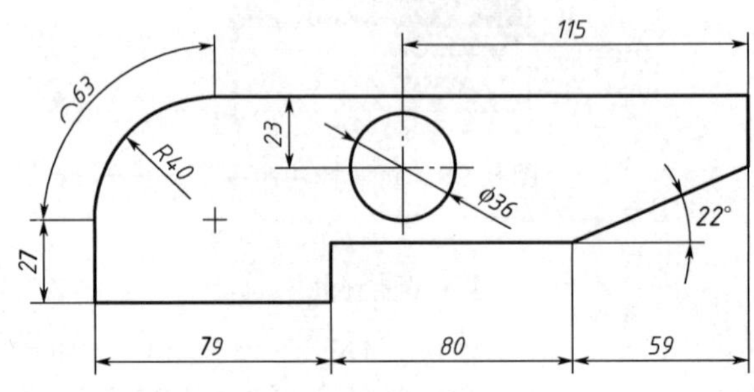

图 8.100　角度标注图形

2）引线标注

选择“标注”→“引线”命令，如图 8.101 所示，或在“标注”工具栏中单击“快速引线”按钮，都可以创建引线和注释，而且引线和注释可以有多种格式，如图 8.102 所示。

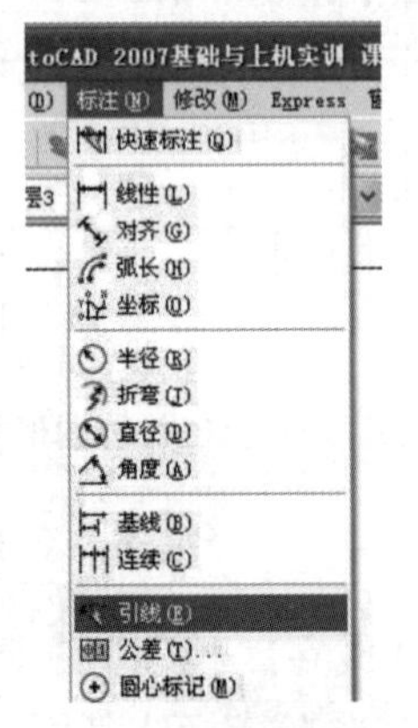

图 8.101　引线标注命令

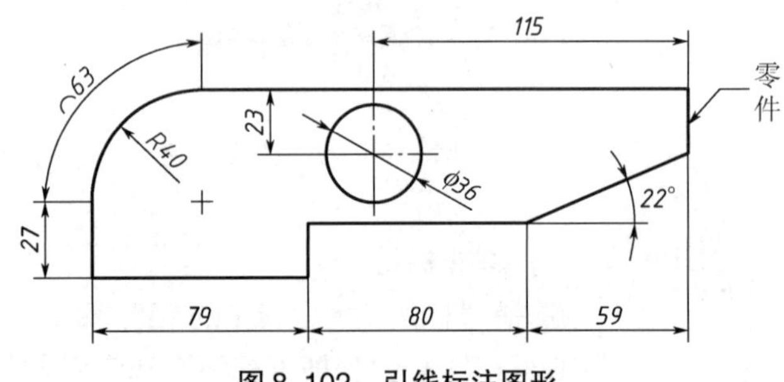

图 8.102　引线标注图形

3）坐标标注

选择“标注”→“坐标”命令，如图 8.103 所示，或在“标注”工具栏中单击“坐标标注”按钮，都可以标注相对于用户坐标原点的坐标，如图 8.104 所示。

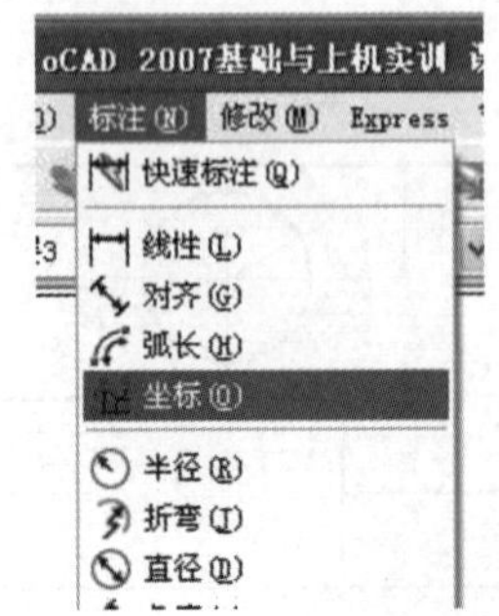

图 8.103　坐标标注命令

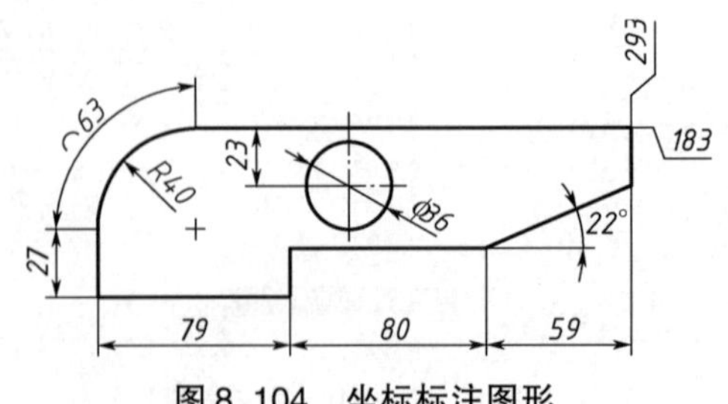

图 8.104　坐标标注图形

4）快速标注

选择“标注”→“快速标注”命令，或在“标注”工具栏中单击“快速标注”按钮，都可以快速创建成组的基线、连续、阶梯和坐标标注，快速标注多个圆、圆弧，以及编辑现有标注的布局。

8.8 文字样式

1. 设置样式名

选择“格式”→“文字样式”命令，如图8.105所示，打开“文字样式”对话框。利用该对话框可以修改或创建文字样式，并设置文字的当前样式。“文字样式”对话框的“样式名”选项组中显示了文字样式的名称、创建新的文字样式、为已有的文字样式重命名或删除文字样式，如图8.106所示。

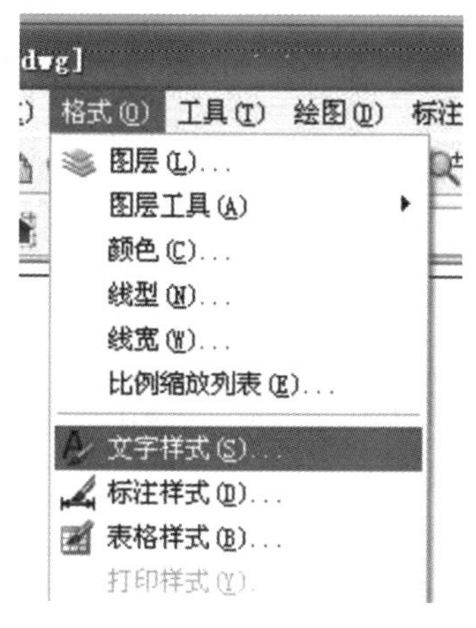

图8.105 文字样式命令

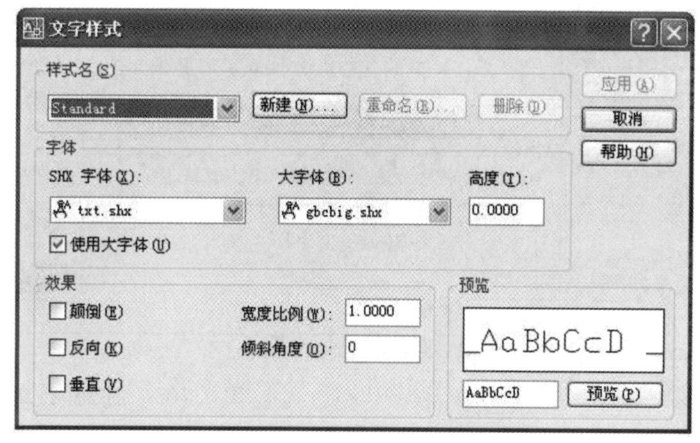

图8.106 “文字样式”对话框

2. 设置字体

“文字样式”对话框的“字体”选项组用于设置文字样式使用的字体和字高等属性。其中，“字体名”下拉列表框用于选择字体；“字体样式”下拉列表框用于选择字体格式，如斜体、粗体和常规字体等；“高度”文本框用于设置文字的高度。选中“使用大字体”复选框，“字体样式”下拉列表框变为“大字体”下拉列表框，用于选择大字体文件。

在“文字样式”对话框中，使用“效果”选项组中的选项可以设置文字的颠倒、反向、垂直等显示效果。在“宽度比例”文本框中可以设置文字字符的高度和宽度之比，当“宽度比例”值为1时，将按系统定义的高宽比书写文字；当“宽度比例”小于1时，字符会变窄；当“宽度比例”大于1时，字符则变宽。在“倾斜角度”文本框中可以设置文字的倾斜角度，角度为0°时不倾斜；角度为正值时向右倾斜；为负值时向左倾斜，如图8.107所示。

3. 创建与编辑单行文字

1）创建单行文字

在AutoCAD中，使用如图所示的“文字”工具栏可以创建和编辑文字。对于单行文字来说，每一行都是一个文字对象，因此可以用来创建文字内容比较简短的文字对象（如标签），并且可以进行单独编辑。

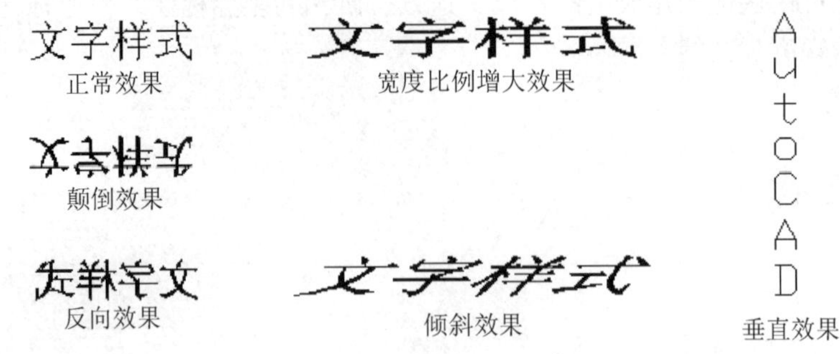

图 8.107 文字样式效果

选择“绘图”→“文字”→“单行文字”命令，或在“文字”工具栏中单击“单行文字”按钮，如图 8.108 所示，可以创建单行文字对象。

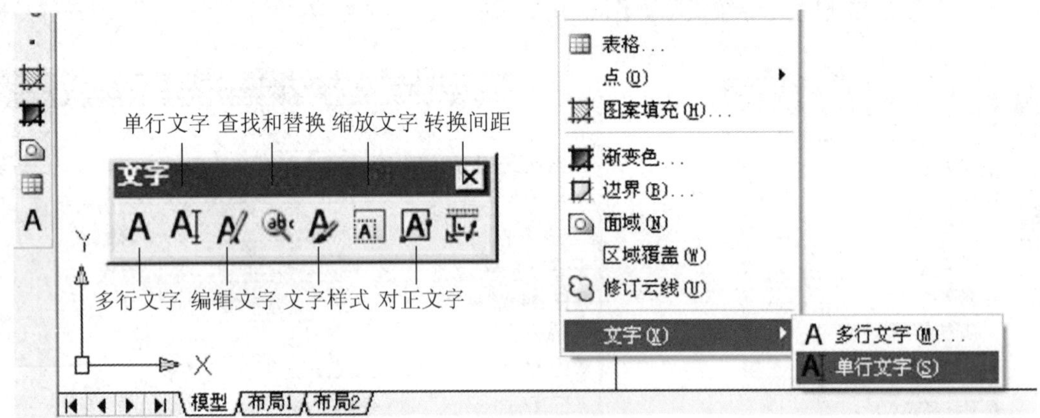

图 8.108 创建单行文字命令

2）编辑单行文字

编辑单行文字包括编辑文字的内容、对正方式及缩放比例，可以选择“修改”→“对象”→“文字”子菜单中的命令进行设置。

4. 创建与编辑多行文字

1）创建多行文字

“多行文字”又称为段落文字，是一种更易于管理的文字对象，可以由两行以上的文字组成，而且各行文字都是作为一个整体处理。在设计图学中，常使用多行文字功能创建较复杂的文字说明，如图样的技术要求等。

选择“绘图”→“文字”→“多行文字”命令，或在“绘图”工具栏中单击“多行文字”按钮，然后在绘图窗口中指定一个用来放置多行文字的矩形区域，将打开“文字格式”工具栏和文字输入窗口。利用它们可以设置多行文字的样式、字体及大小等属性，如图 8.109 所示。

2）编辑多行文字

要编辑创建的多行文字，可选择“修改”→“对象”→“文字”→“编辑”命令，并单击创建的多行文字，打开多行文字编辑窗口，然后参照多行文字的设置方法，修改并编辑文字。

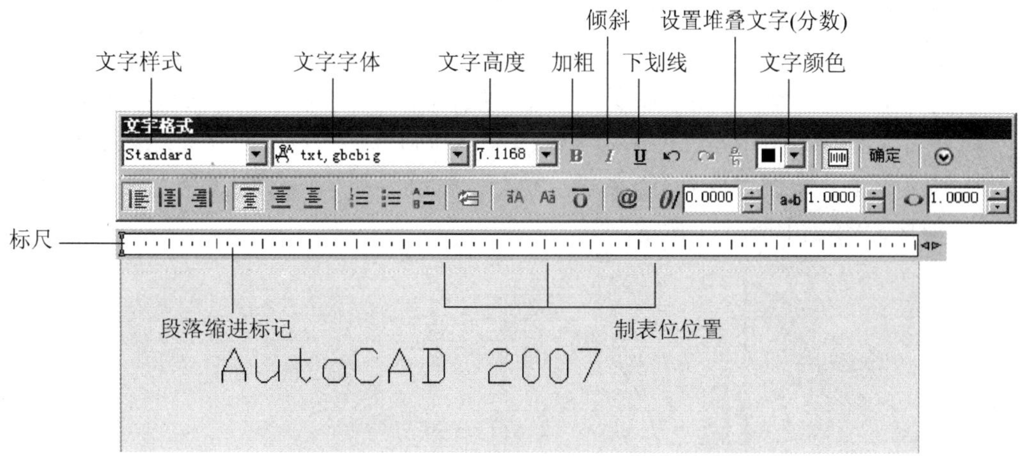

图 8.109　创建多行文字命令

8.9　CAD 绘图案例

本节我们将绘制图 8.110 所示的图形。

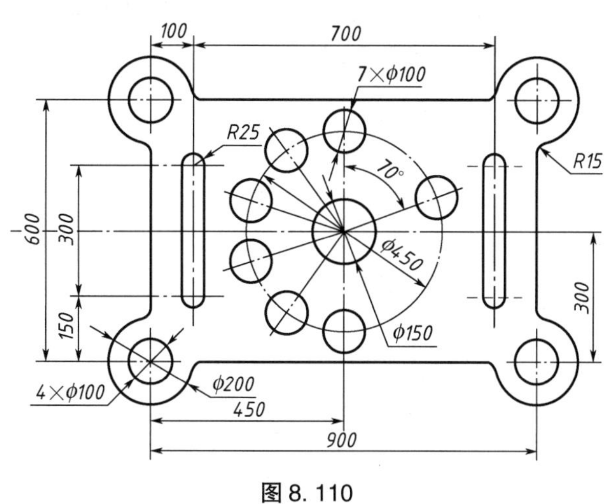

图 8.110

1. 设置绘图环境

(1) 建立一个新文件，将其保存为“零件图”。打开“格式”→“单位”对话框，将长度显示精度设为 0。

(2) 设置图限。打开“格式”→“图形界限”对话框。

指定左下角点或［开（ON）/关（OFF）］<0，0>：

指定右上角点 <12，9>：1188，841

打开“工具”→“草图设置”对话框，将栅格间距设置为 20，捕捉间距也设置 20。

(3) 打开“格式”→“图层”对话框，在对话框中新建“中心线”“标注”两个图层。将中心线变为蓝色，“标注”图层设置为红色，设置“中心线”图层线形为 CENTER。

(4) 打开“工具”→“草图设置”对话框，单击“对象捕捉”面板，全部勾选捕捉模式，单击“确定”按钮关闭对话框。

2. 绘制图形

1）设置“中心线”图层为当前图层，输入 line 命令，在图纸中的合适位置绘制垂直中心线和水平中心线。执行“绘图”→“圆”→“圆心、直径”命令，以中点线交叉点为圆心，绘制直径为 450 的圆。执行“修改”→“偏移”命令，将垂直中心线向两边偏移 350，如图 8. 111 所示。

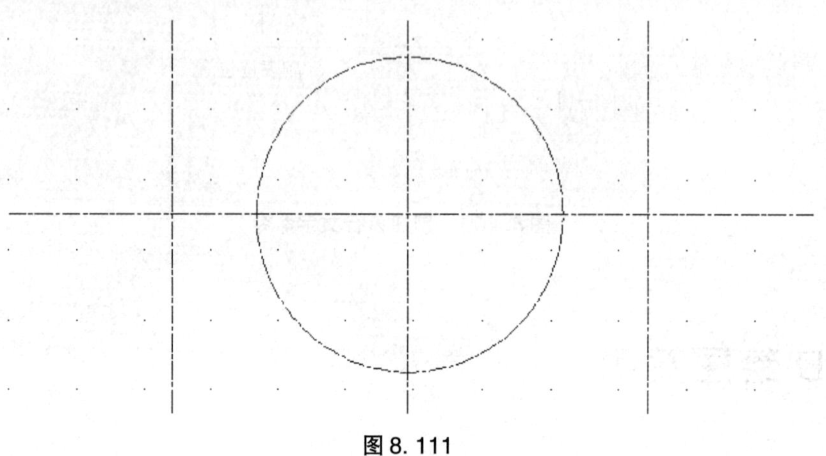

图 8. 111

（2）然后进入实线图层，执行“绘图”→“圆”→“圆心、直径”命令，以中点线交叉点为圆心，绘制直径为 150 的圆。执行“绘图”→“矩形”命令，以中点线交叉点为中心，画一长 900 宽 600 的矩形。执行“修改”→“分解”命令，将长方形分解为直线，如图 8. 112 所示。

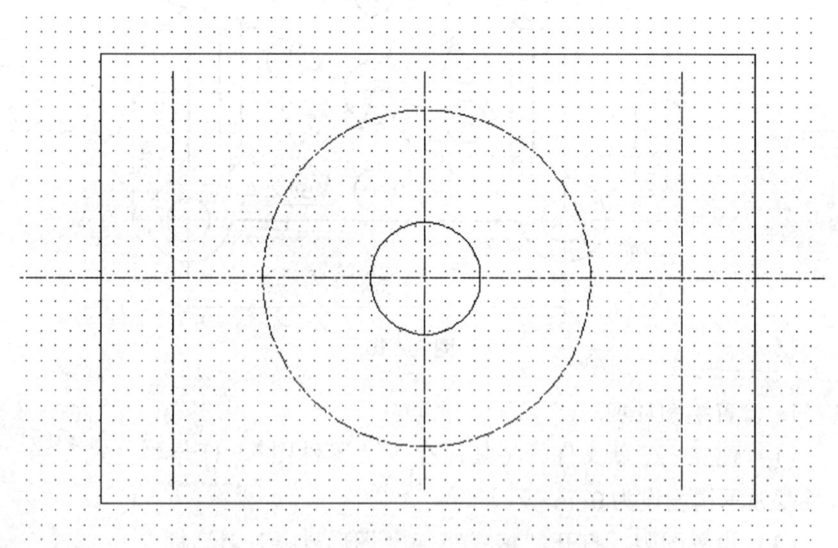

图 8. 112

（3）执行“修改”→“阵列”命令，将垂直中心线环形阵列 10 份。执行“修改”→“修剪”命令，剪掉多余的线，如图 8. 113 所示。

（4）执行“绘图”→“圆”→“圆心、直径”命令，以点画线与圆的交点为圆心，绘制直径为 100 的圆，如图 8. 114 所示。

（5）执行“修改”→“旋转”命令，将垂直中心线向右旋转 70°。执行“绘图”→

"圆"→"圆心、直径"命令，以点画线与圆的交点为圆心，绘制直径为100的圆，如图8.115所示。

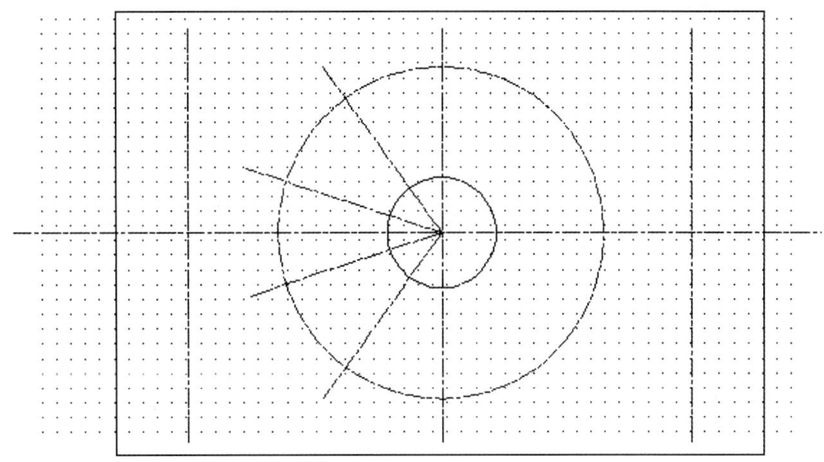

图8.113

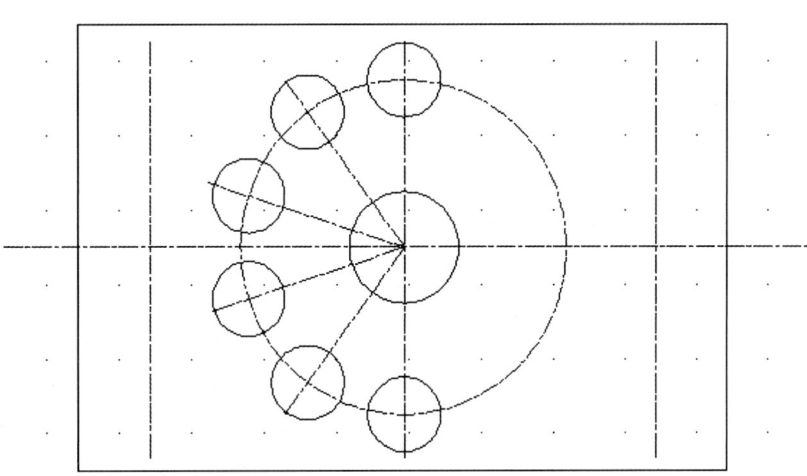

图8.114

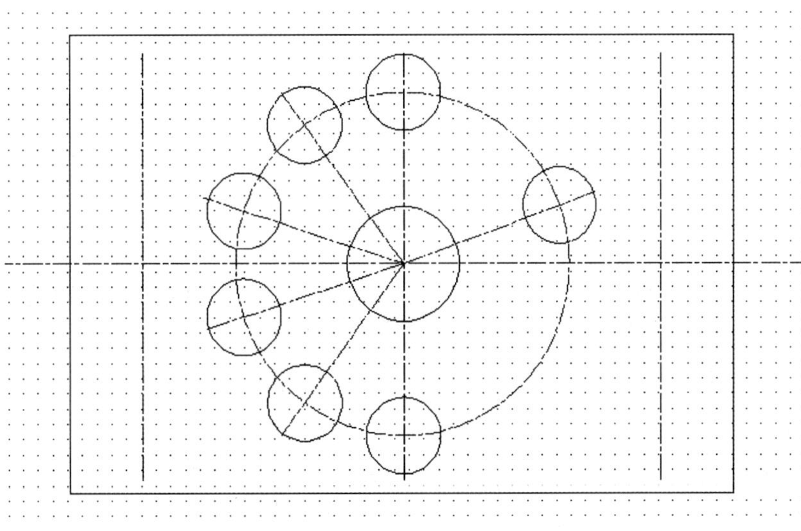

图8.115

(6) 执行“绘图”→“圆”→“圆心、直径”命令，以长方形为圆心，绘制直径为100的圆。执行“修改”→“偏移”命令，将所画的圆向外偏移50，如图8.116所示。

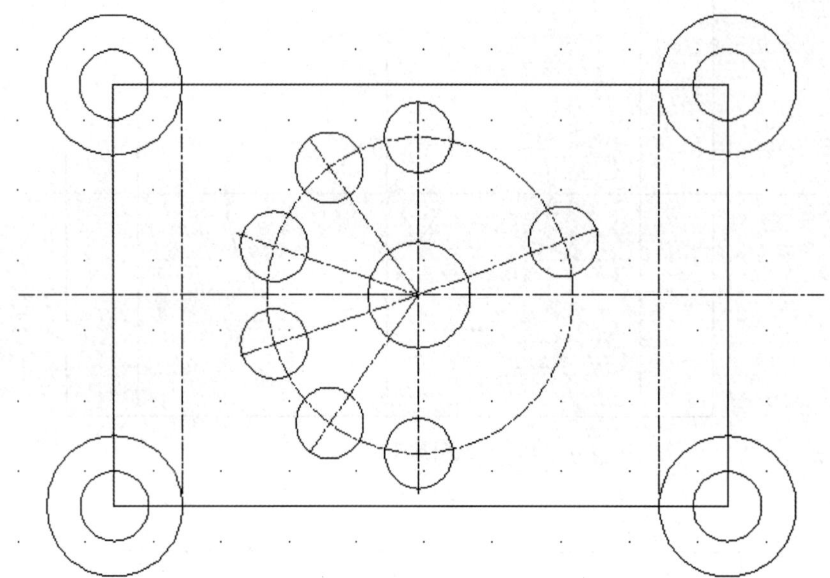

图8.116

(7) 执行“修改”→“修剪”命令，剪掉多余的线，如图8.117所示。

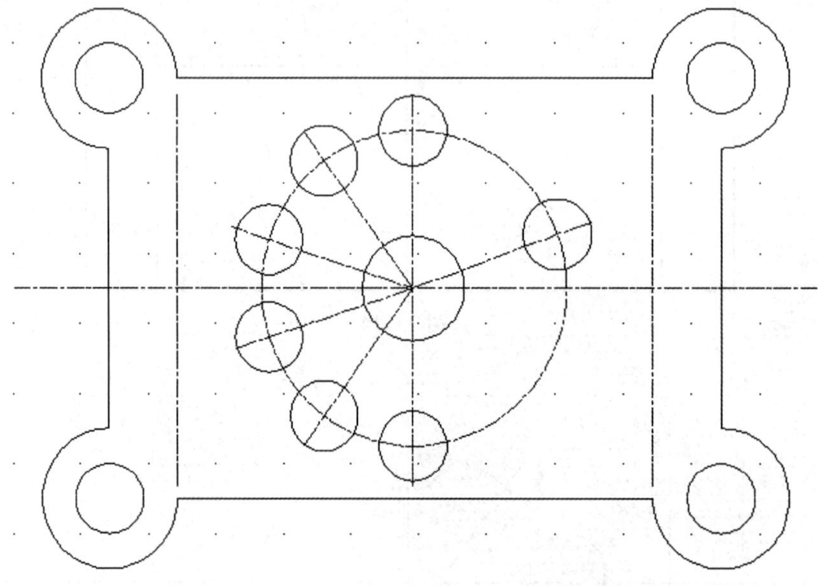

图8.117

(8) 执行“修改”→“圆角”命令，将大圆和直线连接处改为圆角，圆角半径为15，如图8.118所示。

(9) 执行“修改”→“偏移”命令，将水平中心线向上下偏移150，如图8.119所示。

(10) 执行“绘图”→“圆”→“圆心、半径”命令，以水平中心线和垂直中心线的交点为圆心，做半径为25的圆，如图8.120所示。

(11) 执行“绘图”→“直线”命令，连接小圆的切点，如图8.121所示。

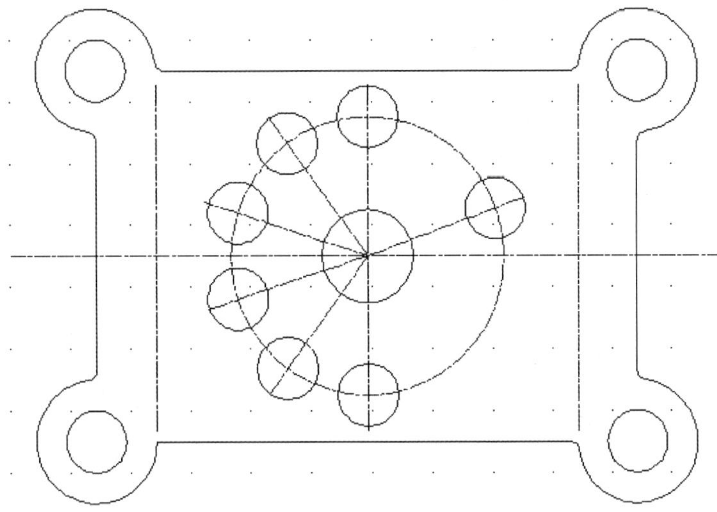

图 8. 118

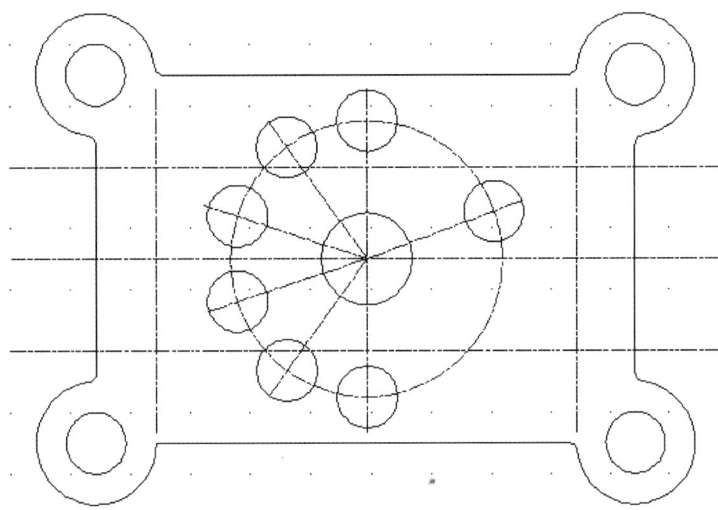

图 8. 119

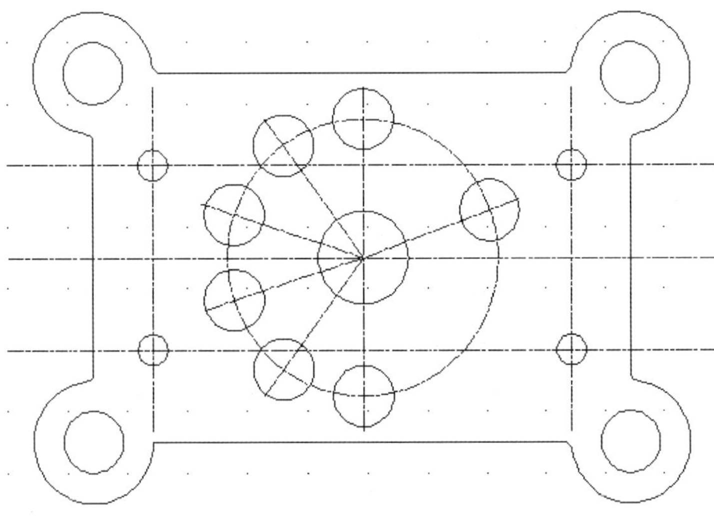

图 8. 120

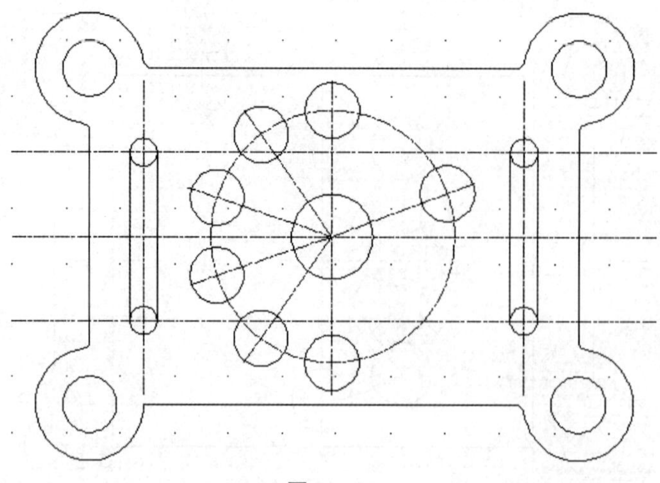

图 8. 121

（12）执行“修改”→“修剪”命令，剪掉小圆不需要部分，剪掉点画线多余部分，如图 8. 122 所示。

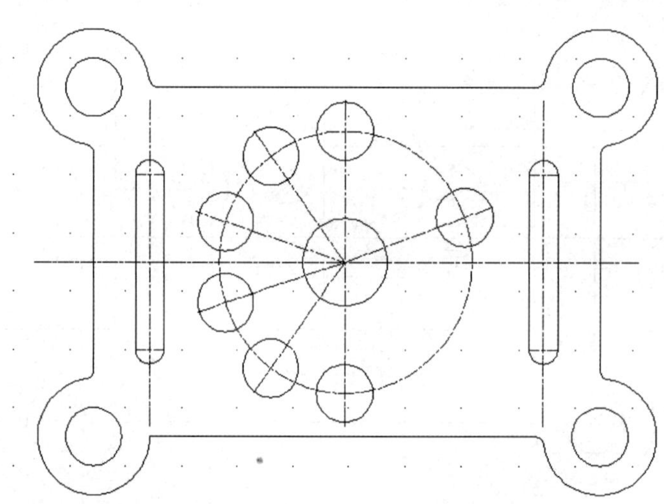

图 8. 122

（13）画出四个角圆的中心线，如图 8. 123 所示。

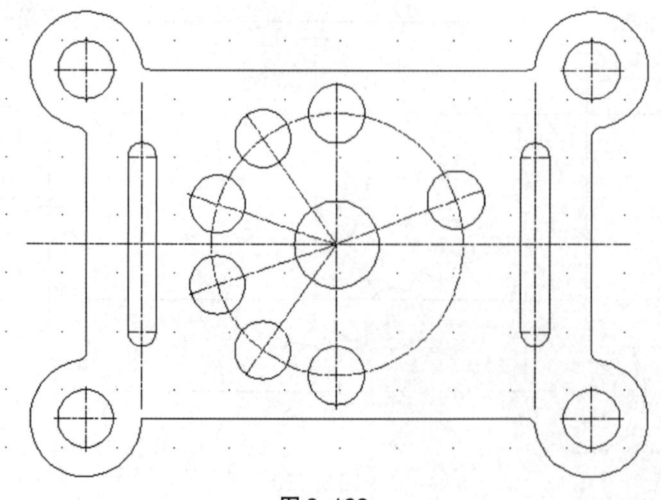

图 8. 123

（14）标注尺寸，如图 8.124 所示。

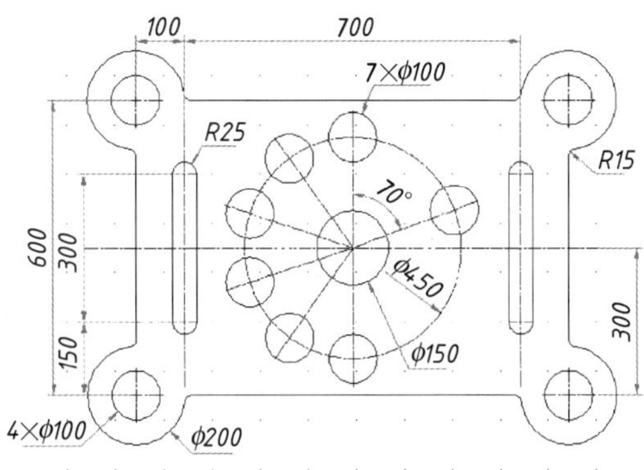

图 8.124

习　　题

一、填空题

1. 直线的快捷键是________；圆的快捷键是________；矩形的快捷键是________。
2. 多边形的快捷键是_______；圆弧的快捷键是_______；椭圆的快捷键是_______。
3. 复制的快捷键是_______；剪切的快捷键是_______；镜像的快捷键是_______。
4. 多线的快捷键是_______；多段线快捷键是_______；样条曲线的快捷键是_______。

二、问答题

1. AutoCAD 的工作界面分为哪几个部分？
2. 坐标设置中的坐标的输入方法有哪三种？
3. 圆的绘制有哪几种方式？圆弧的绘制有哪些方式？
4. 尺寸标注的基本规则是什么？尺寸标注的基本步骤是什么？

三、作图题

应用 AutoCAD 画出图 8.125 ~ 图 8.127 所示图形。

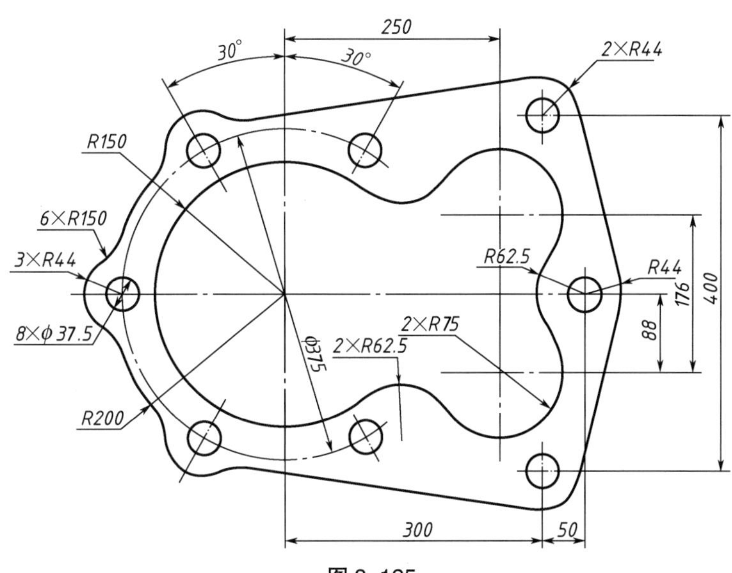

图 8.125

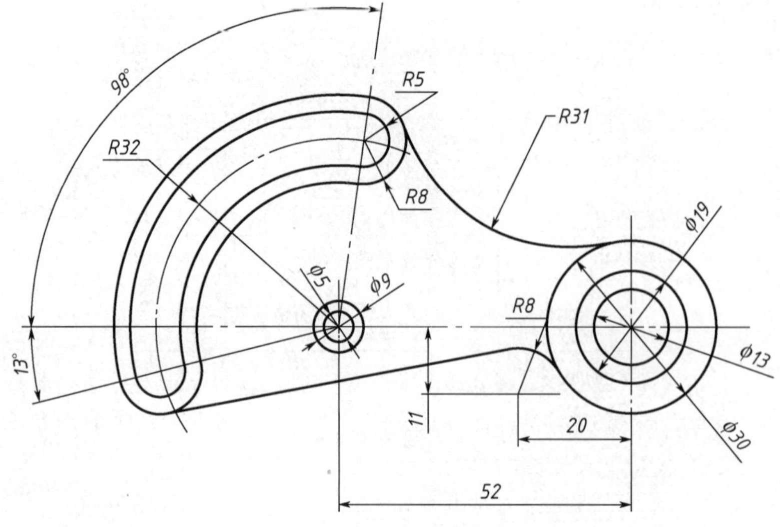
98°
R5
R31
R32
R8
φ19
φ5
φ9
R8
φ13
13°
11
20
φ30
52

图 8. 126

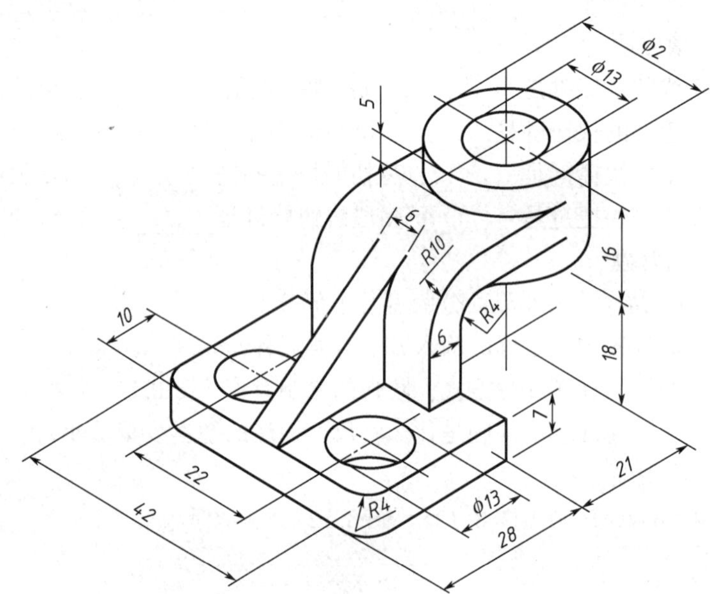
φ2
φ13
5
6
R10
16
R4
10
6
18
7
22
21
42
R4
φ13
28

图 8. 127

参考文献

[1] 段齐骏. 设计图学［M］. 2版. 北京：机械工业出版社，2011.

[2] 薛刚，张诗韵. 产品设计图学［M］. 北京：人民美术出版社，2011.

[3] Daniel. Cuffaro，CarlaJ. Blackma. The Industrial Design Reference + Specification Book［M］. Massachusetts：Rockport Publishers，2013.

[4] David A. Madsen，David P. Madsen. Engineering Drawing and Design［M］. Dallas：Delmar Cengage Learning Publisher，2011

[5] 段齐骏，李桂红，曾山. 设计图学习题集［M］. 北京：机械工业出版社，2011.

[6] 王菊槐，赵近谊. 设计图学习题集［M］. 北京：国防工业出版社，2014.

[7] 穆存远. 工业设计图学［M］. 北京：机械工业出版社，2011.

[8] 聂桂平. 现代设计图学［M］. 北京：机械工业出版社，2011.

[9] 卢健涛. 设计图学［M］. 北京：人民邮电出版社，2011.

[10] 胡谐. 设计图学［M］. 上海：上海人美出版社，2008.

[11] 唐觉明，徐滕岗，朱希玲. 现代工程设计图学［M］. 北京：清华大学出版社，2013.

[12] 章拓，贺向东，陈家欣. 试论国内外图学学科的发展现状和发展趋势——兼论我国图学学科的基本任务和发展领域［J］. 厦门教育学院学报，2011.

[13] 孙筱. 设计图学在工业设计专业教学中的研究［J］. 新疆广播电视大学学报，2005.

[14] 孙志伟. 产品设计专业中《设计图学》教学研究与实践［J］. 魅力中国，2014.

[15] 梁圣复，李惠利，韩越梅. 设计图学课程培养设计思维的教学改革与实践［J］. 第五届机械类课程报告论坛论文集，2010.

[16] 李冰. 工业设计专业图学教学方法研究与实践［J］. 高等建筑教育，2002. 9

[17] 穆存远，等. 设计图学类课程考核方法改革与实践［N］. 2010全国高等院校工业设计教育研讨会暨国际学术论坛论文集

[18] 李冬梅，等. 以创新能力为目标的设计图学课程改革的研究与实践［J］. 工程图学学报，2010.

北京大学出版社
地址：北京市海淀区成府路205号
邮编：100871
编辑部：（010）62750667
发行部：（010）62750672
技术支持：pup_6@163.com
http://www.pup6.cn

教材预览、申请样书
微信公众号：教学服务第一线

“北京大学出版社”
微信公众号

ISBN 978-7-301-29041-5

定价：38.00元

SCID-5-CV

DSM-5® 障碍定式临床检查（临床版）

记录单

上海交通大学医学院附属精神卫生中心　编著

费立鹏　陈晗晖　蔡　冰　执笔

患者姓名：	______________	患者编号：	_ _ _ _ _ _ _ _ _ _ _ _ _ _	Q1, Q2
检查单位名称：	______________	检查单位编号：	_ _ _ _ _ _ _	Q3, Q4
检查开始日期：	_ _ _ _年_ _月_ _日	检查开始时间（24 小时制）	_ _:_ _	Q5—Q9
检查结束日期：	_ _ _ _年_ _月_ _日	检查结束时间（24 小时制）	_ _:_ _	Q10—Q14
调查中间休息的时间：	_ _小时_ _分钟	评估次数：	_	Q15—Q17
患者性别（1= 女，2= 男）	_	患者读书年限：	_ _年	Q18, Q19
患者出生日期：	_ _ _ _年_ _月_ _日	患者民族（1= 汉族，2= 其他__________）	_	Q20—Q24
患者婚姻状况： （1= 未婚，2= 已婚，3= 离异，4 = 再婚，5 = 同居，6= 丧偶）	_	患者近 6 个月居住地（1= 城市，2= 农村）	_	Q25, Q26
检查者姓名：	______________	检查者编号：	_ _ _ _	Q27, Q28
审核者姓名：	______________	审核者编号：	_ _ _ _	Q29, Q30

患者最主要精神障碍 SCID 诊断的名称：

(1) ______________________________

(2) ______________________________

检查使用的资料来源（1= 不使用，3= 使用）：

患者本人	_	Q31
家属	_	Q32,Q33
朋友 / 同事	_	Q34,Q35
既往病历	_	Q36
其他	_	Q37
（其他描述：______________）		Q38

北京大学医学出版社

著作权合同登记号　图字: 01-2020-4105

图书在版编目 (CIP) 数据

DSM-5 障碍定式临床检查（临床版）记录单 / 上海交通大学医学院附属精神卫生中心编著. —北京：北京大学出版社，2021.1

ISBN 978-7-301- 31374-9

Ⅰ. ①D…　Ⅱ. ①上…　Ⅲ. ①精神障碍－诊断－记录　Ⅳ. ①R749-33

中国版本图书馆 CIP 数据核字 (2020) 第 102558 号

本材料由北京大学出版社经美国精神医学学会（American Psychiatric Association）授权制作，与 SCID-5 中文版配套销售。本材料未经美国精神医学学会（American Psychiatric Association）审读和编校。

书　　名	DSM-5® 障碍定式临床检查（临床版）记录单 DSM-5® ZHANG'AI DINGSHI LINCHUANG JIANCHA（LINCHUANG BAN）JILU DAN
著作责任者	上海交通大学医学院附属精神卫生中心　编著
策划编辑	姚成龙
责任编辑	巩佳佳
标准书号	ISBN 978-7-301-31374-9
出版发行	北京大学出版社
地　　址	北京市海淀区成府路 205 号　100871
网　　址	http://www/pup.cn　新浪微博: @北京大学出版社
电子信箱	zyjy@pup.cn
电　　话	邮购部 010-62752015　发行部 010-62750672　编辑部 010-62754934
印 刷 者	三河市北燕印装有限公司
经 销 者	新华书店
	889 毫米×1194 毫米　16 开本　1.5 印张　48 千字
	2021 年 1 月第 1 版　2021 年 1 月第 1 次印刷
定　　价	10.00 元